中国地质大学(武汉)研究生课程与精品教材建设项目(YJC04) 资助

数理统计教程与 R 语言

SHULI TONGJI JIAOCHENG YU R YUYAN

毛明志 易 鸣 主 编
黄昌盛 王 艳 副主编

图书在版编目(CIP)数据

数理统计教程与R语言/毛明志,易鸣主编;黄昌盛,王艳副主编.—武汉:中国地质大学出版社,2024.12

ISBN 978-7-5625-5832-3

Ⅰ.①数… Ⅱ.①毛…②易…③黄…④王… Ⅲ.①数理统计-教材②程序语言-程序设计-教材 Ⅳ.①O21②TP312.8

中国版本图书馆CIP数据核字(2024)第098736号

数理统计教程与R语言	毛明志 易 鸣 **主 编**
	黄昌盛 王 艳 **副主编**
责任编辑:谢媛华 郑济飞	责任校对:李雨涵
出版发行:中国地质大学出版社(武汉市洪山区鲁磨路388号)	邮政编码:430074
电 话:(027)67883511　　　　传真:67883580	E-mail:cbb@cug.edu.cn
经 销:全国新华书店	http://cugp.cug.edu.cn
开本:787毫米×1092毫米 1/16	字数:358千字　印张:14
版次:2024年12月第1版	印次:2024年12月第1次印刷
印刷:荆州市精彩印刷有限公司	
ISBN 978-7-5625-5832-3	定价:56.00元

如有印装质量问题请与印刷厂联系调换

前　言

数理统计是伴随概率论发展起来的一个数学分支,是研究如何有效地收集、整理和分析受随机因素影响的数据科学,并对所考虑的问题作推断或预测,为采取某种决策和行动提供依据或建议的学科.数理统计在自然科学、工程技术、管理科学及人文社会科学中得到越来越广泛的应用,其研究内容也随着科学技术和经济社会的不断发展而逐步扩大.当前"数理统计"课程已成为全国高等学校研究生院尤其是工科院校研究生的必修课程.我校一直以来重视这门课的教学,开设这门课已有十余年,伴随任课教师的更替和教学内容的改变,一直没有配套的教材.庄楚强和何春雄主编的《应用数理统计基础》是一本不错的教材,本校也使用了3年,但内容涵盖宽泛.另外,数理统计知识需要与大数据相结合,我校立足于应用型人才培养,基于大数据的统计分析是当前学术界的一个热点,仿真实验、真实数据检验是未来的发展趋势,R语言是处理大数据的一个有效工具,借助编程能解决许多复杂的计算问题.

本教材在传统数理统计教材基础上,进行了选择和修改,适当增加案例和理论证明,给出了必要的数学推导,力求解释清楚,每一章后还配备相关习题以巩固所学知识,便于读者自学.

本教材的出版得到了中国地质大学(武汉)研究生院和数学与物理学院的大力支持,湖北中医药大学王艳老师提供了相关案例和数据,在此一并感谢.

由于笔者水平有限,书中必有不足之处,为使教材内容更加完善,恳请读者批评指正.

编　者

2024 年 10 月

目 录

1 数理统计的基本概念与抽样分布 (1)
  1.1 数理统计的基本概念 (1)
  1.2 经验分布函数 (4)
  1.3 常用的统计分布 (6)
  1.4 抽样分布 (15)
  1.5 顺序统计量与样本极差 (22)

2 参数估计 (27)
  2.1 求点估计量的方法 (27)
  2.2 估计量的评选标准 (38)
  2.3 区间估计 (58)

3 假设检验 (78)
  3.1 假设检验的基本概念 (78)
  3.2 一个正态总体均值与方差的检验 (84)
  3.3 两个正态总体均值与方差的检验 (92)
  3.4 非正态总体均值的假设检验 (102)
  3.5 分布拟合检验 (107)

4 回归分析 (130)
  4.1 一元线性回归模型 (130)
  4.2 多元线性回归 (151)

5 方差分析与试验设计 ·· (167)

    5.1 一个因素的方差分析 ·· (167)

    5.2 两个因素的方差分析 ·· (183)

    5.3 正交试验设计的直观分析 ·· (197)

练习题答案 ·· (211)

主要参考文献 ·· (215)

1 数理统计的基本概念与抽样分布

数理统计是研究大量随机现象的统计规律性的一门数学科学,基于概率论研究如何有效收集、整理和分析受到随机性影响的数据,为随机现象选择和检验数学模型,在此基础上对随机现象的性质、特点和统计规律做出推断和预测,直至为决策和行动提供依据和建议. 数理统计的应用十分广泛,自然科学、社会科学、工程技术、军事科学、医药卫生和工农业生产都常常用到数理统计的理论与方法,近 30 年来,随着电子计算机的发展与普及、各种使用方便的统计专业软件的出现,使得各行各业中只要具有基本统计知识的人,都可以迅速掌握统计分析方法,为自己的研究课题服务,数理统计正在发挥着越来越大的作用,它的应用更加广泛深入.

1.1 数理统计的基本概念

1.1.1 总体与样本

在一个统计问题中,研究对象的全体称为总体,每个成员称为个体,从总体中随机抽取的 n 个个体称为容量为 n 的子样,例如,研究一批灯泡的质量,灯泡全体组成一个总体,每个灯泡称为个体. 在数理统计中,我们关心的并不是组成总体的各个个体本身,而是与它们的性能相联系的某个数量指标以及这个数量指标的概率分布情况,因而,无论总体服从什么分布,对总体的研究均转化为对表示总体的随机变量的统计规律的研究. 所以,本书所说的总体,是一个具有确定概率分布的随机变量(它的分布也称为总体分布,在实际问题中,总体分布通常是未知的或至少分布的某些参数是未知的),而每个个体则是随机变量可能取的每一个数值.

为了研究总体的情况,一般只能在这个总体中抽取出一定数量的个体进行观测,此过程称为抽样(也称取样、采样). 因为抽取出来的个体要能够刻画总体的情况,我们假定每个个体被抽到的机会是均等的,在抽取每个个体后假定总体的成分不改变,例如,设总体为 ξ,在不变条件下对随机变量 ξ 进行 n 次重复独立观测,称为 n 次简单随机抽样,记 n 次抽样所得结果依次为 $\xi_1, \xi_2, \cdots, \xi_n$,称为来自总体 ξ 的简单随机子样,简称为样本(或子样),次数 n 称为样本容量(或称为样本大小). 抽样方式分为放回和不放回:前者是每次随机抽取一个个体观测并记录其结果,然后放回并将其搅拌均匀,再进行下一次抽取;不放回抽样则是对先前随机抽出的个体观测记录其结果后,不必再放回就可接着进行下一次抽取. 易知,当容量 n 远小于总体个数时,可以认为这类抽取方式为放回抽样,后文提及的抽样均指简单随机抽样,即放回抽样.

数理统计的任务是要通过样本来推断总体的统计规律,因此样本需要能尽可能多地反映总体特征,进行简单随机抽样,需要强调代表性和独立性,即每个子样代表总体的特征和子样间无任何关联性,也就是相互独立. 样本 $(\xi_1,\xi_2,\cdots,\xi_n)$ 在没有抽样前,可看作 n 个随机变量组成的序列,或看作一个 n 维随机向量 $(\xi_1,\xi_2,\cdots,\xi_n)$,一旦样本被抽样后,就是一组具体数值 $(x_1,x_2,\cdots,x_n)$,称为一个(或一组)样本观测值或样本值,它是 n 维实空间 R^n 的一个点,因此,观察值 $(x_1,x_2,\cdots,x_n)$ 也称为样本点,样本 $(\xi_1,\xi_2,\cdots,\xi_n)$ 可能取值的全体称为总体 ξ 的容量 n 样本空间,记为 X,它是空间 R^n 或 R^n 的一个子集. 为了方便确定 X,有时也把样本空间定义为包含了一切可能的样本值的集合,具体定义如下.

定义 1.1.1 如果随机变量 $\xi_1,\xi_2,\cdots,\xi_n$ 相互独立且每一个 ξ_i ($i=1,2,\cdots,n$) 与总体 ξ 有相同的概率分布,则随机变量 $\xi_1,\xi_2,\cdots,\xi_n$ 称为来自总体 ξ 的容量为 n 的样本,简称 ξ 的样本,而每一个 ξ_i 称为来自总体分布 F(或 p)的样本,也可记作 $(\xi_1,\xi_2,\cdots,\xi_n)$.

定理 1.1.1 若 $(\xi_1,\xi_2,\cdots,\xi_n)$ 是来自总体 F(或 p)的样本,则 $(\xi_1,\xi_2,\cdots,\xi_n)$ 的联合分布函数为 $\prod_{i=1}^{n} F(x_i)$(或联合概率函数为 $\prod_{i=1}^{n} p(x_i)$),这里 $(x_1,x_2,\cdots,x_n) \in R^n$.

例 1.1.1 设总体 $\xi \sim B(1,p)$,即 $P\{\xi=x\}=p^x(1-p)^{1-x}$,这里 $x=0$ 或 1;设 (ξ_1,ξ_2,ξ_3) 是 ξ 的一个样本. (1)写出它的样本空间 X;(2)写出 (ξ_1,ξ_2,ξ_3) 的(联合)概率分布.

解 (1)样本 (ξ_1,ξ_2,ξ_3) 的观测值 (x_1,x_2,x_3) 是一个三维向量,其中 $x_i=0$ 或 1,$i=1,2,3$,所以样本空间 X 由如下 $2^3=8$ 个三维向量组成:
$(0,0,0),(1,0,0),(0,1,0),(0,0,1),(1,1,0),(1,0,1),(0,1,1),(1,1,1).$

(2) (ξ_1,ξ_2,ξ_3) 的联合概率分布为

$$P\{(\xi_1,\xi_2,\xi_3)=(x_1,x_2,x_3)\} = \prod_{i=1}^{3} P\{\xi_i=x_i\} = \prod_{i=1}^{3} p^{x_i}(1-p)^{1-x_i}$$

$$= p^{\sum_{i=1}^{3} x_i}(1-p)^{3-\sum_{i=1}^{3} x_i} = p^k(1-p)^{3-k}.$$

这里 k 为观测值 (x_1,x_2,x_3) 中 1 的个数,$k=0,1,2,3$.

1.1.2 统计量

样本是对总体进行统计分析和推断的依据,在数据处理中往往需要对数据进行加工、提炼,把样本中所包含的有关信息提炼出来,针对不同问题构造样本的某种函数,这类样本的函数常称为统计量.

定义 1.1.2 设 $(\xi_1,\xi_2,\cdots,\xi_n)$ 是总体 ξ 的一个样本,$T(\xi_1,\xi_2,\cdots,\xi_n)$ 是样本 $(\xi_1,\xi_2,\cdots,\xi_n)$ 的一个函数,且 $T(\xi_1,\xi_2,\cdots,\xi_n)$ 中不含任何未知参数,则称 $T=T(\xi_1,\xi_2,\cdots,\xi_n)$ 为一个统计量;如果 $(x_1,x_2,\cdots,x_n)$ 是样本 $T(\xi_1,\xi_2,\cdots,\xi_n)$ 的一个观测值,则称 $T(x_1,$

$x_2, \cdots, x_n$)是统计量 T 的一个观测值(观察值),例如,设 $\xi \sim N(\mu, \sigma^2)$,此处 μ 为未知,但 σ 为已知,$(\xi_1, \xi_2, \cdots, \xi_n)$ 为 ξ 的一个样本,则 $\frac{1}{\sigma^2}\sum_{i=1}^{n}\xi_i$ 是统计量,而 $\sum_{i=1}^{n}(\xi_i-\mu)^2$ 不是统计量.

根据统计量的定义,统计量是 $\xi_1, \xi_2, \cdots, \xi_n$ 的函数,是一个随机变量,有概率分布,其分布称为抽样分布,但要注意,一个统计量不含任何未知参数,但不一定能保证其分布不含有未知信息.

下面介绍一些常用统计量:

定义 1.1.3 设 $(\xi_1, \xi_2, \cdots, \xi_n)$ 是来自总体 ξ 的容量为 n 的样本,常用统计量有以下几个.

样本均值:$\frac{1}{n}\sum_{i=1}^{n}\xi_i \triangleq \bar{\xi}$,

样本方差:$\frac{1}{n}\sum_{i=1}^{n}(\xi_i-\bar{\xi})^2 \triangleq S^2$,

样本标准差:$\sqrt{\frac{1}{n}\sum_{i=1}^{n}(\xi_i-\bar{\xi})^2} \triangleq S$,

修正样本方差:$\frac{1}{n-1}\sum_{i=1}^{n}(\xi_i-\bar{\xi})^2 \triangleq S^{*2}$,

修正样本标准差:$\sqrt{\frac{1}{n-1}\sum_{i=1}^{n}(\xi_i-\bar{\xi})^2} \triangleq S^*$,

样本 k 阶原点矩($k>0$):$\frac{1}{n}\sum_{i=1}^{n}\xi_i^k \triangleq \bar{\xi}^k$,

样本 k 阶中心矩($k>0$):$\frac{1}{n}\sum_{i=1}^{n}(\xi_i-\bar{\xi})^k \triangleq \mu_k$.

上述统计量统称为总体的样本矩,是常用的样本数字特征.

若 $(x_1, x_2, \cdots, x_n)$ 是样本 $(\xi_1, \xi_2, \cdots, \xi_n)$ 的一组观测值,则定义 $\bar{x}=\frac{1}{n}\sum_{i=1}^{n}x_i$ 和 $s^2 = \frac{1}{n}\sum_{i=1}^{n}(x_i-\bar{x})^2$ 分别为样本均值 $\bar{\xi}$ 和样本方差 S^2 的观测值(注意这里 s^2 和 S^2 的区别),本书常用大写表示统计量,小写为对应的观测值.利用概率论中大数定律易证明样本的 $\bar{\xi}^k$ 和 μ_k 分别依概率收敛于总体的相应矩 $E[\xi^k]$ 和 $E[(\xi-E[\xi])^k]$.

例 1.1.2 设 ξ 是任意一个总体,$(\xi_1, \xi_2, \cdots, \xi_n)$ 为其样本,且方差 $D[\xi]$ 存在,试证:

(1) $E[\bar{\xi}]=E[\xi]$; (2) $D[\bar{\xi}]=\frac{1}{n}D[\xi]$; (3) $E[S^{*2}]=D[\xi]$.

证 (1) $E[\bar{\xi}]=E\left[\frac{1}{n}\sum_{i=1}^{n}\xi_i\right]=\frac{1}{n}\sum_{i=1}^{n}E[\xi_i]=E[\xi]$;

(2) $D[\bar{\xi}] = D\left[\dfrac{1}{n}\sum_{i=1}^{n}\xi_i\right] = \dfrac{1}{n^2}\sum_{i=1}^{n}D[\xi_i] = \dfrac{1}{n}D[\xi]$;

(3) $E[S^{*2}] = E\left[\dfrac{1}{n-1}\sum_{i=1}^{n}(\xi_i - \bar{\xi})^2\right] = E\left[\dfrac{1}{n-1}\left(\sum_{i=1}^{n}\xi_i^2 - n\bar{\xi}^2\right)\right]$

$= \dfrac{1}{n-1}\left(\sum_{i=1}^{n}E[\xi_i^2] - nE[\bar{\xi}^2]\right) = \dfrac{1}{n-1}(nE[\xi^2] - nE[\bar{\xi}^2])$

$= \dfrac{n}{n-1}(E[\xi^2] - E[\bar{\xi}^2]) = \dfrac{n}{n-1}[D[\xi] + (E[\xi])^2 - D[\bar{\xi}] - (E[\bar{\xi}])^2]$

$= \dfrac{n}{n-1}(D[\xi] - D[\bar{\xi}]) = \dfrac{n}{n-1}\left(D[\xi] - \dfrac{1}{n}D[\xi]\right) = D[\xi]$.

1.2 经验分布函数

设 ξ 是一个随机变量，其分布函数为 $F(x)$. 在统计学中，如何通过数据估计 $F(x)$ 是一个热点问题，对 ξ 进行 n 次重复独立观测(即对总体作 n 次简单随机抽样)，以 $\nu_n(x)$ 表示随机事件 $\{\xi \leqslant x\}$ 在这 n 次重复独立观测中出现的次数，即 n 个观测值 $x_1, x_2, \cdots, x_n$ 中小于等于 x 的个数，显然 $\nu_n(x)$ 是一个随机变量，称为 ξ 的经验频数. 该随机变量分布有如下表示：

$$P\{\nu_n(x) = k\} = C_n^k (P\{\xi \leqslant x\})^k (1 - P\{\xi \leqslant x\})^{n-k}$$
$$= C_n^k [F(x)]^k [1 - F(x)]^{n-k}, \quad k = 0, 1, 2, \cdots, n.$$

即

$$\nu_n(x) \sim B(n, F(x)).$$

定义 1.2.1 称函数

$$F_n(x) = \dfrac{\nu_n(x)}{n}, \quad -\infty < x < +\infty$$

为总体 ξ 的经验分布函数(或样本分布函数).

经验分布函数 $F_n(x)$ 的性质有以下几点：

(1) 对任意一组样本值 $(x_1, x_2, \cdots, x_n)$，经验分布函数 $F_n(x)$ 是一个分布函数，即 $F_n(x)$ 是一个单调不减、右连续阶梯函数，且满足 $F_n(-\infty) = 0$ 和 $F_n(+\infty) = 1$.

注：将 $x_1, x_2, \cdots, x_n$ 的值按从小到大排序为

$$x_{(1)} < x_{(2)} < \cdots < x_{(m)}, \quad m \leqslant n.$$

设 $x_{(k)}$ 的频数为 ν_k $(k = 1, 2, \cdots, m; \sum_{k=1}^{m}\nu_k = n)$. 易看出

$$F_n(x) = \dfrac{\nu_n(x)}{n} = \begin{cases} 0, & \text{当 } x < x_{(1)}, \\ \sum_{x_{(i)} \leqslant x} \dfrac{\nu_i}{n}, & \text{当 } x_{(i)} \leqslant x < x_{(i+1)}, \quad i = 1, 2, \cdots, m-1, \\ 1, & \text{当 } x \geqslant x_{(m)} \end{cases}$$

是一个分布函数,且是阶梯形状,这里和式 $\sum_{x_{(i)} \leqslant x} \dfrac{\nu_i}{n}$ 是对小于或等于 x 的一切 $x_{(i)}$ 的频率 $\dfrac{\nu_i}{n}$ 求和. 若样本观测值无重复,则在每一观测值点处有间断点且其跳跃度为 $\dfrac{1}{n}$;若观测值有重复,则按 $\dfrac{1}{n}$ 的倍数跳跃上升.

(2) 对于固定的 x,$\nu_n(x)$ 与 $F_n(x)$ 都是样本 $(\xi_1,\xi_2,\cdots,\xi_n)$ 的函数,从而都是随机变量,且满足

$$\nu_n(x) \sim B(n,F(x)).$$

根据二项分布的数字特征,有

$$E[\nu_n(x)] = nF(x);$$

$$E[F_n(x)] = E\left[\dfrac{\nu_n(x)}{n}\right] = F(x).$$

(3) 对任意 x,当 $n \to \infty$ 时,经验分布函数 $F_n(x)$ 依概率收敛于总体 ξ 的分布函数 $F(x)$,即对任意实数 $\varepsilon > 0$,有

$$\lim_{n \to \infty} P\{|F_n(x) - F(x)| < \varepsilon\} = 1,$$

或

$$\lim_{n \to \infty} P\{|F_n(x) - F(x)| \geqslant \varepsilon\} = 0.$$

证 根据伯努利大数定律,取 $\eta_n = \nu_n(x) \sim B(n,F(x))$,则对任意 $\varepsilon > 0$,有

$$\lim_{n \to \infty} P\left\{\left|\dfrac{\eta_n}{n} - p\right| < \varepsilon\right\} = \lim_{n \to \infty} P\left\{\left|\dfrac{\nu_n(x)}{n} - F(x)\right| < \varepsilon\right\}$$
$$= \lim_{n \to \infty} P\{|F_n(x) - F(x)| < \varepsilon\} = 1.$$

由此,当 n 充分大时,经验分布函数 $F_n(x)$ 可以近似总体的分布函数 $F(x)$. 以下将给出更深刻的结论.

(4) **格列汶科定理** 总体 ξ 的经验分布函数 $F_n(x)$ 以概率 1 一致收敛于 ξ 的分布函数 $F(x)$,即

$$P\{\limsup_{n \to \infty} |F_n(x) - F(x)| = 0\} = 1.$$

此定理表明:当样本容量 n 足够大时,经验分布函数 $F_n(x)$ 与分布函数 $F(x)$ 之间偏差的最大值也会足够小,这是统计学中用样本进行估计和推断总体分布的理论基础.

图 1-1 给出了 15 名学生体重(w)的经验分布图和相应的正态分布图对比:

样本矩的观测值可理解为以经验分布函数 $F_n(x)$ 作为离散型随机变量的分布函数时相应的矩. 例如,$\overline{\xi^k}$ 的观测值为

$$\int_{-\infty}^{+\infty} x^k \, \mathrm{d}F_n(x) = \sum_{i=1}^{n} x_i^k \cdot \dfrac{1}{n} = \dfrac{1}{n} \sum_{i=1}^{n} x_i^k = \overline{x^k}.$$

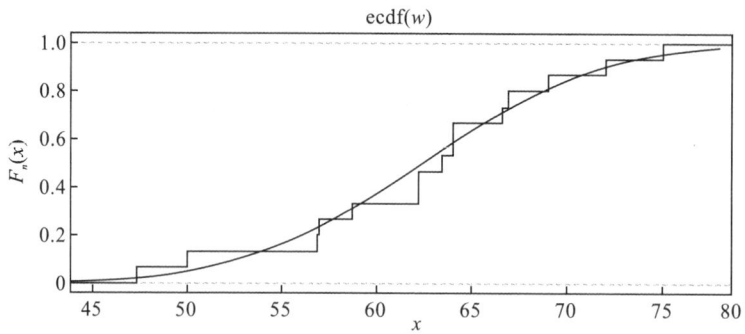

图 1-1 15 名学生体重的经验分布函数曲线(折线)和正态分布曲线

1.3 常用的统计分布

1.3.1 卡方分布

定义 1.3.1 设随机变量 $\xi_1, \xi_2, \cdots, \xi_n$ 相互独立且同分布,且 $\xi_i \sim N(0,1)$ ($i=1, 2, \cdots, n$),则称随机变量

$$\chi^2 = \sum_{i=1}^{n} \xi_i^2$$

服从自由度为 n 的 χ^2 分布,简记 $\chi^2 \sim \chi^2(n)$.

根据定义 1.3.1,可得到以下几个常用的结论.

(1) 若总体 $\xi \sim N(0,1)$,而 $(\xi_1, \xi_2, \cdots, \xi_n)$ 为来自 ξ 的一个样本,则统计量

$$\sum_{i=1}^{n} \xi_i^2 \sim \chi^2(n);$$

(2) 若总体 $\xi \sim N(\mu, \sigma^2)$,而 $(\xi_1, \xi_2, \cdots, \xi_n)$ 为来自 ξ 的一个样本,则随机变量

$$\frac{1}{\sigma^2} \sum_{i=1}^{n} (\xi_i - \mu)^2 \sim \chi^2(n);$$

(3) 若 $\chi^2 \sim \chi^2(n)$,得到 χ^2 的特征函数为

$$\varphi(t) = (1 - 2\mathrm{i}t)^{-n/2},$$

且

$$E[\chi^2] = n, \quad D[\chi^2] = 2n.$$

定理 1.3.1 自由度为 n 的 χ^2 分布,其概率密度为

$$p(x) = \begin{cases} 0, & x \leqslant 0, \\ \dfrac{1}{2^{n/2} \Gamma\left(\dfrac{n}{2}\right)} x^{n/2-1} \mathrm{e}^{-x/2}, & x > 0. \end{cases}$$

其中 Γ 函数定义为 $\Gamma(s) = \int_0^{+\infty} t^{s-1} \mathrm{e}^{-t} \mathrm{d}t$ ($s > 0$).

证 自由度为 n 的 χ^2 变量的特征函数为 $\varphi(t)=(1-2\mathrm{i}t)^{-n/2}$.

把复数 $1-2\mathrm{i}t$ 改写成指数形式 $1-2\mathrm{i}t=\sqrt{1+4t^2}\,\mathrm{e}^{\mathrm{i}\theta}$, 这里 θ 是实数 t 的实函数, 于是有

$$\int_{-\infty}^{+\infty} |\varphi(t)|\,\mathrm{d}t = \int_{-\infty}^{+\infty} \frac{1}{(1+4t^2)^{n/4}}\,\mathrm{d}t.$$

当 $n\geqslant 3$ 时, 上式右端的广义积分是收敛的, 其左端也收敛, 再根据特征函数性质得

$$p(x)=\frac{1}{2\pi}\int_{-\infty}^{+\infty} \mathrm{e}^{-\mathrm{i}tx}\varphi(t)\mathrm{d}t = \frac{1}{2\pi}\int_{-\infty}^{+\infty}\frac{\mathrm{e}^{-\mathrm{i}tx}}{(1-2\mathrm{i}t)^{n/2}}\mathrm{d}t = \frac{1}{2\pi 2^{n/2}}\int_{-\infty}^{+\infty}\frac{\mathrm{e}^{\mathrm{i}(-t)x}}{\left(\frac{1}{2}-\mathrm{i}t\right)^{n/2}}\mathrm{d}t$$

$$= \frac{1}{2\pi 2^{n/2}}\int_{-\infty}^{+\infty}\frac{\mathrm{e}^{\mathrm{i}ux}}{\left(\frac{1}{2}+\mathrm{i}u\right)^{n/2}}\mathrm{d}u \quad (u=-t).$$

根据微积分知识, 有等式 $\displaystyle\int_{-\infty}^{+\infty}\frac{\mathrm{e}^{\mathrm{i}ux}}{\left(\frac{1}{2}+\mathrm{i}u\right)^{n/2}}\mathrm{d}u = \frac{2\pi}{\Gamma\left(\frac{n}{2}\right)}\mathrm{e}^{-x/2}x^{n/2-1}\quad(x>0)$. 代入上式, 计算即得

$$p(x)=\frac{1}{2^{n/2}\Gamma\left(\frac{n}{2}\right)}x^{n/2-1}\mathrm{e}^{-x/2}\quad(x>0).$$

当 $n=1,2$ 时, 易证.

χ^2 分布中有一个参数 n, 图 1-2 给出了当 $n=1,4,6,11$ 时, χ^2 分布的密度函数曲线.

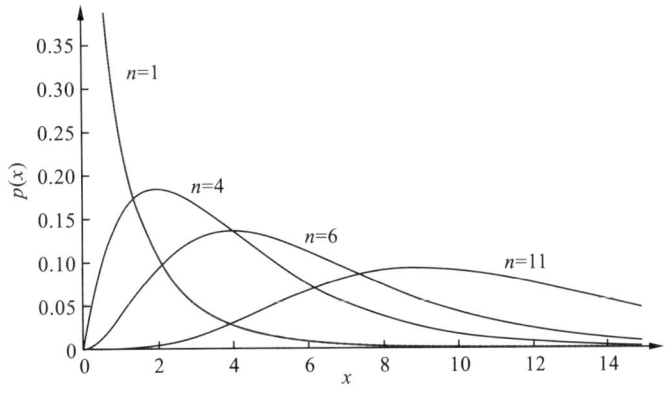

图 1-2 χ^2 分布的密度函数曲线

定理 1.3.2(χ^2 分布的可加性) 若 $\chi_1^2,\chi_2^2,\cdots,\chi_m^2$ 为相互独立的随机变量序列, 且 $\chi_k^2\sim\chi^2(n_k)(k=1,2,\cdots,m)$, 则

$$\sum_{k=1}^{m}\chi_k^2 \sim \chi^2\left(\sum_{k=1}^{m}n_k\right).$$

证 χ_k^2 的特征函数为 $\varphi_{\chi_k^2}(t)=(1-2\mathrm{i}t)^{-n_k/2}$. 同样, 自由度为 $\sum\limits_{k=1}^{m}n_k$ 的 χ^2 变量的特征函数为 $\varphi(t)=(1-2\mathrm{i}t)^{-\frac{1}{2}\sum\limits_{k=1}^{m}n_k}$. 又由 $\chi_1^2,\chi_2^2,\cdots,\chi_m^2$ 的独立性及特征函数的性质得

$$\varphi_{\sum\limits_{k=1}^{m}\chi_k^2}(t)=(1-2\mathrm{i}t)^{-\frac{1}{2}\sum\limits_{k=1}^{m}n_k}.$$

再根据特征函数与分布函数相互唯一确定的性质,从而有 $\varphi(t)=\varphi_{\sum\limits_{k=1}^{m}\chi_k^2}(t)$,定理得证.

定理 1.3.3 若随机变量 $\chi^2\sim\chi^2(n)$,则

$$\frac{\chi^2-n}{\sqrt{2n}}\Rightarrow N(0,1)\quad(n\to+\infty),$$ 这里 "$\Rightarrow$" 表示依分布收敛.

证 设 $\{\xi_k\}$ 是独立同分布的随机变量序列,且 $\xi_k\sim N(0,1)(k=1,2,\cdots)$. 因为 $\chi^2\sim\chi^2(n)$,根据 χ^2 变量的定义,有 $\chi^2=\sum\limits_{k=1}^{n}\xi_k^2$. 由 $\xi_k\sim N(0,1)$ 知 $\xi_k^2\sim\chi^2(1)$,于是有 $E[\xi_k^2]=1,D[\xi_k^2]=2$. 因为 $\{\xi_k\}$ 相互独立同分布,故 $\{\xi_k^2\}$ 也相互独立同分布,对随机变量序列 $\{\xi_k^2\}$ 应用林德贝格中心极限定理,得

$$\frac{\sum\limits_{k=1}^{n}\xi_k^2-E\left[\sum\limits_{k=1}^{n}\xi_k^2\right]}{\sqrt{D\left[\sum\limits_{k=1}^{n}\xi_k^2\right]}}\Rightarrow N(0,1)\quad(n\to+\infty),$$

即

$$\frac{\chi^2-n}{\sqrt{2n}}\Rightarrow N(0,1)\quad(n\to+\infty).$$

定理 1.3.3 表明, 对足够大的 n, $\dfrac{\chi^2-n}{\sqrt{2n}}$ 可近似服从标准正态分布.

定理 1.3.4(费希尔定理) 设 $\chi^2\sim\chi^2(n)$,则

$$\sqrt{2\chi^2}-\sqrt{2n-1}\Rightarrow N(0,1)\quad(n\to+\infty).$$

证 设

$$p_n(x)=P\{\sqrt{2\chi^2}-\sqrt{2n-1}\leqslant x\}=P\left\{\chi^2\leqslant\frac{(x+\sqrt{2n-1})^2}{2}\right\}$$
$$=P\left\{\frac{\chi^2-n}{\sqrt{2n}}\leqslant\frac{(x+\sqrt{2n-1})^2-2n}{2\sqrt{2n}}\right\}.$$

令 $\delta_n(x)=\dfrac{(x+\sqrt{2n-1})^2-2n}{2\sqrt{2n}}$,易证 $\lim\limits_{n\to\infty}\delta_n(x)=x$.

由定理 1.3.3, 有 $\dfrac{\chi^2-n}{\sqrt{2n}}\Rightarrow N(0,1)$ 及正态分布函数的连续性, 得

$$\lim_{n\to\infty} p_n(x) = \int_{-\infty}^{x} \frac{1}{\sqrt{2\pi}} e^{-t^2/2} dt = \Phi(x).$$

定理 1.3.4 表明:当 n 充分大时,$\sqrt{2\chi^2}$ 近似服从正态分布 $N(\sqrt{2n-1},1)$.

在统计量分布中,有精确与极限分布两类.当样本容量 n 比较小时,讨论的各类统计问题称为小样本,此时采用精确分布;当样本容量较大,或者考虑 n 趋于无穷大时的极限分布问题称为大样本,此时采用极限分布.

1.3.2 t 分布

定义 1.3.2 设 ξ,η 相互独立,且 $\xi \sim N(0,1)$,$\eta \sim \chi^2(n)$,则随机变量

$$t = \frac{\xi}{\sqrt{\eta/n}}$$

称为自由度为 n 的 t 变量,其所服从的分布称为 t 分布,通常记为 $t \sim t(n)$.

根据此定义,若 $\xi \sim N(\mu,\sigma^2)$ 和 $\eta/\sigma^2 \sim \chi^2(n)$,且 ξ,η 相互独立,则

$$t = \frac{\xi - \mu}{\sqrt{\eta/n}} \sim t(n).$$

定理 1.3.5 设 $t \sim t(n)$,则 t 的概率密度为

$$p(x) = \frac{\Gamma\left(\frac{n+1}{2}\right)}{\sqrt{n\pi}\,\Gamma\left(\frac{n}{2}\right)} \left(1+\frac{x^2}{n}\right)^{-(n+1)/2}, \quad -\infty < x < +\infty.$$

证 设 $t = \dfrac{\xi}{\sqrt{\eta/n}}$,其中 $\xi \sim N(0,1)$,$\eta \sim \chi^2(n)$,且 ξ 与 η 相互独立.

先求 $\sqrt{\eta/n}$ 的概率密度.

当 $v > 0$ 时,$F_{\sqrt{\eta/n}}(v) = P\{\sqrt{\eta/n} \leqslant v\} = P\{\eta \leqslant nv^2\} = F_{\chi^2(n)}(nv^2)$;

当 $v \leqslant 0$ 时,$F_{\sqrt{\eta/n}}(v) = 0$.

于是有 $p_{\sqrt{\eta/n}}(v) = \dfrac{d}{dv} F_{\sqrt{\eta/n}}(v) = \begin{cases} 0, & v \leqslant 0, \\ p_{\chi^2(n)}(nv^2) 2nv, & v > 0. \end{cases}$

由于 ξ 与 η 相互独立,从而 ξ 与 $\sqrt{\eta/n}$ 也相互独立.根据独立随机变量之商的概率密度公式,得 t 分布的概率密度为

$$p(x) = \int_{-\infty}^{+\infty} \frac{1}{\sqrt{2\pi}} e^{-\frac{x^2 v^2}{2}} p_{\chi^2(n)}(nv^2) 2nv\, v\, dv$$

$$= \int_{0}^{+\infty} \frac{1}{\sqrt{2\pi}} e^{-\frac{x^2 v^2}{2}} \frac{1}{2^{n/2}\Gamma\left(\frac{n}{2}\right)} (nv^2)^{\frac{n}{2}-1} e^{-\frac{nv^2}{2}} 2nv^2\, dv$$

$$= \frac{n^{n/2}}{\sqrt{2\pi}\, 2^{n/2}\Gamma\left(\frac{n}{2}\right)} \int_{0}^{+\infty} (v^2)^{\frac{n}{2}-1} e^{-\frac{(n+x^2)v^2}{2}} (v^2)^{1/2}\, dv^2$$

$$= \frac{n^{n/2}}{\sqrt{2\pi}\, 2^{n/2} \Gamma\left(\frac{n}{2}\right)} \left(\frac{n+x^2}{2}\right)^{-\frac{n+1}{2}} \int_0^{+\infty} \left(\frac{n+x^2}{2} v^2\right)^{\frac{n+1}{2}-1} \mathrm{e}^{-\frac{n+x^2}{2} v^2} \mathrm{d}\left(\frac{n+x^2}{2} v^2\right)$$

$$= \frac{n^{n/2}}{\sqrt{2\pi}\, 2^{n/2} \Gamma\left(\frac{n}{2}\right)} \left(\frac{n+x^2}{2}\right)^{-\frac{n+1}{2}} \Gamma\left(\frac{n+1}{2}\right)$$

$$= \frac{\Gamma\left(\frac{n+1}{2}\right)}{\sqrt{n\pi}\, \Gamma\left(\frac{n}{2}\right)} \left(1+\frac{x^2}{n}\right)^{-\frac{n+1}{2}}.$$

定理 1.3.6 设 $t \sim t(n)$,其概率密度记作 $p_{t(n)}(x)$,则

$$\lim_{n \to \infty} p_{t(n)}(x) = \frac{1}{\sqrt{2\pi}} \mathrm{e}^{-x^2/2}.$$

证 由定理 1.3.5,易得

$$\lim_{n \to \infty} p_{t(n)}(x) = \frac{1}{\sqrt{\pi}} \mathrm{e}^{-x^2/2} \lim_{n \to \infty} \frac{\Gamma\left(\frac{n+1}{2}\right)}{\sqrt{n}\, \Gamma\left(\frac{n}{2}\right)}.$$

由 Γ 函数性质得

$$\Gamma(s) = \sqrt{2\pi}\, s^{s-\frac{1}{2}} \mathrm{e}^{-s} [1+r(s)],$$

这里 $|r(s)| \leqslant \frac{A}{s}$, A 是某一正常数(显然 $\lim_{s \to \infty} r(s) = 0$). 于是

$$\lim_{n \to \infty} \frac{\Gamma\left(\frac{n+1}{2}\right)}{\sqrt{n}\, \Gamma\left(\frac{n}{2}\right)} = \lim_{n \to \infty} \frac{\sqrt{2\pi} \left(\frac{n+1}{2}\right)^{\frac{n+1}{2}-\frac{1}{2}} \mathrm{e}^{-\frac{n+1}{2}} \left[1+r\left(\frac{n+1}{2}\right)\right]}{\sqrt{n}\, \sqrt{2\pi} \left(\frac{n}{2}\right)^{\frac{n}{2}-\frac{1}{2}} \mathrm{e}^{-\frac{n}{2}} \left[1+r\left(\frac{n}{2}\right)\right]}$$

$$= \lim_{n \to \infty} \frac{\left(\frac{n}{2}\right)^{\frac{1}{2}}}{\sqrt{n}} \left(\frac{\frac{n+1}{2}}{\frac{n}{2}}\right)^{\frac{n}{2}} \mathrm{e}^{-\frac{1}{2}} \frac{1+r\left(\frac{n+1}{2}\right)}{1+r\left(\frac{n}{2}\right)}$$

$$= \frac{1}{\sqrt{2}} \mathrm{e}^{1/2} \mathrm{e}^{-1/2} \frac{1+0}{1+0} = \frac{1}{\sqrt{2}}.$$

所以

$$\lim_{n \to \infty} p_{t(n)}(x) = \frac{1}{\sqrt{2\pi}} \mathrm{e}^{-x^2/2}.$$

由定理 1.3.6 可知,当 $n \to \infty$ 时,$t(n) \Rightarrow N(0,1)$. 该定理表明随着自由度 n 趋于无穷大,t 分布概率密度趋于标准正态分布密度函数,或者说,当 n 充分大时,自由度为 n 的 t 分布近似服从 $N(0,1)$,在实际应用中,往往把自由度 $n > 30$ 的 t 分布近似看作标准正态

分布.

自由度为 n 的 t 分布,只存在阶数 $k<n$ 的矩,图 1-3 给出了几条 t 分布的密度曲线.

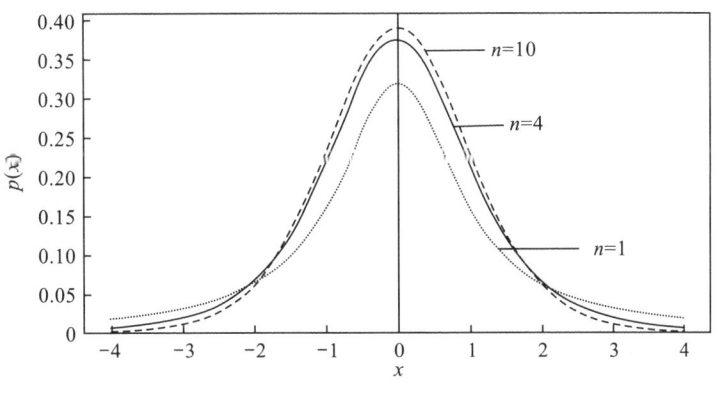

图 1-3 t 分布的密度曲线

1.3.3 F 分布

定义 1.3.3 设 ξ,η 相互独立,且 $\xi\sim\chi^2(m),\eta\sim\chi^2(n)$,则随机变量 $F=\dfrac{\xi/m}{\eta/n}=\dfrac{\xi}{\eta}\cdot\dfrac{n}{m}$ 称为自由度为 (m,n) 的 F 变量,它所服从的分布称为 F 分布,通常记作 $F\sim F(m,n)$,其中 m 称为第一自由度,n 称为第二自由度.

由定义 1.3.3,可得到一个有用的结论:

若 $\xi\sim F(m,n)$,则 $\dfrac{1}{\xi}\sim F(n,m)$.

定理 1.3.7 $F\sim F(m,n)$ 的概率密度为

$$p(x)=\begin{cases}0, & x\leqslant 0,\\ \dfrac{\Gamma\left(\dfrac{m+n}{2}\right)}{\Gamma\left(\dfrac{m}{2}\right)\Gamma\left(\dfrac{n}{2}\right)}m^{m/2}n^{n/2}\dfrac{x^{m/2-1}}{(mx+n)^{(m+n)/2}}, & x>0.\end{cases}$$

证 根据定理 1.3.5 中求 $\sqrt{\eta/n}$ 概率密度的方法,设

$$p_{\xi/m}(v)=\begin{cases}0 & v\leqslant 0,\\ p_{\chi^2(m)}(mv)m & v>0;\end{cases}\quad p_{\eta/n}(v)=\begin{cases}0 & v\leqslant 0,\\ p_{\chi^2(n)}(nv)n & v>0.\end{cases}$$

由 F 分布定义可知,当 $x\leqslant 0$ 时,$F(x)=0$,从而 $p(x)=0$;当 $x>0$ 时,根据独立随机变量之商的概率密度计算公式,得

$$p(x)=\int_{-\infty}^{+\infty}p_{\xi/m}(xv)p_{\eta/n}(v)|v|\mathrm{d}v=\int_0^{+\infty}p_{\chi^2(m)}(mxv)mp_{\chi^2(n)}(nv)nv\mathrm{d}v$$

$$= \frac{mn}{2^{(m+n)/2} \Gamma\left(\frac{m}{2}\right) \Gamma\left(\frac{n}{2}\right)} \int_0^{+\infty} (mxv)^{m/2-1} \mathrm{e}^{-\frac{mxv}{2}} (nv)^{n/2-1} \mathrm{e}^{-\frac{nv}{2}} v \mathrm{d}v$$

$$= \frac{m^{m/2} n^{n/2} x^{m/2-1}}{2^{(m+n)/2} \Gamma\left(\frac{m}{2}\right) \Gamma\left(\frac{n}{2}\right)} \int_0^{+\infty} v^{(m+n)/2-1} \mathrm{e}^{-(mx+n)v/2} \mathrm{d}v$$

$$= \frac{m^{m/2} n^{n/2} x^{m/2-1}}{2^{(m+n)/2} \Gamma\left(\frac{m}{2}\right) \Gamma\left(\frac{n}{2}\right)} \left(\frac{mx+n}{2}\right)^{-(m+n)/2} \int_0^{+\infty} \left(\frac{mx+n}{2} v\right)^{(m+n)/2-1} \mathrm{e}^{-(mx+n)v/2} \mathrm{d}\left(\frac{mx+n}{2} v\right)$$

$$= \frac{\Gamma\left(\frac{m+n}{2}\right)}{\Gamma\left(\frac{m}{2}\right) \Gamma\left(\frac{n}{2}\right)} m^{m/2} n^{n/2} \frac{x^{m/2-1}}{(mx+n)^{(m+n)/2}}.$$

把 $x\leqslant 0$ 与 $x>0$ 的情形合并在一起,即得定理 1.3.7 的结论.

图 1-4 所示为几条不同自由度的 F 分布的密度函数曲线.

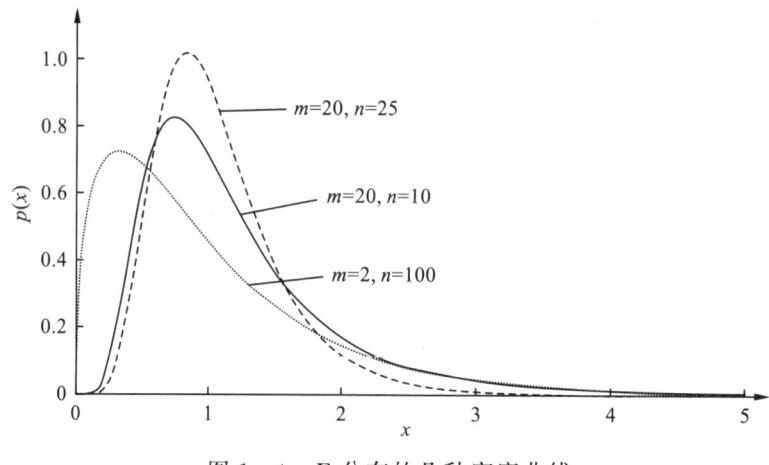

图 1-4 F 分布的几种密度曲线

1.3.4 分位数

以下介绍分位数和上分位数概念.

定义 1.3.4 设随机变量 ξ 的分布函数为 F,实数 α 满足 $0<\alpha<1$,若 x_α 满足
$$P\{\xi \leqslant x_\alpha\} = F(x_\alpha) = \alpha,$$
则称 x_α 为分布 F 的 α 分位数或 α 分位点(也称临界值). $\alpha = \frac{1}{2}$ 的分位数也称为分布 F 的中位数.

如果 λ 满足 $P\{\xi > \lambda\} = \alpha$,即有
$$P\{\xi \leqslant \lambda\} = 1 - \alpha,$$

则称 λ 为 ξ 的上 α 分位数,这说明 λ 也是原分布的 $1-\alpha$ 分位数.

设 λ_1, λ_2 同时分别满足

$$P\{\xi \leqslant \lambda_1\} = \frac{\alpha}{2} \text{ 和 } P\{\xi > \lambda_2\} = \frac{\alpha}{2},$$

则称为 ξ 的双侧 α 上分位数,这里 λ_1 和 λ_2 分别是 ξ 的 $\frac{\alpha}{2}$ 分位数和上 $\frac{\alpha}{2}$ 分位数.

在应用上,通常采用上分位数,这里作进一步说明:

(1) 标准正态分布 $Z \sim N(0,1)$ 的上 α 分位数通常记作 z_α,根据上分位数定义有

$$\Phi(z_\alpha) = \int_{-\infty}^{z_\alpha} \frac{1}{\sqrt{2\pi}} e^{-\frac{x^2}{2}} dx = 1 - \alpha.$$

由于 $N(0,1)$ 的密度曲线关于 y 轴对称,故

$$z_\alpha = -z_{1-\alpha},$$
$$p\{|Z| > z_\alpha\} = 2\alpha.$$

后章节应用中,常用到公式 $P\{|Z| > z_{\alpha/2}\} = \alpha$ 和 $P\{|Z| \leqslant z_{\alpha/2}\} = 1-\alpha$,示意图见图 1-5.

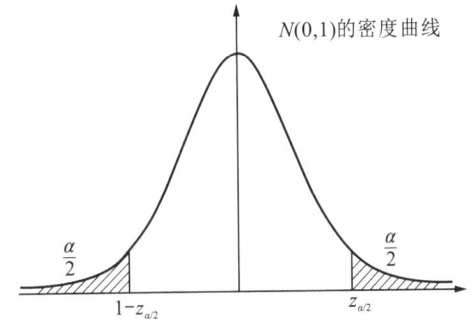

图 1-5 双侧分位数(一)

(2) 对于 $\chi^2 \sim \chi^2(n)$,上 α 分位数记作 $\chi_\alpha^2(n)$,由上分位数定义有

$$P\{\chi^2 > \chi_\alpha^2(n)\} = 1 - F(\chi_\alpha^2(n))$$
$$= \int_{\chi_\alpha^2(n)}^{+\infty} p(x) dx = \alpha.$$

示意图见图 1-6,显然 $\chi_\alpha^2(n) > 0$.

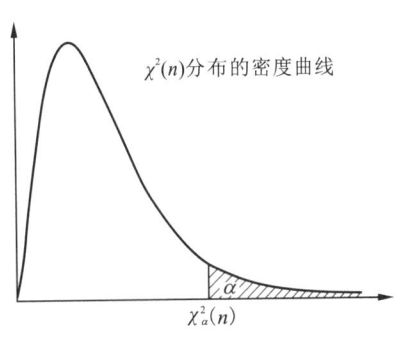

图 1-6 单侧上分位数(一)

(3) 对于 $t \sim t(n)$,上 α 分位数记作 $t_\alpha(n)$,由上分位数定义有

$$P\{t > t_\alpha(n)\} = 1 - F(t_\alpha(n)) = \int_{t_\alpha(n)}^{+\infty} p(x) dx$$
$$= \alpha.$$

由于 $t(n)$ 的密度曲线关于 y 轴对称,故

$$t_\alpha(n) = -t_{1-\alpha}(n),$$

进而有

$$P\{|t| > t_{\alpha/2}(n)\} = \alpha \text{ 或 } P\{|t| \leqslant t_{\alpha/2}(n)\} = 1-\alpha.$$

示意图见图 1-7.

(4) 对于 $F \sim F(m,n)$,上 α 分位数记作 $F_\alpha(m,n)$,由上分位数定义有

$$P\{F > F_\alpha(m,n)\} = 1 - F(F_\alpha(m,n)) = \int_{F_\alpha(m,n)}^{+\infty} p(x) dx = \alpha.$$

示意图见图 1-8,同样有 $F_\alpha(m,n) > 0$.

对于给定的 α（$0<\alpha<1$），可以查相关表得到上 α 分位数：z_α，$\chi_\alpha^2(n)$，$t_\alpha(n)$，$F_\alpha(m,n)$. 也可以用 R 软件的内部函数来计算，分别为 $qnorm(1-\alpha)$，$qchisq(1-\alpha,n)$，$qt(1-\alpha,n)$ 和 $qf(1-\alpha,m,n)$，其中 q 代表分位数（quantile），norm、chisq、t 和 f 分别为正态分布、χ^2 分布、t 分布和 F 分布在 R 软件中的名称. 另外，特别要注意 R 软件中分布函数的定义法则，例如：若 $\xi \sim P(\lambda)$，则 $ppois(x,\lambda)=P\{\xi \leqslant x\}$，而不是 $P\{\xi < x\}$.

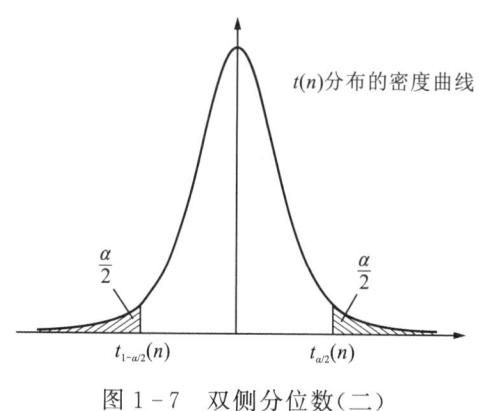
图 1-7 双侧分位数（二）

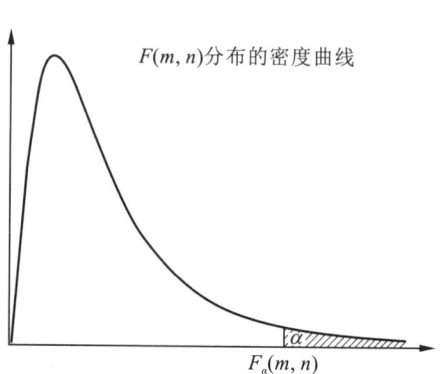
图 1-8 单侧上分位数（二）

关于查表求上 α 分位数，需要补充几点说明：

（1）若 $\chi^2 \sim \chi^2(n)$，当 $n>45$，一般没有表可直接查出 $\chi_\alpha^2(n)$，此时用近似公式：
$$\chi_\alpha^2(n) \approx \frac{1}{2}(z_\alpha + \sqrt{2n-1})^2.$$

事实上，由定理 1.3.4 知，当 n 充分大时，$(\sqrt{2\chi^2}-\sqrt{2n-1})$ 近似服从标准正态分布，于是近似的有
$$P\{\sqrt{2\chi^2}-\sqrt{2n-1}>z_\alpha\}=\alpha,$$
即
$$P\left\{\chi^2>\frac{1}{2}(z_\alpha+\sqrt{2n-1})^2\right\}=\alpha,$$
而
$$P\{\chi^2>\chi_\alpha^2(n)\}=\alpha,$$
于是得
$$\chi_\alpha^2(n) \approx \frac{1}{2}(z_\alpha+\sqrt{2n-1})^2.$$

（2）若 $t \sim t(n)$，当 $n>45$，一般没有表可直接查出 $t_\alpha(n)$，此时用近似公式：
$$t_\alpha(n) \approx z_\alpha.$$

由定理 1.3.6 知，当 n 充分大时，t 近似服从标准正态分布，于是 $t_\alpha(n) \approx z_\alpha$.

（3）F 分布的上分位数有如下性质：
$$F_{1-\alpha}(m,n)=\frac{1}{F_\alpha(n,m)}.$$

证 前面已指出，若 $\xi \sim F(m,n)$，则 $\dfrac{1}{\xi} \sim F(n,m)$.

由上分位数的定义，知 $P\left\{\dfrac{1}{\xi} > F_\alpha(n,m)\right\} = \alpha$. 由此可得

$$P\left\{\xi < \dfrac{1}{F_\alpha(n,m)}\right\} = \alpha .$$

由 $\xi \sim F(m,n)$ 及上分位数定义得

$$P\{\xi < F_{1-\alpha}(m,n)\} = \alpha .$$

比较以上两式，即得

$$F_{1-\alpha}(m,n) = \dfrac{1}{F_\alpha(n,m)}.$$

通常 F 分布表只给出 $0.5 \leqslant \alpha < 1$ 的 $F_\alpha(m,n)$ 的值，对于更小的 α，可根据上述公式计算.

1.4 抽样分布

统计量都是随机变量，其分布称为抽样分布，求抽样分布是数理统计的一个基本问题，如果各个统计量的分布有显示的表达式，则许多统计推断问题便迎刃而解，但一般是困难的，只有少数情形能做到，在正态总体情况下，几个重要统计量有显示结果.

1.4.1 正态总体的样本均值与方差的分布

本小节涉及到的结论在后面章节中常常被用到.

定理 1.4.1 设随机变量 $\xi_1, \xi_2, \cdots, \xi_n$ 相互独立，且

$$\xi_i \sim N(\mu_i, \sigma_i^2) \quad (i = 1, 2, \cdots, n),$$

则它们的任一线性组合构成的函数，有

$$\sum_{i=1}^n k_i \xi_i \sim N\left(\sum_{i=1}^n k_i \mu_i, \sum_{i=1}^n k_i^2 \sigma_i^2\right),$$

其中 $k_1, k_2, \cdots, k_n$ 是不全为 0 的常数.

推论 1.4.1 设总体 $\xi \sim N(\mu, \sigma^2)$，$(\xi_1, \xi_2, \cdots, \xi_n)$ 是 ξ 的一个样本，对样本的任一线性组合构成的函数，有

$$\sum_{i=1}^n k_i \xi_i \sim N\left(\mu \sum_{i=1}^n k_i, \sigma^2 \sum_{i=1}^n k_i^2\right),$$

其中 $k_1, k_2, \cdots, k_n$ 是不全为 0 的常数.

推论 1.4.2 设总体 $\xi \sim N(\mu, \sigma^2)$，$(\xi_1, \xi_2, \cdots, \xi_n)$ 是 ξ 的一个样本，则样本均值 $\bar{\xi}$ 满足

$$\bar{\xi} \sim N\left(\mu, \dfrac{\sigma^2}{n}\right), \text{ 等价于 } \dfrac{\bar{\xi} - \mu}{\sigma/\sqrt{n}} \sim N(0,1).$$

推论 1.4.3 设 ξ 与 η 为两个正态总体,$\xi \sim N(\mu_1, \sigma_1^2)$,$(\xi_1, \xi_2, \cdots, \xi_{n_1})$ 为 ξ 的样本,$\eta \sim N(\mu_2, \sigma_2^2)$,$(\eta_1, \eta_2, \cdots, \eta_{n_2})$ 为 η 的样本,且两样本独立,则两样本均值之差满足

$$(\bar{\xi} - \bar{\eta}) \sim N\left(\mu_1 - \mu_2, \frac{\sigma_1^2}{n_1} + \frac{\sigma_2^2}{n_2}\right),$$

或

$$\frac{\bar{\xi} - \bar{\eta} - (\mu_1 - \mu_2)}{\sqrt{\frac{\sigma_1^2}{n_1} + \frac{\sigma_2^2}{n_2}}} \sim N(0,1),$$

其中

$$\bar{\xi} = \frac{1}{n_1} \sum_{i=1}^{n_1} \xi_i ; \quad \bar{\eta} = \frac{1}{n_2} \sum_{i=1}^{n_2} \eta_i.$$

推论的证明很简单,由读者完成.

定理 1.4.2(柯赫伦分解定理) 设 $\xi_1, \xi_2, \cdots, \xi_n$ 为相互独立同分布的随机变量序列,且

$$\xi_i \sim N(0,1) \quad (i=1,2,\cdots,n),$$

又设

$$\sum_{i=1}^{n} \xi_i^2 = Q_1 + Q_2 + \cdots + Q_l,$$

其中 $Q_k(k=1,2,\cdots,l)$ 是秩为 n_k 的 $\xi_1, \xi_2, \cdots, \xi_n$ 的非负定二次型,则有下列结论:

(1) $Q_1, Q_2, \cdots, Q_l$ 相互独立;

(2) $Q_k \sim \chi^2(n_k) \ (k=1,2,\cdots,l)$.

成立的充分必要条件为

$$n = \sum_{k=1}^{l} n_k.$$

定理的必要性可由 χ^2 分布的可加性直接得出,充分性的证明参见文献[4]第 376 页.

定理 1.4.2 的"Q_k 的秩为 n_k"改为"Q_k 的秩不超过 n_k",其他条件不变,定理仍然成立. 参见文献[6]第 384 页.

柯赫伦分解定理通常这样使用:

(1) 先验证 $\sum_{k=1}^{l} Q_k = \sum_{i=1}^{n} \xi_i^2 \sim \chi^2(n)$;

(2) 再验证每一个 Q_k 都是 $\xi_1, \xi_2, \cdots, \xi_n$ 的线性组合的平方和(从而是 $\xi_1, \xi_2, \cdots, \xi_n$ 的非负定二次型),而且 Q_k 的秩为 n_k 或秩不超过 n_k,且 $\sum_{k=1}^{l} n_k = n$.

这两条件都成立,则 $Q_1, Q_2, \cdots, Q_l$ 相互独立,且 $Q_k \sim \chi^2(n_k)$.

这样就不必直接去论证 $Q_1, Q_2, \cdots, Q_l$ 的分布以及独立性,此定理在后章节方差分析的理论推导中起着重要的作用. 以下列出一个重要推论:

推论 1.4.4 设 $(\xi_1, \xi_2, \cdots, \xi_n)$ 是 ξ 的一个样本,且 $\xi \sim N(0, \sigma^2)$,而 $Q_k (k=1, 2, \cdots, l)$ 是 $\xi_1, \xi_2, \cdots, \xi_n$ 的秩为 n_k 的非负定二次型,且满足

$$\sum_{i=1}^{n} \xi_i^2 = Q_1 + Q_2 + \cdots + Q_l, \quad n = \sum_{k=1}^{l} n_k,$$

则

$$F_{ij} = \frac{Q_i}{Q_j} \cdot \frac{n_j}{n_i} \sim F(n_i, n_j),$$

其中 $i, j = 1, 2, \cdots, l$,且 $i \neq j$.

定理 1.4.3 设总体 $\xi \sim N(0, 1)$,$(\xi_1, \xi_2, \cdots, \xi_n)$ 是 ξ 的一个样本,则

(1) 样本均值 $\bar{\xi}$ 与样本方差 S^2 相互独立;

(2) $nS^2 = (n-1)S^{*2} = \sum_{i=1}^{n}(\xi_i - \bar{\xi})^2 \sim \chi^2(n-1)$.

一般情况有

定理 1.4.4 设总体 $\xi \sim N(\mu, \sigma^2)$,$(\xi_1, \xi_2, \cdots, \xi_n)$ 是 ξ 的一个样本,则

(1) 样本均值 $\bar{\xi}$ 与样本方差 S^2 相互独立;

(2) $\dfrac{nS^2}{\sigma^2} = \dfrac{(n-1)S^{*2}}{\sigma^2} = \dfrac{1}{\sigma^2}\sum_{i=1}^{n}(\xi_i - \bar{\xi})^2 \sim \chi^2(n-1)$.

证 考虑总体 $\eta = \dfrac{\xi - \mu}{\sigma}$,则 $\eta \sim N(0, 1)$. 设 $\eta_i = \dfrac{\xi_i - \mu}{\sigma}\ (i=1,2,\cdots,n)$,则 $(\eta_1, \eta_2, \cdots, \eta_n)$ 是 η 的一个样本. 对总体 η 及其样本 $(\eta_1, \eta_2, \cdots, \eta_n)$ 应用定理 1.4.3 便得到定理 1.4.4 的结论.

推论 1.4.5 设总体 $\xi \sim N(\mu, \sigma^2)$,$(\xi_1, \xi_2, \cdots, \xi_n)$ 是 ξ 的一个样本,则

$$\frac{\bar{\xi} - \mu}{S^* / \sqrt{n}} = \frac{\bar{\xi} - \mu}{S / \sqrt{n-1}} \sim t(n-1).$$

证 由推论 1.4.2 及定理 1.4.4 可知

$$\frac{\bar{\xi} - \mu}{\sigma / \sqrt{n}} \sim N(0, 1) \quad \text{和} \quad \frac{(n-1)S^{*2}}{\sigma^2} = \frac{nS^2}{\sigma^2} \sim \chi^2(n-1),$$

且 $\dfrac{\bar{\xi} - \mu}{\sigma / \sqrt{n}}$ 与 $\dfrac{(n-1)S^{*2}}{\sigma^2} = \dfrac{nS^2}{\sigma^2}$ 相互独立,由 t 分布的定义,得

$$\frac{\dfrac{\bar{\xi} - \mu}{\sigma / \sqrt{n}}}{\sqrt{\dfrac{(n-1)S^{*2}}{\sigma^2 (n-1)}}} = \frac{\dfrac{\bar{\xi} - \mu}{\sigma / \sqrt{n}}}{\sqrt{\dfrac{nS^2}{\sigma^2 (n-1)}}} \sim t(n-1),$$

即

$$\frac{\bar{\xi} - \mu}{S^* / \sqrt{n}} = \frac{\bar{\xi} - \mu}{S / \sqrt{n-1}} \sim t(n-1).$$

推论 1.4.6 设 ξ 与 η 为两个具有相等方差(也称具有方差齐性)的正态总体,有
$$\xi \sim N(\mu_1, \sigma^2), \quad (\xi_1, \xi_2, \cdots, \xi_{n_1}) \text{ 为 } \xi \text{ 的样本};$$
$$\eta \sim N(\mu_2, \sigma^2), \quad (\eta_1, \eta_2, \cdots, \eta_n) \text{ 为 } \eta \text{ 的样本}.$$
且这两样本相互独立,则

$$\frac{(\bar{\xi} - \bar{\eta}) - (\mu_1 - \mu_2)}{S_w \sqrt{\frac{1}{n_1} + \frac{1}{n_2}}} \sim t(n_1 + n_2 - 2),$$

其中

$$S_w = \sqrt{\frac{n_1 S_1^2 + n_2 S_2^2}{n_1 + n_2 - 2}} = \sqrt{\frac{(n_1 - 1) S_1^{*2} + (n_2 - 1) S_2^{*2}}{n_1 + n_2 - 2}};$$

$$S_1^2 = \frac{1}{n_1} \sum_{i=1}^{n_1} (\xi_i - \bar{\xi})^2, \quad S_1^{*2} = \frac{1}{n_1 - 1} \sum_{i=1}^{n_1} (\xi_i - \bar{\xi})^2;$$

$$S_2^2 = \frac{1}{n_2} \sum_{i=1}^{n_2} (\eta_i - \bar{\eta})^2, \quad S_2^{*2} = \frac{1}{n_2 - 1} \sum_{i=1}^{n_2} (\eta_i - \bar{\eta})^2.$$

证 由推论 1.4.3,得

$$\frac{(\bar{\xi} - \bar{\eta}) - (\mu_1 - \mu_2)}{\sigma \sqrt{\frac{1}{n_1} + \frac{1}{n_2}}} \sim N(0, 1).$$

由 χ^2 分布的可加性和定理 1.4.4,得

$$\frac{n_1 S_1^2 + n_2 S_2^2}{\sigma^2} \sim \chi^2(n_1 + n_2 - 2).$$

进一步,因 ξ 与 S_1^2, η 与 S_2^2 分别相互独立,故 $\dfrac{(\bar{\xi} - \bar{\eta}) - (\mu_1 - \mu_2)}{\sigma \sqrt{\frac{1}{n_1} + \frac{1}{n_2}}}$ 与 $\dfrac{n_1 S_1^2 + n_2 S_2^2}{\sigma^2}$ 相互

独立,再由 t 分布的定义得

$$\left. \frac{(\bar{\xi} - \bar{\eta}) - (\mu_1 - \mu_2)}{\sigma \sqrt{\frac{1}{n_1} + \frac{1}{n_2}}} \right/ \sqrt{\frac{n_1 S_1^2 + n_2 S_2^2}{\sigma^2 (n_1 + n_2 - 2)}} \sim t(n_1 + n_2 - 2),$$

即

$$\frac{(\bar{\xi} - \bar{\eta}) - (\mu_1 - \mu_2)}{S_w \sqrt{\frac{1}{n_1} + \frac{1}{n_2}}} \sim t(n_1 + n_2 - 2).$$

推论 1.4.7 设 ξ 与 η 为两个正态总体,
$$\xi \sim N(\mu_1, \sigma_1^2), \quad (\xi_1, \xi_2, \cdots, \xi_{n_1}) \text{ 为 } \xi \text{ 的样本};$$
$$\eta \sim N(\mu_2, \sigma_2^2), \quad (\eta_1, \eta_2, \cdots, \eta_{n_2}) \text{ 为 } \eta \text{ 的样本}.$$
且这两样本相互独立,则

$$\frac{S_1^{*2}}{S_2^{*2}} \cdot \frac{\sigma_2^2}{\sigma_1^2} = \frac{n_1 S_1^2}{n_2 S_2^2} \cdot \frac{(n_2-1)\sigma_2^2}{(n_1-1)\sigma_1^2} \sim F(n_1-1, n_2-1),$$

其中 S_1^2, S_1^{*2} 与 S_2^2, S_2^{*2} 分别为两个样本的样本方差、修正样本方差.

证 由定理 1.4.4, 得

$$\frac{(n_1-1)S_1^{*2}}{\sigma_1^2} \sim \chi^2(n_1-1), \quad \frac{(n_2-1)S_2^{*2}}{\sigma_2^2} \sim \chi^2(n_2-1).$$

由两样本的独立知 $\frac{(n_1-1)S_1^{*2}}{\sigma_1^2}$ 与 $\frac{(n_2-1)S_2^{*2}}{\sigma_2^2}$ 相互独立. 再根据 F 分布的定义, 得

$$\frac{(n_1-1)S_1^{*2}}{\sigma_1^2(n_1-1)} \Big/ \frac{(n_2-1)S_2^{*2}}{\sigma_2^2(n_2-1)} \sim F(n_1-1, n_2-1),$$

即

$$\frac{S_1^{*2}}{S_2^{*2}} \cdot \frac{\sigma_2^2}{\sigma_1^2} = \frac{n_1 S_1^2}{n_2 S_2^2} \cdot \frac{(n_2-1)\sigma_2^2}{(n_1-1)\sigma_1^2} \sim F(n_1-1, n_2-1).$$

例 1.4.1 设 $(\xi_1, \xi_2, \cdots, \xi_n)$ 为来自 $N(0, \sigma^2)$ 的样本, 求样本均值 $\bar{\xi}$ 与样本标准差 S 之商 $\bar{\xi}/S$ 的概率密度 $p(x)$.

解 由推论 1.4.5, 得

$$\frac{\bar{\xi}}{S/\sqrt{n-1}} = \frac{\bar{\xi}}{S}\sqrt{n-1} \sim t(n-1).$$

先求 $\bar{\xi}/S$ 的分布函数 $F(x)$, 即

$$F(x) = P\left\{\frac{\bar{\xi}}{S} < x\right\} = P\left\{\frac{\bar{\xi}}{S}\sqrt{n-1} < \sqrt{n-1}\, x\right\}$$
$$= F_{t(n-1)}(\sqrt{n-1}\, x).$$

所以

$$p(x) = \frac{\mathrm{d}F(x)}{\mathrm{d}x} = p_{t(n-1)}(\sqrt{n-1}\, x)\sqrt{n-1}.$$

利用 $t(n)$ 的分布密度, 可写出 $p_{t(n-1)}(\sqrt{n-1}\, x)$, 于是得

$$p(x) = \frac{\Gamma\left(\dfrac{n}{2}\right)}{\sqrt{(n-1)\pi}\, \Gamma\left(\dfrac{n-1}{2}\right)} \left[1 + \frac{(\sqrt{n-1}\, x)^2}{n-1}\right]^{-n/2} \sqrt{n-1}$$

$$= \frac{\Gamma\left(\dfrac{n}{2}\right)}{\sqrt{\pi}\, \Gamma\left(\dfrac{n-1}{2}\right)} (1+x^2)^{-n/2}.$$

1.4.2 一些非正态总体的样本均值的分布

从例 1.1.2 知, 无论总体 ξ 服从什么分布, 只要它的方差 $D[\xi]$ 有限(从而 $E[\xi]$ 也有

限),那么样本均值 $\bar{\xi}$ 的期望 $E[\bar{\xi}]$ 与方差 $D[\bar{\xi}]$ 均有限,且有

$$E[\bar{\xi}] = E[\xi], \quad D[\bar{\xi}] = \frac{1}{n}D[\xi].$$

这表明,$\bar{\xi}$ 与 ξ 有相同的数学期望,而 $\bar{\xi}$ 的方差却只有 ξ 的方差的 $\frac{1}{n}$,也就是说,经过平均得到的 $\bar{\xi}$ 比任何 ξ_i 都有更大的可能性落在 $E[\xi]$ 的附近,这是任何总体的样本均值都具有的重要性质.

对于非正态总体的抽样分布一般不容易求出,样本均值也只有当总体的分布具有可加性时才容易求得,有时即使能求得精确分布,用起来也不一定方便,在应用上往往使用近似分布(即统计量的渐近分布)进行处理.

例 1.4.2 设总体 $\xi \sim B(N, p)$,其中 $0 < p < 1$,N 为自然数,即

$$P\{\xi = k\} = C_N^k p^k (1-p)^{N-k} \quad (k = 0, 1, 2, \cdots, N).$$

如果 $(\xi_1, \xi_2, \cdots, \xi_n)$ 为 ξ 的一个样本,则相同参数 p 的二项分布有可加性,因此

$$n\bar{\xi} \sim B(nN, p),$$

于是

$$P\left\{\bar{\xi} = \frac{k}{n}\right\} = C_{nN}^k p^k (1-p)^{nN-k} \quad (k = 0, 1, 2, \cdots, nN).$$

例 1.4.3 设总体 $\xi \sim P(\lambda)$,即

$$P\{\xi = k\} = \frac{\lambda^k}{k!} e^{-\lambda} \quad (\lambda > 0, k = 0, 1, 2, \cdots).$$

若 $(\xi_1, \xi_2, \cdots, \xi_n)$ 为 ξ 的一个样本,则样本均值 $\bar{\xi}$ 有

$$n\bar{\xi} \sim P(n\lambda),$$

于是

$$P\left\{\bar{\xi} = \frac{k}{n}\right\} = \frac{(n\lambda)^k}{k!} e^{-n\lambda} \quad (k = 0, 1, 2, \cdots).$$

例 1.4.4 设总体 ξ 服从柯西分布,记为 $\xi \sim C(\mu, \lambda)$,即 ξ 的概率密度为

$$p_\xi(x) = \frac{1}{\pi} \cdot \frac{\lambda}{\lambda^2 + (x-\mu)^2} \quad (\lambda > 0).$$

试证:样本均值 $\bar{\xi}$ 服从同一个柯西分布,即 $\bar{\xi} \sim C(\mu, \lambda)$.

证 令 $\eta = \frac{\xi - \mu}{\lambda}$,即 $\xi = \lambda\eta + \mu$.

通过计算易求得

$$p_\eta(x) = \lambda p_\xi(\lambda x + \mu) = \frac{1}{\pi} \cdot \frac{1}{1+x^2},$$

即 $\eta \sim C(0,1)$,$C(0,1)$ 称为标准柯西分布,其特征函数为

$$\varphi_\eta(t) = E[e^{it\eta}] = \frac{1}{\pi}\int_{-\infty}^{+\infty} \frac{e^{itx}}{1+x^2} dx$$

$$= \frac{1}{\pi} \int_{-\infty}^{+\infty} \frac{\cos tx + \mathrm{i} \sin tx}{1+x^2} \mathrm{d}x$$

$$= \frac{1}{\pi} \left(\int_{-\infty}^{+\infty} \frac{\cos tx}{1+x^2} \mathrm{d}x + \mathrm{i} \int_{-\infty}^{+\infty} \frac{\sin tx}{1+x^2} \mathrm{d}x \right).$$

因为 $\int_{-\infty}^{+\infty} \left| \frac{\sin tx}{1+x^2} \right| \mathrm{d}x \leqslant \int_{-\infty}^{+\infty} \frac{1}{1+x^2} \mathrm{d}x = \pi$, 且 $\sin tx$ 为关于 x 的奇函数,故

$$\int_{-\infty}^{+\infty} \frac{\sin tx}{1+x^2} \mathrm{d}x = 0.$$

于是

$$\varphi_\eta(t) = \frac{1}{\pi} \int_{-\infty}^{+\infty} \frac{\cos tx}{1+x^2} \mathrm{d}x + 0 = \frac{2}{\pi} \int_{0}^{+\infty} \frac{\cos tx}{1+x^2} \mathrm{d}x = \frac{2}{\pi} \int_{0}^{+\infty} \frac{\cos|t|x}{1+x^2} \mathrm{d}x.$$

根据微积分计算方法,可以证明

$$\int_{0}^{+\infty} \frac{\cos \beta x}{\alpha^2 + x^2} \mathrm{d}x = \frac{\pi}{2\alpha} \mathrm{e}^{-\alpha\beta}, \quad (\alpha > 0, \beta \geqslant 0),$$

所以

$$\varphi_\eta(t) = \mathrm{e}^{-|t|} \quad (-\infty < t < +\infty).$$

根据特征函数的性质,可得 ξ 的特征函数

$$\varphi_\xi(t) = \varphi_{\lambda\eta+\mu}(t) = \mathrm{e}^{\mathrm{i}t\mu} \varphi_\eta(\lambda t) = \mathrm{e}^{\mathrm{i}t\mu} \mathrm{e}^{-\lambda|t|} = \mathrm{e}^{\mathrm{i}t\mu - \lambda|t|},$$

而样本均值 $\bar{\xi}$ 的特征函数为

$$\varphi_{\bar{\xi}}(t) = \prod_{k=1}^{n} \varphi_{\xi_k}\left(\frac{1}{n}t\right) = \left(\mathrm{e}^{\frac{\mathrm{i}t\mu}{n}} - \frac{\lambda|t|}{n}\right)^n = \mathrm{e}^{\mathrm{i}t\mu - \lambda|t|} = \varphi_\xi(t).$$

这表明总体 ξ 与其样本均值 $\bar{\xi}$ 有相同的特征函数,根据特征函数与分布函数相互唯一确定的性质,得结论:若 $\xi \sim C(\mu, \lambda)$,则 $\bar{\xi} \sim C(\mu, \lambda)$.

定理 1.4.5 设 ξ 为任意一个总体,具有有限方差 $D[\xi] > 0$,设 $(\xi_1, \xi_2, \cdots, \xi_n)$ 为 ξ 的一个样本,则当 $n \to \infty$ 时,样本均值 $\bar{\xi}$ 满足

$$\frac{\bar{\xi} - E[\xi]}{\sqrt{D[\xi]/n}} \Rightarrow N(0, 1),$$

即当 n 充分大时,$\bar{\xi}$ 近似服从 $N(E[\xi], (\sqrt{D[\xi]/n})^2)$.

证 根据林德贝格中心极限定理,当 $n \to \infty$ 时,有

$$\frac{\frac{1}{n}\sum_{k=1}^{n}\xi_k - E[\xi]}{\sqrt{D[\xi]/n}} \Rightarrow N(0, 1).$$

进一步,利用样本均值定义,上式即为 $\frac{\bar{\xi} - E[\xi]}{\sqrt{D[\xi]/n}} \Rightarrow N(0, 1)$.

下面给出两个结论:

(1) 设总体 $\xi \sim B(1, p)$ $(0 < p < 1)$,即 ξ 服从 $0-1$ 分布,由例 1.4.2 可知,容量为 n

的样本均值 $\bar{\xi}$ 的精确分布为

$$P\left\{\bar{\xi}=\frac{k}{n}\right\}=C_{nN}^k p^k(1-p)^{nN-k} \qquad (k=0,1,\cdots,nN).$$

由定理 1.4.5 得样本均值 $\bar{\xi}$ 的近似分布为

$$N\left(E[\xi],(\sqrt{D[\xi]/n})^2\right)=N\left(p,\frac{p(1-p)}{n}\right).$$

对 0—1 分布来说,应用上更多地使用样本均值 $\bar{\xi}$ 的近似分布,而不是它的精确分布.

(2) 设总体 $\xi\sim C(\mu,\lambda)$,由例 1.4.4 知 $\bar{\xi}\sim C(\mu,\lambda)$ 与 n 无关,即 $\bar{\xi}$ 的极限分布仍然是 $C(\mu,\lambda)$,而不是正态分布,这是因为这个总体的数学期望 $E[\xi]$ 不存在,从而 $D[\xi]$ 也不存在,故不满足定理 1.4.5 的条件.

1.5 顺序统计量与样本极差

1.5.1 顺序统计量及其分布

定义 1.5.1 设 $(\xi_1,\xi_2,\cdots,\xi_n)$ 为总体 ξ 的样本,记 $\xi_{(k)}$ 为将 $\xi_1,\xi_2,\cdots,\xi_n$ 从小到大排列的第 k 个值,即对于任意基本事件 $\omega,\xi_{(k)}(\omega)$ 为将 $\xi_1(\omega),\xi_2(\omega),\cdots,\xi_n(\omega)$ 从小到大排列的第 k 个值 $(k=1,2,\cdots,n)$,称 $\xi_{(1)},\xi_{(2)},\cdots,\xi_{(n)}$ 为顺序统计量.

对于顺序统计量 $\xi_{(1)},\xi_{(2)},\cdots,\xi_{(n)}$,显然有

$$\xi_{(1)}=\min\{\xi_1,\xi_2,\cdots,\xi_n\},\ \xi_{(n)}=\max\{\xi_1,\xi_2,\cdots,\xi_n\}.$$

顺序统计量计算简便,在某些方面有着广泛的应用,但顺序统计量 $\xi_{(1)},\xi_{(2)},\cdots,\xi_{(n)}$ 一般不相互独立,也不同分布.

下面主要对总体 ξ 为连续型的情形进行讨论,此时(可认为其他情形出现概率为 0)

$$x_{(1)}<x_{(2)}<\cdots<x_{(n)},\ \xi_{(1)}<\xi_{(2)}<\cdots<\xi_{(n)}.$$

在 1.2 节中,定义经验频数 $\nu_n(x)$ 为对总体 ξ 作 n 次重复独立观测时随机事件 $\{\xi\leqslant x\}$ 出现的次数. 对于任意给定的实数 x,$\nu_n(x)$ 是一个统计量,且当 ξ 的分布函数为 $F(x)$ 时,有

$$\nu_n(x)\sim B(n,F(x)),$$

即

$$P\{\nu_n(x)=k\}=C_n^k[F(x)]^k[1-F(x)]^{n-k} \qquad (k=0,1,2,\cdots,n).$$

对总体 ξ 作 n 次重复独立观测,也就是从总体 ξ 中抽取容量为 n 的样本 $(\xi_1,\xi_2,\cdots,\xi_n)$. 由 $\nu_n(x)$ 的定义,不难得到 $\nu_n(x)$ 与顺序统计量 $\xi_{(1)},\xi_{(2)},\cdots,\xi_{(n)}$ 有如下的关系:

$\{\nu_n(x)=k\}=\{\{\xi\leqslant x\}$ 出现 k 次$\}=\{\xi_{(k)}\leqslant x<\xi_{(k+1)}\}$,其中 $k=1,2,\cdots,n-1$;

$\{\nu_n(x)>k\}=\{\{\xi\leqslant x\}$ 出现次数 $>k\}=\{\xi_{(k)}\leqslant x\}$,其中 $k=1,2,\cdots,n-1$.

下面利用 $\nu_n(x)$ 的分布来求顺序统计量 $\xi_{(k)}$ 的分布.

定理 1.5.1 设总体 ξ 的分布函数为 $F(x)$,$(\xi_1,\xi_2,\cdots,\xi_n)$ 为总体 ξ 的容量为 n 的样本,则

(1) 第 k 个顺序统计量 $\xi_{(k)}$ 的分布函数为

$$F_{\xi_{(k)}}(x)=\frac{n!}{(k-1)!(n-k)!}\int_0^{F(x)}t^{k-1}(1-t)^{n-k}\mathrm{d}t,$$

其中 $k=1,2,\cdots,n$.

(2) 若 ξ 为连续型,有分布密度 $p(x)$,则 $\xi_{(k)}$ 的分布密度为

$$p_{\xi_{(k)}}(x)=\frac{n!}{(k-1)!(n-k)!}[F(x)]^{k-1}[1-F(x)]^{n-k}p(x),$$

其中 $k=1,2,\cdots,n$.

证
$$F_{\xi_{(k)}}(x)=P\{\xi_{(k)}\leqslant x\}=P\{v_n(x)\geqslant k\}=\sum_{m=k}^n P\{\nu_n(x)=m\}$$

$$=\sum_{m=k}^n C_n^m[F(x)]^m[1-F(x)]^{n-m}$$

$$=\frac{n!}{(k-1)!(n-k)!}\int_0^{F(x)}t^{k-1}(1-t)^{n-k}\mathrm{d}t.$$

上式对 x 求导,得

$$p_{\xi_{(k)}}(x)=\frac{n!}{(k-1)!(n-k)!}[F(x)]^{k-1}[1-F(x)]^{n-k}p(x).$$

推论 1.5.1 在定理 1.5.1 的假定下,最小、最大顺序统计量 $\xi_{(1)},\xi_{(n)}$ 分布函数与分布密度分别为

$$F_{\xi_{(1)}}(x)=1-[1-F(x)]^n,\quad p_{\xi_{(1)}}(x)=n[1-F(x)]^{n-1}p(x);$$
$$F_{\xi_{(n)}}(x)=[F(x)]^n,\quad p_{\xi_{(n)}}(x)=n[F(x)]^{n-1}p(x).$$

$\xi_{(1)},\xi_{(n)}$ 的分布统称为极值分布,可直接由分布函数及 $\xi_{(1)},\xi_{(n)}$ 定义出发推出.

例 1.5.1 设总体 ξ 服从区间 $[0,\theta]$ 上的均匀分布,即密度为

$$p(x)=\begin{cases}\dfrac{1}{\theta}, & \text{当 } 0\leqslant x\leqslant\theta,\\ 0, & \text{其他}.\end{cases}$$

从总体 ξ 中抽取容量为 n 的样本,求顺序统计量 $\xi_{(k)}$($k=1,2,\cdots,n$)的分布密度.

解 由定理 1.5.1,有

$$p_{\xi_{(k)}}(x)=\frac{n!}{(k-1)!(n-k)!}[F(x)]^{k-1}[1-F(x)]^{n-k}p(x)$$

$$=\begin{cases}\dfrac{n!}{(k-1)!(n-k)!}\left[\int_0^x\dfrac{1}{\theta}\mathrm{d}t\right]^{k-1}\left[1-\int_0^x\dfrac{1}{\theta}\mathrm{d}t\right]^{n-k}\dfrac{1}{\theta}, & \text{当 } 0\leqslant x\leqslant\theta\\ 0, & \text{其他}\end{cases}$$

$$=\begin{cases}\dfrac{n!}{(k-1)!(n-k)!}\dfrac{1}{\theta^n}x^{k-1}(\theta-x)^{n-k}, & \text{当 } 0\leqslant x\leqslant\theta,\\ 0, & \text{其他}.\end{cases}$$

定理 1.5.2 设总体 ξ 的分布函数为 F，而 $(\xi_1,\xi_2,\cdots,\xi_n)$ 是总体 ξ 的容量为 n 的样本，则 $\xi_{(1)},\xi_{(n)}$ 的联合分布函数为

$$F_{\xi_{(1)},\xi_{(n)}}(x,y)=\begin{cases}[F(y)]^n-[F(y)-F(x)]^n, & \text{当 } x<y,\\ [F(y)]^n, & \text{当 } x\geqslant y.\end{cases}$$

又若 ξ 为连续型，密度为 p，且 $F_{\xi_{(1)},\xi_{(n)}}$ 的二阶偏导数在点 (x,y) 的某邻域连续，则 $\xi_{(1)},\xi_{(n)}$ 的联合分布密度为

$$p_{\xi_{(1)},\xi_{(n)}}(x,y)=\begin{cases}n(n-1)[F(y)-F(x)]^{n-2}p(x)p(y), & \text{当 } x<y,\\ 0, & \text{当 } x\geqslant y.\end{cases}$$

证 因为

$$\{\xi_{(n)}\leqslant y\}=\{\xi_{(1)}\leqslant x,\xi_{(n)}\leqslant y\}+\{\xi_{(1)}>x,\xi_{(n)}\leqslant y\},$$

所以

$$\begin{aligned}F_{\xi_{(1)},\xi_{(n)}}(x,y)&=P\{\xi_{(1)}\leqslant x,\xi_{(n)}\leqslant y\}\\ &=P\{\xi_{(n)}\leqslant y\}-P\{\xi_{(1)}>x,\xi_{(n)}\leqslant y\}\\ &=\begin{cases}P\{\xi_{(n)}\leqslant y\}-P\{x<\xi_1\leqslant y,x<\\ \quad\xi_2\leqslant y,\cdots,x<\xi_n\leqslant y\}, & \text{当 } x<y\\ P\{\xi_{(n)}\leqslant y\}, & \text{当 } x\geqslant y\end{cases}\\ &=\begin{cases}[F(y)]^n-\prod_{k=1}^n P\{x<\xi_k\leqslant y\}, & \text{当 } x<y\\ [F(y)]^n, & \text{当 } x\geqslant y\end{cases}\\ &=\begin{cases}[F(y)]^n-[F(y)-F(x)]^n, & \text{当 } x<y\\ [F(y)]^n, & \text{当 } x\geqslant y.\end{cases}\end{aligned}$$

当 ξ 为连续型，且满足定理的条件时，有

$$\begin{aligned}p_{\xi_{(1)},\xi_{(n)}}(x,y)&=\frac{\partial^2 F_{\xi_{(1)},\xi_{(n)}}(x,y)}{\partial x\partial y}\\ &=\begin{cases}n(n-1)[F(y)-F(x)]^{n-2}p(x)p(y), & \text{当 } x<y\\ 0, & \text{当 } x\geqslant y.\end{cases}\end{aligned}$$

1.5.2 样本极差及其分布

定义 1.5.2 设 $(\xi_1,\xi_2,\cdots,\xi_n)$ 是总体 ξ 的样本，$\xi_{(1)},\xi_{(2)},\cdots,\xi_{(n)}$ 是其顺序统计量，称统计量

$$R_n=\xi_{(n)}-\xi_{(1)}$$

为 ξ 的样本极差，显然有

$$R_n=\max_{1\leqslant i,j\leqslant n}|\xi_i-\xi_j|.$$

样本极差的观测值是样本观测值中最大值与最小值之差，它反映观测值波动的最大

幅度,它同方差一样,是反映观测值分散程度的数量指标,计算较简便.

定理 1.5.3 设总体 ξ 为连续型随机变量,其分布函数为 F,分布密度为 p,则样本极差 R_n 的分布函数与分布密度分别为

$$F_{R_n}(z) = \begin{cases} 0, & \text{当 } z \leqslant 0, \\ n\int_{-\infty}^{+\infty} [F(x+z) - F(x)]^{n-1} p(x) \mathrm{d}x, & \text{当 } z > 0; \end{cases}$$

$$P_{R_n}(z) = \begin{cases} 0, & \text{当 } z \leqslant 0, \\ n(n-1)\int_{-\infty}^{+\infty} [F(x+z) - F(x)]^{n-2} p(x+z) p(x) \mathrm{d}x, & \text{当 } z > 0. \end{cases}$$

对于总体 $\xi \sim N(0,1)$ 的情形,样本极差的分布函数、分位数以及数学期望和方差,已有编制好的数值表,应用时可查相关的统计学用表.

练习题

1. 试证:

(1) $\sum_{i=1}^{n}(\xi_i - a)^2 = \sum_{i=1}^{n}(\xi_i - \bar{\xi})^2 + n(\bar{\xi} - a)^2$,$a$ 为任意实数;

(2) $\sum_{i=1}^{n}(\xi_i - \bar{\xi})^2 = \sum_{i=1}^{n}\xi_i^2 - n\bar{\xi}^2$.

2. 设 $\bar{\xi}$ 和 S^2 分别是样本 $(\xi_1, \xi_2, \cdots, \xi_n)$ 的均值和方差,令 $\eta_i = \dfrac{\xi_i - \mu}{c}$ $(i=1,2,\cdots,n)$,其中 μ,c 为常数,且 $c \neq 0$. 记 $\bar{\eta}$ 和 S_η^2 分别表示 $(\eta_1, \eta_2, \cdots, \eta_n)$ 的均值和方差,试证:

(1) $\bar{\xi} = c\bar{\eta} + \mu$;

(2) $S_\eta^2 = c^{-2} S^2$.

3. 设 $(\xi_1, \xi_2, \cdots, \xi_n)$ 为 $0-1$ 分布的一个样本.

(1) 求样本均值 $\bar{\xi}$ 的期望与方差;

(2) 求修正样本方差 S^{*2} 的期望;

(3) 试证:$S^2 = \bar{\xi}(1 - \bar{\xi})$.

4. 设总体 $\xi \sim P(\lambda)$,而 $(\xi_1, \xi_2, \cdots, \xi_n)$ 为它的一个样本,试求:

(1) $(\xi_1, \xi_2, \cdots, \xi_n)$ 的联合概率函数;

(2) $E[\bar{\xi}]$,$D[\bar{\xi}]$ 和 $E[S^{*2}]$.

5. 从一个总体中抽取了容量为 5 的一个样本,具体观察值为 $(-2.8, -1, 1.5, 2.1, 3.4)$.求经验分布函数的相应观察值,并做出它的图形.

6. 设 $\xi \sim N(0,1)$,$(\xi_1, \xi_2, \cdots, \xi_6)$ 为 ξ 的一样本,而 $\eta = (\xi_1 + \xi_2 + \xi_3)^2 + (\xi_4 + \xi_5 + \xi_6)^2$.试求常数 c,使得随机变量 $c\eta$ 服从 χ^2 分布.

7. 设总体 $\xi \sim N(\mu, \sigma^2)$,$\mu$ 为已知常数,$(\xi_1, \xi_2, \cdots, \xi_n)$ 为 ξ 的一个样本.求统计量 $\sum_{i=1}^{n}(\xi_i - \mu)^2$ 的分布密度.

8. 设总体 $\xi \sim N(0,1)$,$(\xi_1,\xi_2,\cdots,\xi_n)$ 为其样本.

(1) 求样本方差 S^2 的分布密度;

(2) 求样本标准差 S 的分布密度.

9. 设总体 $\xi \sim N(\mu,\sigma^2)$,$(\xi_1,\xi_2,\cdots,\xi_n)$ 为其样本,$\bar{\xi}$ 及 S 分别为样本均值及方差,又设 $\xi_{n+1} \sim N(\mu,\sigma^2)$,且与 $\xi_1,\xi_2,\cdots,\xi_n$ 相互独立,试求统计量 $\eta = \dfrac{\xi_{n+1}-\bar{\xi}}{S}\sqrt{\dfrac{n-1}{n+1}}$ 的抽样分布.

10. 已知 $\xi \sim t(n)$,试证:$\xi^2 \sim F(1,n)$.

11. 在总体 $N(80,20^2)$ 中随机抽取一容量为 100 的样本,问样本平均值与总体均值之差的绝对值大于 3 的概率是多少?

12. 设 $\xi_1,\xi_2,\cdots,\xi_n$ 相互独立,$\xi_i \sim N(\mu,\sigma_i^2)(i=1,2,\cdots,n)$,$\sigma_1^2,\sigma_2^2,\cdots,\sigma_n^2$ 不全相同,令:

$$\eta = \left(\sum_{i=1}^n \frac{\xi_i}{\sigma_i}\right) \bigg/ \left(\sum_{i=1}^n \frac{1}{\sigma_i}\right); \quad \zeta = \sum_{i=1}^n \left(\frac{\xi_i-\mu}{\sigma_i} - \frac{\eta-\mu}{n}\sum_{i=1}^n \frac{1}{\sigma_i}\right)^2.$$

求证:(1) $\eta \sim N\left(\mu, n\left(\sum_{i=1}^n \dfrac{1}{\sigma_i}\right)^{-2}\right)$;

(2) η 与 ζ 相互独立;

(3) $\zeta \sim \chi^2(n-1)$.

13. 设总体 ξ 的密度函数为

$$p(x) = \begin{cases} 2x, & \text{当 } 0 < x < 1, \\ 0, & \text{其他}. \end{cases}$$

取出容量为 4 的样本 $(\xi_1,\xi_2,\xi_3,\xi_4)$,求:

(1) 顺序统计量 $\xi_{(3)}$ 的密度函数 $p_3(x)$;

(2) $\xi_{(3)}$ 的分布密度函数 $F_3(x)$;

(3) $P\left\{\xi_{(3)} > \dfrac{1}{2}\right\}$.

2 参数估计

根据样本推断总体的分布或数字特征称为统计推断,它是数理统计学的核心问题,有一类统计推断问题是总体的分布函数或概率函数的数学表达式为已知,但它的某些参数(总体的数字特征也作为参数)却未知,我们要求对未知参数或未知参数的函数进行估计,这类问题称为参数估计问题,参数估计分为点估计与区间估计两种,本章主要介绍求点估计量的方法、优劣的评判标准和总体均值与方差的区间估计.

2.1 求点估计量的方法

设总体 ξ 的分布函数 $F(x;\theta)$ 或概率函数 $p(x;\theta)$ 已知,θ 为未知参数,其取值范围记作 Θ,即 $\theta \in \Theta$,称 Θ 为参数空间.

例如:

$\xi \sim B(N,p)$,参数 $p \in \Theta = (0,1)$;

$\xi \sim P(\lambda)$,参数 $\lambda \in \Theta = (0, +\infty)$;

$\xi \sim N(\mu, \sigma^2)$,参数 $\mu, \sigma^2 \in \Theta = \{(\mu, \sigma): \mu \in (-\infty, +\infty), \sigma \in (0, +\infty)\}$.

此时的参数空间是二维空间 R^2 的上半平面.

定义 2.1.1(点估计) 设总体 ξ 的分布函数 $F(x;\theta)$ 中参数 θ 未知,$\theta \in \Theta$,Θ 为参数空间,$(\xi_1, \xi_2, \cdots, \xi_n)$ 是总体 ξ 的样本,若将样本观测值 $(x_1, x_2, \cdots, x_n)$ 带入统计量 $T(\xi_1, \xi_2, \cdots, \xi_n)$ 得到 θ 的估计值 $T(x_1, x_2, \cdots, x_n)$,则称 $T(x_1, x_2, \cdots, x_n)$ 为 θ 的估计值,而统计量 $T(\xi_1, \xi_2, \cdots, \xi_n)$ 称为 θ 的估计量,通常记为 $\hat{\theta} = T(\xi_1, \xi_2, \cdots, \xi_n)$,这种对未知参数进行定值估计的方法称为参数的点估计.

若总体 ξ 的分布函数 $F(\cdot; \theta_1, \theta_2, \cdots, \theta_l)$ 或概率函数 $p(\cdot; \theta_1, \theta_2, \cdots, \theta_l)$ 有 l 个不同的未知参数,则由样本建立 l 个不带任何未知参数的统计量

$$T_i(\xi_1, \xi_2, \cdots, \xi_n), \quad (i = 1, 2, \cdots, l),$$

其分别对应于未知参数 $\theta_1, \theta_2, \cdots, \theta_l$,即

$$\hat{\theta}_i = T_i(\xi_1, \xi_2, \cdots, \xi_n), \quad (i = 1, 2, \cdots, l).$$

2.1.1 矩法

皮尔逊是最早引入矩法进行参数点估计的,从大数定律知:样本的 k 阶原点矩 $\bar{\xi}^k =$

$\frac{1}{n}\sum_{i=1}^{n}\xi_i^k$ 是总体相应矩 $E[\xi_i^k]$ 的近似,因样本均值依概率收敛到 $E[\xi]$,这启发用样本矩作为总体矩的估计.

设 $(\xi_1,\xi_2,\cdots,\xi_n)$ 为总体 ξ 的样本,又总体 ξ 的 k 阶原点矩 $E[\xi_i^k]$ 存在且未知,用样本的 k 阶原点矩 $\bar{\xi}^k = \frac{1}{n}\sum_{i=1}^{n}\xi_i^k$ 作为 $E[\xi_i^k]$ 的估计,即

$$\widehat{E[\xi^k]} = \frac{1}{n}\sum_{i=1}^{n}\xi_i^k = \bar{\xi}^k, \qquad 特别\quad \widehat{E[\xi]} = \frac{1}{n}\sum_{i=1}^{n}\xi_i = \bar{\xi}.$$

又设 $Q = f(E[\xi], E[\xi^2], \cdots, E[\xi^l])$,这里每个 $E[\xi^l]$ 存在且未知. 令

$$\hat{Q} = f(\bar{\xi}, \bar{\xi}^2, \cdots, \bar{\xi}^l).$$

这种用样本各阶原点矩的函数来估计总体各阶原点矩同一函数的方法,称为矩估计法,简称矩法,相应的估计量称为矩估计量.

由矩估计法可验证:总体 ξ 的 k 阶中心矩存在时,其矩估计量为样本的 k 阶中心矩,即

$$\widehat{E[(\xi-E[\xi])^k]} = \frac{1}{n}\sum_{i=1}^{n}(\xi_i - \bar{\xi})^k.$$

下面就 k 为正整数给出验证. 注意到

$$E[(\xi-E(\xi))^k] = E\left[\sum_{j=0}^{k}C_k^j \xi^j (-E[\xi_i])^{k-j}\right]$$

$$= \sum_{j=0}^{k}C_k^j (E[\xi^j])(-E[\xi])^{k-j},$$

即总体中心矩是总体原点矩的函数. 由矩估计法,右边等于

$$\sum_{j=0}^{k}C_k^j \bar{\xi}^j (-\bar{\xi})^{k-j} = \sum_{j=0}^{k}C_k^j \left(\frac{1}{n}\sum_{i=1}^{n}\xi_i^j\right)(-\bar{\xi})^{k-j}$$

$$= \frac{1}{n}\sum_{i=1}^{n}\left[\sum_{j=0}^{k}C_k^j \xi_i^j (-\bar{\xi})^{k-j}\right] = \frac{1}{n}\sum_{i=1}^{n}(\xi_i - \bar{\xi})^k.$$

即证 $\widehat{E[(\xi-E[\xi])^k]} = \frac{1}{n}\sum_{i=1}^{n}(\xi_i - \bar{\xi})^k$.

特别地,当总体方差 $D[\xi]$ 存在时,其矩估计量就是样本方差 S^2,即

$$\widehat{D[\xi]} = \frac{1}{n}\sum_{i=1}^{n}(\xi_i - \bar{\xi})^2 = S^2.$$

例 2.1.1 设 $(\xi_1,\xi_2,\cdots,\xi_n)$ 为总体 ξ 的样本,根据定义,易得以下各参数的矩估计量:

(1) $\xi \sim N(\mu, \sigma^2)$

因 $\mu = E(\xi), \sigma = \sqrt{D[\xi]}$,故正态总体分布的各参数矩估计量为

$$\hat{\mu} = \bar{\xi}, \hat{\sigma}^2 = S^2, \hat{\sigma} = S.$$

(2) $\xi \sim B(N, p)$ (N 已知)

因 $E[\xi]=Np$，即 $p=\dfrac{1}{N}E[\xi]$，故得到二项分布的参数 p 的矩估计量为

$$\hat{p}=\dfrac{1}{N}\bar{\xi}=\dfrac{1}{nN}\sum_{i=1}^{n}\xi_i.$$

特别地，$\xi\sim B(1,p)$（即 $0-1$ 分布），有

$$\hat{p}=\bar{\xi}=\dfrac{1}{n}\sum_{i=1}^{n}\xi_i.$$

（3）$\xi\sim P(\lambda)$

由于 $E[\xi]=D[\xi]=\lambda$，于是泊松分布的参数 λ 的矩估计量为

$$\hat{\lambda}=\bar{\xi} \quad \text{或} \quad \hat{\lambda}=S^2.$$

这说明矩估计量不是唯一的.

例 2.1.2 求事件 A 发生的概率 p 的矩估计量.

解 因为 $P(A)=p$. 求 p 的矩估计量，设每次试验中事件 A 出现的次数为 ξ，即有

$$\xi=\begin{cases}1, & \text{若事件 A 发生,}\\0, & \text{若事件 A 不发生.}\end{cases}$$

则 $P\{\xi=1\}=p$，$P\{\xi=0\}=1-p$，这表明 ξ 服从 $0-1$ 分布，即 $\xi\sim B(1,p)$. 根据例 2.1.1 的（2），p 的矩估计量为

$$\hat{p}=\bar{\xi}=\dfrac{1}{n}\sum_{i=1}^{n}\xi_i,$$

其中 $(\xi_1,\xi_2,\cdots,\xi_n)$ 为 ξ 的样本，且

$$\xi_i=\begin{cases}1, & \text{第 } i \text{ 次试验中事件 A 发生,}\\0, & \text{第 } i \text{ 次试验中事件 A 不发生.}\end{cases}$$

于是又有

$$\hat{p}=\dfrac{1}{n}\sum_{i=1}^{n}\xi_i=\dfrac{\nu_n}{n},$$

其中 ν_n 为事件 A 在 n 次重复独立试验中出现的次数，即在 n 次重复独立试验中事件 A 出现的频数；ν_n/n 就是事件 A 在一次试验中发生概率 p 的矩估计量.

若总体 ξ 的分布函数为 $F(\cdot;\theta_1,\theta_2,\cdots,\theta_l)$，以下给出求未知参数 $\theta=(\theta_1,\theta_2,\cdots,\theta_l)$ 的矩估计量的一般方法：

设 ξ 的 l 阶矩存在，于是有

$$E[\xi^k]=\int_{-\infty}^{+\infty}x^k\mathrm{d}F(x;\theta_1,\theta_2,\cdots,\theta_l)\triangleq f_k(\theta_1,\theta_2,\cdots,\theta_l),$$

其中 $k=1,2,\cdots,l$，即有

$$\begin{cases}f_1(\theta_1,\theta_2,\cdots,\theta_l)=E[\xi],\\f_2(\theta_1,\theta_2,\cdots,\theta_l)=E[\xi^2],\\\quad\quad\vdots\\f_l(\theta_1,\theta_2,\cdots,\theta_l)=E[\xi^l].\end{cases}$$

若这方程组关于 $\theta_1, \theta_2, \cdots, \theta_l$ 有唯一解

$$\begin{cases} \theta_1 = \theta_1(E[\xi], E[\xi^2], \cdots, E[\xi^l]), \\ \theta_2 = \theta_2(E[\xi], E[\xi^2], \cdots, E[\xi^l]), \\ \quad\vdots \\ \theta_l = \theta_l(E[\xi], E[\xi^2], \cdots, E[\xi^l]). \end{cases}$$

则根据矩法得

$$\begin{cases} \hat\theta_1 = \theta_1(\bar\xi, \bar\xi^2, \cdots, \bar\xi^l) \triangleq h_1(\xi_1, \xi_2, \cdots, \xi_n), \\ \hat\theta_2 = \theta_2(\bar\xi, \bar\xi^2, \cdots, \bar\xi^l) \triangleq h_2(\xi_1, \xi_2, \cdots, \xi_n), \\ \quad\vdots \\ \hat\theta_l = \theta_l(\bar\xi, \bar\xi^2, \cdots, \bar\xi^l) \triangleq h_l(\xi_1, \xi_2, \cdots, \xi_n). \end{cases}$$

即未知参数 $\theta = (\theta_1, \theta_2, \cdots, \theta_l)$ 的第 k 个分量的矩估计量为

$$\hat\theta_k = h_k(\xi_1, \xi_2, \cdots, \xi_n) \quad (k=1,2,\cdots,l).$$

又设 Q 是未知参数 $\theta_1, \theta_2, \cdots, \theta_l$ 的已知实值函数(简称 Q 为待估函数)为

$$Q = g(\theta_1, \theta_2, \cdots, \theta_l).$$

先求得 $\theta_1, \theta_2, \cdots, \theta_l$ 的矩估计量分别为 $\hat\theta_1, \hat\theta_2, \cdots, \hat\theta_l$,则 Q 的矩估计量为

$$\hat Q = g(\hat\theta_1, \hat\theta_2, \cdots, \hat\theta_l).$$

例 2.1.3 设总体 ξ 的分布密度为

$$p(x;\theta) = \begin{cases} 2\sqrt{\dfrac{\theta}{\pi}} \exp\{-\theta x^2\}, & x > 0, \\ 0, & x \leqslant 0, \end{cases}$$

其中 $\theta > 0$ 为未知参数,这个分布称为麦克斯韦分布,在气体分子动力学中有应用,设 $(\xi_1, \xi_2, \cdots, \xi_n)$ 为 ξ 的样本,求 $g(\theta) = \dfrac{1}{\theta}$ 的矩估计量.

解 因 $\xi \sim p(x;\theta)$,只含有一个未知参数,由方程

$$E[\xi] = 2\sqrt{\dfrac{\theta}{\pi}} \int_0^{+\infty} x\,\mathrm{e}^{-\theta x^2}\,\mathrm{d}x = \dfrac{1}{\sqrt{\pi\theta}},$$

解得 $g(\theta) = \dfrac{1}{\theta} = \pi(E[\xi])^2$,将 $E[\xi]$ 用 $\bar\xi$ 代替,得 $g(\theta)$ 的矩估计量为 $\pi\bar\xi^2$.

另一方面,由方程

$$\alpha_2 = E[\xi^2] = 2\sqrt{\dfrac{\theta}{\pi}} \int_0^{+\infty} x^2\,\mathrm{e}^{-\theta x^2}\,\mathrm{d}x = \dfrac{1}{2\theta},$$

解得 $g(\theta) = 2\alpha_2$,将 α_2 用 $\dfrac{1}{n}\sum_{i=1}^n \xi_i^2$ 代替,所以 $g(\theta)$ 的矩估计量为 $\dfrac{2}{n}\sum_{i=1}^n \xi_i^2$.

注:矩估计不唯一,两个估计量哪一个更好? 下一节中论述后一估计量在 $g(\theta)$ 一切

无偏估计类中是方差最小者,而前者不是无偏估计量.

例 2.1.4 设总体 ξ 服从 $[\theta_1, \theta_2]$ 上的均匀分布,即概率密度为

$$p(x;\theta_1,\theta_2) = \begin{cases} \dfrac{1}{\theta_2 - \theta_1}, & \text{当 } x \in [\theta_1, \theta_2], \\ 0, & \text{其他}, \end{cases}$$

其中 $\theta_1 < \theta_2$,设 $(\xi_1, \xi_2, \cdots, \xi_n)$ 为 ξ 的样本,求 θ_1 及 θ_2 的矩估计量.

解 $p(x;\theta_1,\theta_2)$ 中含有两个未知参数,故求

$$E[\xi] = \int_{\theta_1}^{\theta_2} x \cdot \frac{1}{\theta_2 - \theta_1} \mathrm{d}x = \frac{1}{2}(\theta_2 + \theta_1),$$

$$E[\xi^2] = \int_{\theta_1}^{\theta_2} x^2 \cdot \frac{1}{\theta_2 - \theta_1} \mathrm{d}x = \frac{1}{3}(\theta_2^2 + \theta_2\theta_1 + \theta_1^2).$$

从以上两个方程注意到 $D[\xi] = E[\xi^2] - (E[\xi])^2$,不难得到

$$\theta_1 = E[\xi] - \sqrt{3D[\xi]}; \quad \theta_2 = E[\xi] + \sqrt{3D[\xi]}.$$

(如果直接用 $E[\xi] = \dfrac{\theta_2 + \theta_1}{2}$,$D[\xi] = \dfrac{(\theta_2 - \theta_1)^2}{12}$,则更易得到这个解.)

根据矩法得到 θ_1 及 θ_2 的矩估计量为 $\hat{\theta}_1 = \bar{\xi} - \sqrt{3}S$,$\hat{\theta}_2 = \bar{\xi} + \sqrt{3}S$.

进一步,若要求参数 $\theta_2 - \theta_1$ 的矩估计量,则有 $\hat{\theta}_2 - \hat{\theta}_1 = 2\sqrt{3}S$.

例 2.1.5 设 (ξ_i, η_i) $(i=1,2,\cdots,n)$ 为二维总体 (ξ, η) 的一个样本,总体分布的协方差 $\mathrm{cov}(\xi,\eta)$ 和相关系数 ρ 分别为

$$\mathrm{cov}(\xi,\eta) = E[(\xi - E[\xi])(\eta - E[\eta])],$$

$$\rho = \frac{\mathrm{cov}(\xi,\eta)}{\sqrt{D[\xi]}\sqrt{D[\eta]}}.$$

则它们的矩估计量分别为

$$\widehat{\mathrm{cov}(\xi,\eta)} = \frac{1}{n}\sum_{i=1}^{n}(\xi_i - \bar{\xi})(\eta_i - \bar{\eta}) \triangleq S_{12},$$

$$\hat{\rho} = \frac{\dfrac{1}{n}\sum_{i=1}^{n}(\xi_i - \bar{\xi})(\eta_i - \bar{\eta})}{\sqrt{\dfrac{1}{n}\sum_{i=1}^{n}(\xi_i - \bar{\xi})^2}\sqrt{\dfrac{1}{n}\sum_{i=1}^{n}(\eta_i - \bar{\eta})^2}} \triangleq \frac{S_{12}}{S_1 S_2} = R.$$

S_{12} 与 R 分别称为样本协方差与样本相关系数,其中,

$$\bar{\xi} = \frac{1}{n}\sum_{i=1}^{n}\xi_i, \quad \bar{\eta} = \frac{1}{n}\sum_{i=1}^{n}\eta_i;$$

$$S_1^2 = \frac{1}{n}\sum_{i=1}^{n}(\xi_i - \bar{\xi})^2, \quad S_2^2 = \frac{1}{n}\sum_{i=1}^{n}(\eta_i - \bar{\eta})^2.$$

矩估计法是一种古老的方法,既直观又简便,在对总体的数学期望及方差等数字特征作估计时,并不要求知道总体的分布函数,只需总体 ξ 的原点矩存在,如果不存在就不能

用矩法,而且样本矩的表达式同总体的分布函数 $F(\cdot;\theta)$ 的形式无关,这表明矩估计法没有充分利用分布函数 $F(\cdot;\theta)$ 所提供的信息.

2.1.2 极大似然法

下面通过例子说明用极大似然估计法确定未知参数的估计量的直观想法.

例 2.1.6 设在一个布袋中盛放许多个白球和黑球,但不知道是黑球多还是白球多,只知道两种球的数目之比为 1:3,就是说抽取到黑球的概率是 $\frac{1}{4}$ 或 $\frac{3}{4}$,通过实验,我们判断黑球占的比例是 $\frac{1}{4}$ 还是 $\frac{3}{4}$.

解 使用有放回抽样的方法从布袋中抽取 n 个球,其中黑球的个数计为 ξ,则 ξ 服从二项分布:
$$P(\xi=x)=C_n^x p^x(1-p)^{n-x}.$$
$n=3$ 的情形讨论如下,怎样通过样本的观察值即 x 的取值来估计参数 p 的值? 换句话,什么情况下取 $p=\frac{1}{4}$ 而在另外情况下取 $p=\frac{3}{4}$ 更为合理呢? 为此,就 $p=\frac{1}{4}$ 或 $\frac{3}{4}$ 为参数值的二项分布计算得到的概率分布如下表.

x	0	1	2	3
$p\left(x;\frac{3}{4}\right)$	$\frac{1}{64}$	$\frac{9}{64}$	$\frac{27}{64}$	$\frac{27}{64}$
$p\left(x;\frac{1}{4}\right)$	$\frac{27}{64}$	$\frac{27}{64}$	$\frac{9}{64}$	$\frac{1}{64}$

由表可见,当 $x=0,1$ 时,$p(x,\frac{1}{4})>p(x,\frac{3}{4})$;当 $x=2,3$ 时,$p(x,\frac{3}{4})>p(x,\frac{1}{4})$.

因此得出结论:当样本观察值 x 取值为 $0,1$ 时,认为样本来自 $p=\frac{1}{4}$ 的总体;当 x 取值为 $2,3$ 时,认为样本来自 $p=\frac{3}{4}$ 的总体较合理. 这也说明选取 $\hat{p}(x)$ 使得
$$P(x,\hat{p}(x))\geqslant P(x,p(x)),$$
其中 $p(x)$ 是不同于 $\hat{p}(x)$ 的任意估计量,这就是按极大似然原理估计参数的基本思想.

一般地,设总体 ξ 为连续型随机变量,分布密度为 $p(x;\theta)$,θ 为未知参数,$\theta\in\Theta$;又设 $(x_1,x_2,\cdots,x_n)$ 为样本 $(\xi_1,\xi_2,\cdots,\xi_n)$ 的一个观测值,那么,样本 $(\xi_1,\xi_2,\cdots,\xi_n)$ 落在以点 $(x_1,x_2,\cdots,x_n)$ 为顶点、边长为 $\mathrm{d}x_i(i=1,2,\cdots,n)$ 的 n 维矩形区域的概率近似为
$$\prod_{i=1}^{n}p(x_i;\theta)\mathrm{d}x_i.$$
当 x_i 及 $\mathrm{d}x_i(i=1,2,\cdots,n)$ 取定之后,它是 θ 的函数,用极大似然原理确定未知参数

θ 的估计值 $\hat{\theta} = \hat{\theta}(x_1, x_2, \cdots, x_n)$ 就是要使得

$$\prod_{i=1}^{n} p(x_i; \hat{\theta}) \mathrm{d}x_i \geqslant \prod_{i=1}^{n} p(x_i; \theta) \mathrm{d}x_i, \quad \forall \theta \in \Theta.$$

当总体 ξ 为离散型随机变量，分布列为 $p(x; \theta)$ 时，样本 $(\xi_1, \xi_2, \cdots, \xi_n)$ 落在点 $(x_1, x_2, \cdots, x_n)$ 处的概率为

$$\prod_{i=1}^{n} p(x_i; \theta).$$

用极大似然原理确定未知参数 θ 的估计值 $\hat{\theta} = \hat{\theta}(x_1, x_2, \cdots, x_n)$ 就是要使得

$$\prod_{i=1}^{n} p(x_i; \hat{\theta}) \mathrm{d}x_i \geqslant \prod_{i=1}^{n} p(x_i; \theta) \mathrm{d}x_i, \quad \forall \theta \in \Theta.$$

在上述极大似然原理中，未知参数 θ 可以是 l 维的任意参数向量 $\hat{\theta} = \hat{\theta}(x_1, x_2, \cdots, x_l)$.

再注意到使 $\prod_{i=1}^{n} p(x_i; \theta)$ 与 $\prod_{i=1}^{n} p(x_i; \theta) \mathrm{d}x_i$ 达到最大值的 $\hat{\theta} = \hat{\theta}(x_1, x_2, \cdots, x_n)$ 是相同的，于是有下面定义：

定义 2.1.2（极大似然估计法） 设 $p(\cdot; \theta)$ 为总体 ξ 的概率函数，其中 $\theta = (\theta_1, \theta_2, \cdots, \theta_l)$ 是未知参数，参数空间 Θ 是 l 维的，$(\xi_1, \xi_2, \cdots, \xi_n)$ 为 ξ 的样本，称样本的联合概率函数

$$L(\theta_1, \theta_2, \cdots, \theta_l) = \prod_{i=1}^{n} p(x_i; \theta_1, \theta_2, \cdots, \theta_l)$$

为 $\theta_1, \theta_2, \cdots, \theta_l$ 的似然函数，若 $\hat{\theta}_1, \hat{\theta}_2, \cdots, \hat{\theta}_l$ 使得下式成立：

$$L(\hat{\theta}_1, \hat{\theta}_2, \cdots, \hat{\theta}_l) = \sup_{\theta \in \Theta} L(\theta_1, \theta_2, \cdots, \theta_l),$$

其中 $\hat{\theta}_k = \hat{\theta}_k(x_1, x_2, \cdots, x_l)$ $(k = 1, 2, \cdots, l)$，则称 $\hat{\theta}_k$ 为 θ_k 的极大似然估计量，称相应的 $\hat{\theta}_k = \hat{\theta}_k(\xi_1, \xi_2, \cdots, \xi_l)$ $(k = 1, 2, \cdots, l)$ 为 $\hat{\theta}_k$ 的极大似然估计，缩写为 MLE（Maximum Likelihood Estimation）. 设待估函数为

$$Q = g(\theta_1, \theta_2, \cdots, \theta_l),$$

则称 $\hat{Q} = g(\hat{\theta}_1, \hat{\theta}_2, \cdots, \hat{\theta}_l)$ 为 $Q = g(\theta_1, \theta_2, \cdots, \theta_l)$ 的极大似然估计量，其中 $\hat{\theta}_k$ 为 θ_k 的极大似然估计量，这种求估计量的方法称为极大似然法.

根据定义，求极大似然估计量就是求似然函数 $L(\theta_1, \theta_2, \cdots, \theta_l)$ 的最大值点. 若 $L(\theta_1, \theta_2, \cdots, \theta_l)$ 可微，通常可用求偏导数的方法解决，由于似然函数通常是一些函数的乘积，为方便求导数，将似然函数取对数，得

$$\ln L(\theta_1, \theta_2, \cdots, \theta_l) = \sum_{i=1}^{n} \ln p(x_i; \theta_1, \theta_2, \cdots, \theta_l).$$

由于 $\ln x$ 是 x 的单调增函数，因而 $\ln L$ 与 L 有相同的极大值点，因此，可以通过解方程组

$$\frac{\partial}{\partial \theta_k}\ln L(\theta_1,\theta_2,\cdots,\theta_l) = \sum_{i=1}^{n}\frac{\partial}{\partial \theta_k}\ln p(x_i;\theta_1,\theta_2,\cdots,\theta_l)$$
$$= 0 \quad (k=1,2,\cdots,l)$$

来求得 θ_k 的极大似然估计量 $\hat{\theta}_k$.

这个方程组称为似然方程组,其解只是 $L(\theta_1,\theta_2,\cdots,\theta_l)$ 的驻点,但还不一定是极大值点,即还不一定是极大似然估计值,需要进一步检验,该检验有时较复杂,但当似然方程组仅有唯一的一组解时,我们就直接把这组解作为极大似然估计值,而不再验证.

例 2.1.7 设总体 $\xi \sim P(\lambda)$,即概率函数为

$$p(x;\lambda)=\frac{\lambda^x}{x!}\mathrm{e}^{-\lambda} \quad (\lambda>0;x=0,1,2,\cdots).$$

设 $(\xi_1,\xi_2,\cdots,\xi_n)$ 为 ξ 的样本,试求参数 λ 的极大似然估计量.

解 λ 的似然函数为

$$L(\lambda)=\prod_{i=1}^{n}\frac{\lambda^{x_i}}{x_i!}\mathrm{e}^{-\lambda}=\frac{\lambda^{\sum_{i=1}^{n}x_i}}{\prod_{i=1}^{n}(x_i!)}\mathrm{e}^{-n\lambda}.$$

两边取对数,得

$$\ln L(\lambda)=-n\lambda+\left(\sum_{i=1}^{n}x_i\right)\ln\lambda-\sum_{i=1}^{n}(x_i!).$$

似然方程为

$$\frac{\mathrm{d}\ln L(\lambda)}{\mathrm{d}\lambda}=-n+\frac{1}{\lambda}\sum_{i=1}^{n}x_i=0.$$

解得 $\lambda=\frac{1}{n}\sum_{i=1}^{n}x_i$,即 λ 的极大似然估计量为 $\hat{\lambda}=\frac{1}{n}\sum_{i=1}^{n}\xi_i=\bar{\xi}$.

例 2.1.8 求事件 A 发生的概率 p 的极大似然估计量.

解 例 2.1.2 中,已经把事件发生概率 p 与总体 $\xi \sim B(1,p)$ 联系起来,因此,对概率 p 求极大似然估计量,就成为对分布 $B(1,p)$ 的参数 p 求极大似然估计量.

$B(1,p)$ 的概率函数为

$$p(x;p)=p^x(1-p)^{1-x}, \quad (0<p<1;\ x=0,1).$$

设 $(\xi_1,\xi_2,\cdots,\xi_n)$ 为 ξ 的样本,则 p 的似然函数为

$$L(p)=\prod_{i=1}^{n}p^{x_i}(1-p)^{1-x_i}=p^{\sum_{i=1}^{n}x_i}(1-p)^{n-\sum_{i=1}^{n}x_i}.$$

于是

$$\ln L(p)=\left(\sum_{i=1}^{n}x_i\right)\ln p+\left(n-\sum_{i=1}^{n}x_i\right)\ln(1-p).$$

似然方程为

$$\frac{\mathrm{d}\ln L(p)}{\mathrm{d}p} = \frac{\sum\limits_{i=1}^{n}x_i}{p} - \frac{n-\sum\limits_{i=1}^{n}x_i}{1-p} = 0,$$

解得 $p = \frac{1}{n}\sum\limits_{i=1}^{n}x_i$，即事件概率 p 的极大似然估计量为

$$\hat{p} = \frac{1}{n}\sum_{i=1}^{n}\xi_i = \bar{\xi}.$$

这与矩估计法所得结果相同.

例 2.1.9 设 $(\xi_1, \xi_2, \cdots, \xi_n)$ 是来自正态总体 $N(\mu, \sigma^2)$ 的样本，求 μ 与 σ^2 的极大似然估计量.

解 似然函数为

$$L(\mu, \sigma^2) = \prod_{i=1}^{n}\frac{1}{\sqrt{2\pi}\sigma}\exp\left[-\frac{(x_i-\mu)^2}{2\sigma^2}\right]$$

$$= \left(\frac{1}{2\pi\sigma^2}\right)^{n/2}\exp\left[-\frac{1}{2\sigma^2}\sum_{i=1}^{n}(x_i-\mu)^2\right],$$

取对数，得

$$\ln L(\mu, \sigma^2) = -\frac{n}{2}\ln(2\pi) - \frac{n}{2}\ln\sigma^2 - \frac{1}{2\sigma^2}\sum_{i=1}^{n}(x_i-\mu)^2.$$

似然方程组为

$$\begin{cases} \dfrac{\partial}{\partial \mu}\ln L(\mu, \sigma^2) = \dfrac{1}{\sigma^2}\sum\limits_{i=1}^{n}(x_i-\mu) = 0, \\ \dfrac{\partial}{\partial \sigma^2}\ln L(\mu, \sigma^2) = -\dfrac{n}{2\sigma^2} + \dfrac{1}{2(\sigma^2)^2}\sum\limits_{i=1}^{n}(x_i-\mu)^2 = 0. \end{cases}$$

解得 $\mu = \frac{1}{n}\sum\limits_{i=1}^{n}x_i = \bar{x}$，$\sigma^2 = \frac{1}{n}\sum\limits_{i=1}^{n}(x_i-\mu)^2$.

即 μ 与 σ^2 的极大似然估计量为

$$\hat{\mu} = \frac{1}{n}\sum_{i=1}^{n}\xi_i = \bar{\xi}, \quad \hat{\sigma}^2 = \frac{1}{n}\sum_{i=1}^{n}(\xi_i - \bar{\xi})^2 = S^2.$$

这与 μ 和 σ^2 的矩估计量相同，但若 μ 为已知，则 σ^2 的极大似然估计量为

$$\hat{\sigma}^2 = \frac{1}{n}\sum_{i=1}^{n}(\xi_i - \mu)^2 \neq S^2.$$

这与 σ^2 的矩估计量 $\hat{\sigma}^2 = \frac{1}{n}\sum\limits_{i=1}^{n}(\xi_i - \bar{\xi})^2 = S^2$ 是不相同的，此时的极大似然估计量比矩估计量好，因为矩估计量抛弃了总体均值 μ 为已知这一重要信息，仍然用估计量 $\bar{\xi}$ 去代替 μ. 通常当总体的概率函数已知时，极大似然估计量优于矩估计量.

例 2.1.10 设总体 ξ 在区间 $[\theta_1, \theta_2]$ 上服从均匀分布，ξ 的样本为 $(\xi_1, \xi_2, \cdots, \xi_n)$，求 θ_1 及 θ_2 的极大似然估计量.

解 ξ 的概率密度为

$$p(x;\theta_1,\theta_2)=\begin{cases}\dfrac{1}{\theta_2-\theta_1}, & \text{当 }\theta_1\leqslant x\leqslant\theta_2,\\ 0, & \text{其他}.\end{cases}$$

其中 θ_1 和 θ_2 为未知参数. 易求出似然函数为

$$L(\theta_1,\theta_2)=\begin{cases}\dfrac{1}{(\theta_2-\theta_1)^n}, & \text{当 }\theta_1\leqslant x_i\leqslant\theta_2,\\ 0, & \text{其他}.\end{cases}\quad(i=1,2,\cdots,n).$$

二元函数 $L(\theta_1,\theta_2)$ 在间断点 θ_1,θ_2 处不可导,故不能通过似然方程组求解得到极大似然估计量. 为此,从似然函数定义出发来确定 θ_1,θ_2 的极大似然估计量. 要使似然函数 $L(\theta_1,\theta_2)$ 非零,必须

$$\theta_1\leqslant x_{(1)}<x_{(2)}<\cdots<x_{(n)}\leqslant\theta_2.$$

由于 $L(\theta_1,\theta_2)=\dfrac{1}{(\theta_2-\theta_1)^n}\leqslant\dfrac{1}{(x_{(n)}-x_{(1)})^n}$ 和 $x_{(1)},x_{(n)}$ 都是数据,即为固定的实常数值,故取 $\theta_1=x_{(1)}$, $\theta_2=x_{(n)}$ 时,似然函数 $L(\theta_1,\theta_2)$ 为最大,从而 θ_1,θ_2 的极大似然估计量分别为

$$\hat{\theta}_1=\xi_{(1)},\quad\hat{\theta}_2=\xi_{(n)}.$$

此例的极大似然估计量与矩估计量不相同(见例 2.1.4).

极大似然估计充分利用了总体概率函数的表达式所提供的信息,因而有很多优良的性质(见 2.2 节). 如果总体概率函数(或分布函数)的表达式已给定,通常先求其极大似然估计量. 当然,有些时候这种估计不能由解似然方程得到(如例 2.1.10),或似然方程不易求解(如柯西分布 $C(\mu,l)$. μ 的极大似然估计不易由似然方程得到,只能得到数值的近似解),有时似然方程的解也不一定使似然函数取得最大值,等等,这些都增加了求极大似然估计的困难,但这种方法目前是最实用的方法,也是最普遍的估计方法.

例 2.1.11 钓鱼问题. 为了估计湖中的鱼数 N,同时自湖中钓出 r 条鱼做上记号后放回湖中,然后再自湖中同时钓出 s 条鱼,结果发现这 s 条中有 x 条标有记号. 这里 N 是未知数,r 及 s 是已知常数,试问应如何估计 N 的值?

解 第二次钓出的标有记号的鱼数 ξ 是随机变量,且 ξ 服从超几何分布

$$P\{\xi=x\}=\dfrac{C_r^x C_{N-r}^{s-x}}{C_N^s}.$$

其中 x 是整数,且 $\max\{0,s-(N-r)\}\leqslant x\leqslant\min\{r,s\}$. 今用 $L(x;N)$ 表示上式右端,则取使 $L(x;N)$ 达到极大值的 $\hat{N}$ 作为 N 的估计量. 但是,直接对 N 求导数的方法相当困难,现用下述方法. 考虑比值

$$A(x;N)=\dfrac{L(x;N)}{L(x;N-1)}=\dfrac{N-r}{N}\cdot\dfrac{N-s}{(N-r)-(s-x)}$$

$$= \frac{N^2-(r+s)N+rs}{N^2-(r+s)N+Nx}.$$

从上式看到,当且仅当 $N<\frac{rs}{x}$ 时,$L(x;N)>L(x;N-1)$;当且仅当 $N>\frac{rs}{x}$ 时,$L(x;N)<L(x;N-1)$,因此 $L(x;N)$ 在 $\frac{rs}{x}$ 附近取极大值,于是 N 的估计量为

$$\hat{N}=\left[\frac{rs}{x}\right],$$

这里右端的方括号表示取整数部分.

例 2.1.12 设总体 ξ 服从 Γ 分布 $\Gamma(\alpha,\beta)$,求 α 及 β 的极大似然估计量.

解 参数 α 及 β 的似然函数为

$$L(\xi_1,\cdots,\xi_n;\alpha,\beta)=\frac{\beta^{-n(\alpha+1)}}{[\Gamma(\alpha+1)]^n}\left[\prod_{i=1}^{n}\xi_i\right]^{\alpha} e^{-\frac{1}{\beta}\sum_{i=1}^{n}\xi_i}.$$

则

$$\ln L=-n(\alpha+1)\ln\beta-n\ln\Gamma(\alpha+1)+\alpha\sum_{i=1}^{n}\ln\xi_i-\frac{1}{\beta}\sum_{i=1}^{n}\xi_i,$$

$$\frac{\partial \ln L}{\partial \alpha}=-n\ln\beta-\frac{n\Gamma'(\alpha+1)}{\Gamma(\alpha+1)}+\sum_{i=1}^{n}\ln\xi_i,$$

$$\frac{\partial \ln L}{\partial \beta}=-\frac{n(\alpha+1)}{\beta}+\frac{n\bar{\xi}}{\beta^2}.$$

令偏导数为 0,解得 $\hat{\beta}=\dfrac{\bar{\xi}}{\hat{\alpha}+1}$,其中 $\hat{\alpha}$ 由下式确定:

$$\ln(\hat{\alpha}+1)-\frac{\Gamma'(\alpha+1)}{\Gamma(\alpha+1)}=\ln\bar{\xi}-\frac{1}{n}\sum_{i=1}^{n}\ln\xi_i.$$

Chapman(1956)提出了解超越方程的方法,并给出了函数 $\Gamma'(\alpha+1)/\Gamma(\alpha+1)$ 数值表供查用,参看文献[12].

记

$$Q(\alpha+1)=\ln(\alpha+1)-\frac{\Gamma'(\alpha+1)}{\Gamma(\alpha+1)},$$

$$G(\xi_1,\cdots,\xi_n)=\ln\bar{\xi}-\frac{1}{n}\sum_{i=1}^{n}\ln\xi_i.$$

用"试差法"求 α 的估计 $\hat{\alpha}$. 先给定 α 的初始值 α_0,若 $Q(\alpha_0+1)=G$,则 α_0 为 α 的估计值. 如果 $Q(\alpha_0+1)\neq G$,则选取 α_1,直至选出使等式成立或两端很接近的 $\hat{\alpha}$ 值作为 α 的估计值.

2.2 估计量的评选标准

2.2.1 无偏性

对未知参数进行估计,用不同的方法构造点估计,或者用同一个方法构造的估计量不一定唯一,这样存在如何选择估计量以提高点估计效果的问题,下面介绍几种评选标准.

估计量 $\hat{\theta}=T(\xi_1,\xi_2,\cdots,\xi_n)$ 是一个随机变量,不同的样本值对应不同的估计值,对于待估参数 θ 的真值,一般都会有偏差,若 $T(x_1,x_2,\cdots,x_n)>\theta$ 或者 $T(x_1,x_2,\cdots,x_n)<\theta$,通过大量重复使用估计量 $\hat{\theta}$ 时,我们希望这些估计值的平均值等于未知参数 θ 的真实值,这即是无偏性的直观想法.

定义 2.2.1(无偏估计) 设总体 ξ 的概率函数为 $p(\cdot;\theta)$,$\theta\in\Theta$ 为未知参数,$(\xi_1,\xi_2,\cdots,\xi_n)$ 为 ξ 的样本,$\hat{\theta}=T(\xi_1,\xi_2,\cdots,\xi_n)$ 为 θ 的一个估计量,若对任意 $\theta\in\Theta$,有

$$E_\theta[\hat{\theta}]=\theta,$$

则称 $\hat{\theta}=T(\xi_1,\xi_2,\cdots,\xi_n)$ 为 θ 的一个无偏估计量;否则称有偏估计.设 $g(\theta)$ 是待估函数,$\hat{g}(\xi_1,\xi_2,\cdots,\xi_n)$ 为 $g(\theta)$ 的一个估计量,若有

$$E_\theta[\hat{g}(\xi_1,\xi_2,\cdots,\xi_n)]=g(\theta),$$

则称 $\hat{g}(\xi_1,\xi_2,\cdots,\xi_n)$ 是 $g(\theta)$ 的一个无偏估计量,上式的 θ 可以是 l 维的参数向量.

注意:上述定义中数学期望号 E 的下标 θ 表示计算数学期望时所用到的分布中的参数为 θ,后章节里出现记号 D_θ,P_θ 等的下标 θ 都是这个意义,为了方便也常省略下标 θ.

例 2.2.1 试证:样本原点矩是相应的总体原点矩的无偏估计量(假定被估计的总体原点矩存在),即

$$E[\bar{\xi}^k]=E[\xi^k].$$

证

$$E[\bar{\xi}^k]=E\left[\frac{1}{n}\sum_{i=1}^n\xi_i^k\right]=\frac{1}{n}\sum_{i=1}^n E[\xi_i^k]=E[\xi^k].$$

当 $k=1$ 时,即得到样本均值 $\bar{\xi}$ 为总体均值 $E[\xi]$ 的无偏估计量,即 $E[\bar{\xi}]=E[\xi]$.

一般地,如果 $\hat{\theta}$ 是未知参数 θ 的无偏估计量,除 $g(\theta)$ 是 θ 的线性函数外,并不能推出 $g(\hat{\theta})$ 是 $g(\theta)$ 的无偏估计量.例如,总体中心矩是总体原点矩的函数,但不能从例 2.2.1 的结论推出样本中心矩是相应的总体中心矩的无偏估计量.恰好相反,二阶或二阶以上的样本中心矩是相应的总体中心矩的有偏估计量.下面是具体例子.

例 2.2.2 试证:对任何总体 ξ,设 $(\xi_1,\xi_2,\cdots,\xi_n)$ 为其样本,若 $D[\xi]$ 存在,则样本的二阶中心矩 S^2 是总体的二阶中心矩 $D[\xi]$ 的有偏估计量.

证 在例 2.1.2 中已得到 $E[S^{*2}]=D[\xi]$,即 S^{*2} 是 $D[\xi]$ 的无偏估计量.由此可得

$$E[S^2] = E\left[\frac{n-1}{n}S^{*2}\right] = \frac{n-1}{n}D[\xi] \neq D[\xi].$$

这就证明了 S^2 是 $D[\xi]$ 的有偏估计量.

对于正态总体 $N(\mu,\sigma^2)$,若 μ,σ^2 皆未知,则 μ 的矩估计量和极大似然估计量皆为 $\hat{\mu}=\bar{\xi}$,由例 2.2.1 知它是无偏估计量;σ^2 的矩估计量和极大似然估计量皆为 $\hat{\sigma}^2 = S^2$,由例 2.2.2 知它是有偏估计量. 这表明,矩估计量、极大似然估计量与无偏估计量之间没有必然联系.

虽然样本方差 S^2 是总体方差 $D[\xi]$ 的有偏估计量,但是,修正样本方差

$$S^{*2} = \frac{n}{n-1}S^2 = \frac{1}{n-1}\sum_{i=1}^{n}(\xi_i - \bar{\xi})^2$$

却是总体方差 $D[\xi]$ 的无偏估计量. 修正样本方差 S^{*2} 的引进正是为了使它成为总体方差 $D[\xi]$ 的无偏估计量. 一般地,如果 $\hat{\theta}$ 是参数 θ 的有偏估计量,且有 $E[\hat{\theta}] = a\theta + b$,其中 a,b 是常数,且 $a \neq 0$,那么,可以通过修正得到 θ 的一个无偏估计量

$$\hat{\theta}^* = \frac{1}{a}(\hat{\theta} - b).$$

虽然 S^2 不是 $D[\xi]$ 的无偏估计量,但是有

$$\lim_{n\to\infty}E[S^2] = \lim_{n\to\infty}\frac{n-1}{n}D[\xi] = D[\xi],$$

则称 S^2 为 $D[\xi]$ 的渐近无偏估计量,一般有下面定义.

定义 2.2.2 设参数 θ 的一列估计量 $\hat{\theta}_n = T_n(\xi_1,\xi_2,\cdots,\xi_n)$,满足关系式

$$\lim_{n\to\infty}E_\theta[\hat{\theta}_n] = \theta \quad (\forall \theta \in \Theta),$$

则称 $\hat{\theta}_n$ 为 θ 的渐近无偏估计量.

在样本容量 n 充分大时,可把渐近无偏估计量当作无偏估计量来使用.

例 2.2.3 设总体 ξ 服从区间 $[0,\theta]$ 上的均匀分布,其概率密度为

$$p(x;\theta) = \begin{cases} \dfrac{1}{\theta}, & \text{当 } 0 \leqslant x \leqslant \theta, \\ 0, & \text{其他}. \end{cases}$$

又 $(\xi_1,\xi_2,\cdots,\xi_n)$ 为 ξ 的样本,易求得未知参数 θ 的矩估计量 $\hat{\theta}_1 = 2\bar{\xi}$,类似例 2.1.10 可求得 θ 的极大似然估计量 $\hat{\theta}_L = \xi_{(n)}$,试证:$\hat{\theta}_1$ 是 θ 的无偏估计量,$\hat{\theta}_L$ 是 θ 的渐近无偏估计量.

证 首先 $E[\hat{\theta}_1] = E[2\bar{\xi}] = E[2\xi] = 2 \times \dfrac{0+\theta}{2} = \theta.$

即证明 θ 的矩估计量 $\hat{\theta}_1 = 2\bar{\xi}$ 是无偏估计量,在 1.5 节中得到 $p_{\xi_{(n)}}(x) = n[F_\xi(x)]^{n-1}p_\xi(x)$,于是

$$E[\hat{\theta}_L] = E[\xi_{(n)}] = \int_{-\infty}^{+\infty} x \cdot p_{\xi_{(n)}}(x)\mathrm{d}x = \int_0^\theta xn\left(\int_0^x \frac{1}{\theta}\mathrm{d}x\right)^{n-1} \cdot \frac{1}{\theta}\mathrm{d}x$$

$$= \int_0^\theta \frac{n}{\theta^n} x^n \mathrm{d}x = \frac{n}{n+1}\theta \neq \theta.$$

所以，$\hat{\theta}_L = \xi_{(n)}$ 是 θ 的有偏估计量. 但是

$$\lim_{n\to\infty} E[\hat{\theta}_L] = \lim_{n\to\infty} \frac{n}{n+1}\theta = \theta,$$

即 θ 的极大似然估计量 $\hat{\theta}_L = \xi_{(n)}$ 是渐近无偏估计量.

虽然 $\hat{\theta}_L$ 是 θ 的有偏估计量，但只要修改为

$$\hat{\theta}_2 = \frac{n+1}{n}\hat{\theta}_L = \frac{n+1}{n}\xi_{(n)},$$

那么 $\hat{\theta}_2$ 便是 θ 的无偏估计量. 由此可知，$\hat{\theta}_1$ 和 $\hat{\theta}_2$ 都是 θ 的无偏估计量，即是说，一个未知参数可能有不止一个无偏估计量. 其实，一个未知参数只要找到两个不同的无偏估计量，便可构造出无穷多个无偏估计量：

$$\alpha_1 \hat{\theta}_1 + \alpha_2 \hat{\theta}_2.$$

其中 α_1, α_2 为满足 $\alpha_1 + \alpha_2 = 1$ 的任意常数，这些统计量都是无偏的，事实上

$$E[\alpha_1 \hat{\theta}_1 + \alpha_2 \hat{\theta}_2] = \alpha_1 E[\hat{\theta}_1] + \alpha_2 E[\hat{\theta}_2] = (\alpha_1 + \alpha_2)\theta = \theta.$$

例 2.2.4 设总体 $\xi \sim P(\lambda)$，未知参数 $\lambda > 0$，ξ_1 为 ξ 的一个样本，试证：$T(\xi_1) = (-2)^{\xi_1}$ 是待估函数 $\mathrm{e}^{-3\lambda}$ 的无偏估计量.

证
$$E[T(\xi_1)] = \sum_{k=0}^{\infty} (-2)^k \frac{\lambda^k}{k!} \mathrm{e}^{-\lambda}$$
$$= \mathrm{e}^{-\lambda} \sum_{k=0}^{\infty} \frac{(-2\lambda)^k}{k!} = \mathrm{e}^{-\lambda} \cdot \mathrm{e}^{-2\lambda} = \mathrm{e}^{-3\lambda}.$$

这就证明了 $(-2)^{\xi_1}$ 是 $\mathrm{e}^{-3\lambda}$ 的无偏估计量，当 ξ_1 取奇数时，估计值为负数，而 $\mathrm{e}^{-3\lambda} > 0$，明显不合理，这说明 $(-2)^{\xi_1}$ 来估计 $\mathrm{e}^{-3\lambda}$ 是有弊端的.

估计量的无偏性对现实问题的意义，必须具体问题具体分析. 虽然无偏性仍占很重要的地位，但还存在不利因素，在没有其他合理的评判标准时，人们总是觉得一个具有无偏性的估计量总比没有这种性质的估计量好些.

2.2.2 有效性

无偏性是一个常见且常用的评价标准，但利用无偏性是不能真正刻画统计量好坏的，无偏性只是反映了估计量所取数值在未知参数真值的周围波动，而没有反映出估计值波动的大小的程度. 方差是反映随机变量的取值在它的数学期望的邻域内的分散或集中程度的一种度量. 基于此，以下提出方差最小概念.

定义 2.2.3 设总体 ξ 有分布函数 $F(\cdot; \theta)$，未知参数 $\theta \in \Theta$，Θ 为参数空间，$(\xi_1, \xi_2, \cdots, \xi_n)$ 是 ξ 的样本，$\hat{g}_1(\xi_1, \xi_2, \cdots, \xi_n)$ 和 $\hat{g}_2(\xi_1, \xi_2, \cdots, \xi_n)$ 都是待估函数 $g(\theta)$ 的无偏估计量，若有

$$D_\theta[\hat{g}_1(\xi_1,\xi_2,\cdots,\xi_n)] \leqslant D_\theta[\hat{g}_2(\xi_1,\xi_2,\cdots,\xi_n)] \quad (\forall \theta \in \Theta),$$

则称 $\hat{g}_1(\xi_1,\xi_2,\cdots,\xi_n)$ 比 $\hat{g}_2(\xi_1,\xi_2,\cdots,\xi_n)$ 有效.

此定义常见的特殊情形为 $g(\theta)=\theta$.

例 2.2.5 再次讨论总体 ξ 服从均匀分布,其密度为

$$p(x;\theta)=\begin{cases} \dfrac{1}{\theta}, & \text{当 } 0 \leqslant x \leqslant \theta, \\ 0, & \text{其他}. \end{cases} \quad (0<\theta<+\infty),$$

θ 未知,$(\xi_1,\xi_2,\cdots,\xi_n)$ 为 ξ 的样本,在例 2.2.3 中知 θ 的矩估计量 $\hat{\theta}_1=2\bar{\xi}$ 是无偏的,从 θ 的极大似然估计量 $\hat{\theta}_L$ 修改而得的估计量 $\hat{\theta}_2=\dfrac{n+1}{n}\xi_{(n)}$ 也是 θ 的无偏估计量,讨论 $\hat{\theta}_1$ 和 $\hat{\theta}_2$ 谁有效.

解 $$D[\hat{\theta}_1]=D[2\bar{\xi}]=\frac{4}{n}D[\xi]=\frac{4}{n}\cdot\frac{\theta^2}{12}=\frac{1}{3n}\theta^2;$$

$$D[\hat{\theta}_2]=D\left[\frac{n+1}{n}\xi_{(n)}\right]=\frac{(n+1)^2}{n^2}D[\xi_{(n)}]$$

$$=\frac{(n+1)^2}{n^2}[E[\xi_{(n)}^2]-(E[\xi_{(n)}])^2].$$

例 2.2.3 已求得 $E[\xi_{(n)}]=\dfrac{n}{n+1}\theta$.

易知

$$E[\xi_{(n)}^2]=\int_0^\theta x^2 n\left(\frac{x}{\theta}\right)^{n-1}\frac{1}{\theta}dx=\frac{n}{n+2}\theta^2.$$

进一步得

$$D[\hat{\theta}_2]=\frac{(n+1)^2}{n^2}\left[\frac{n}{n+2}\theta^2-\frac{n^2}{(n+1)^2}\theta^2\right]=\frac{1}{n(n+2)}\theta^2.$$

由此得出,当 $n \geqslant 2$ 时,θ 的无偏估计量 $\hat{\theta}_2$ 比 $\hat{\theta}_1$ 有效.

定义 2.2.4 设 $(\xi_1,\xi_2,\cdots,\xi_n)$ 为总体 ξ 的一个样本,总体的未知参数 $\theta\in\Theta$,Θ 为参数空间,$\hat{g}_1(\xi_1,\xi_2,\cdots,\xi_n)$ 为待估函数 $g(\theta)$ 的一个无偏估计量.若对 $g(\theta)$ 的任意一个无偏估计量 $\hat{g}(\xi_1,\xi_2,\cdots,\xi_n)$ 都有

$$D_\theta[\hat{g}_1(\xi_1,\xi_2,\cdots,\xi_n)] \leqslant D_\theta[\hat{g}(\xi_1,\xi_2,\cdots,\xi_n)] \quad (\forall \theta \in \Theta),$$

则称 $\hat{g}_1(\xi_1,\xi_2,\cdots,\xi_n)$ 是 $g(\theta)$ 的一个一致最小方差无偏估计量,缩写为 UMVUE(Uniformly Minimum Variance Unbiase Estimation).

一致最小方差无偏估计量是一种最优的估计量,但有时并不存在.通常不是对 θ 的所有无偏估计量求一致最小方差无偏估计量,而是在 θ 的较小的范围或在有限个无偏估计量中,求出具有最小方差的无偏估计量.

例 2.2.6 设总体 ξ 具有有限方差 $D[\xi]$,$(\xi_1,\xi_2,\cdots,\xi_n)$ 是 ξ 的样本,对任一组满足 $\sum_{i=1}^{n}\alpha_i=1$ 的非负常数 $\alpha_1,\alpha_2,\cdots,\alpha_n$,试证 $\sum_{i=1}^{n}\alpha_i\xi_i$ 都是总体均值 $E[\xi]$ 的无偏估计量,且在这些无偏估计量中,样本均值 $\bar{\xi}=\frac{1}{n}\sum_{i=1}^{n}\xi_i$ 是最小方差无偏估计量.

证 $E\left[\sum_{i=1}^{n}\alpha_i\xi_i\right]=\sum_{i=1}^{n}\alpha_iE[\xi_i]=\sum_{i=1}^{n}\alpha_iE[\xi]=E[\xi]\sum_{i=1}^{n}\alpha_i=E[\xi].$

这表明: $\sum_{i=1}^{n}\alpha_i\xi_i$ 都是总体均值 $E[\xi]$ 的无偏估计量. 又

$$D\left[\sum_{i=1}^{n}\alpha_i\xi_i\right]=\sum_{i=1}^{n}\alpha_i^2D[\xi_i]=\left(\sum_{i=1}^{n}\alpha_i^2\right)D[\xi],$$

而

$$D[\bar{\xi}]=\frac{1}{n}D[\xi].$$

利用均值不等式

$$\left(\sum_{i=1}^{n}\alpha_i\beta_i\right)^2\leqslant\left(\sum_{i=1}^{n}\alpha_i^2\right)\left(\sum_{i=1}^{n}\beta_i^2\right),\text{ 有 }\quad\left(\sum_{i=1}^{n}\alpha_i\right)^2\leqslant n\left(\sum_{i=1}^{n}\alpha_i^2\right).$$

即对任意非负常数 $\alpha_1,\alpha_2,\cdots,\alpha_n$,都有

$$D[\bar{\xi}]\leqslant D\left(\sum_{i=1}^{n}\alpha_i\xi_i\right).$$

这就证明了本例的第二个结论.

待估函数 $g(\theta)$ 的无偏估计量可能有许多,甚至有无穷多,它们的方差究竟能小到何种程度,下面定理给出这个方程下界,当然也需要通常条件保障. 利用下界也能找到 UMVUE.

定理 2.2.1(劳-克拉美定理) 设总体 ξ 的分布密度为 $p(x;\theta)$,未知参数 $\theta\in\Theta$,参数空间 Θ 为一维的开区间,$(\xi_1,\xi_2,\cdots,\xi_n)$ 为样本,$\hat{g}(\xi_1,\xi_2,\cdots,\xi_n)$ 是待估函数 $g(\theta)$ 的一个无偏估计量. 假定:

(1) 集合 $\{x:p(x;\theta)>0\}$ 与 θ 无关,即密度为正值的那些 x 组成的集合与 θ 值无关.

(2) $g'(\theta)$ 与 $\frac{\partial}{\partial\theta}p(x;\theta)$ 均存在,且对一切 $\theta\in\Theta$,有

$$\frac{\mathrm{d}}{\mathrm{d}\theta}\int_{-\infty}^{+\infty}p(x;\theta)\mathrm{d}x=\int_{-\infty}^{+\infty}\frac{\partial}{\partial\theta}p(x;\theta)\mathrm{d}x=0$$

和

$$\frac{\mathrm{d}}{\mathrm{d}\theta}\int_{-\infty}^{+\infty}\cdots\int_{-\infty}^{+\infty}\hat{g}(x_1,x_2,\cdots,x_n)\prod_{i=1}^{n}p(x;\theta)\mathrm{d}x_1\cdots\mathrm{d}x_n$$
$$=\int_{-\infty}^{+\infty}\cdots\int_{-\infty}^{+\infty}\hat{g}(x_1,x_2,\cdots,x_n)\frac{\partial}{\partial\theta}\left[\prod_{i=1}^{n}p(x;\theta)\right]\mathrm{d}x_1\cdots\mathrm{d}x_n.$$

(3) 记 $I(\theta)=E_\theta\left[\left(\frac{\partial}{\partial\theta}\ln p(\xi;\theta)\right)^2\right].$

界,并验证 $g(\lambda)$ 的极大似然估计量是否为 UMVUE.

解 集合 $\{x:p(x;\lambda)>0\}=(0,+\infty)$,与参数 λ 无关,即定理 2.2.1 的条件(1)满足.
当 $x>0$ 时,有

$$\frac{\partial^2}{\partial \lambda^2}\ln p(x;\lambda)=\frac{\partial^2}{\partial \lambda^2}(\ln\lambda-\lambda x)=-\frac{1}{\lambda^2};$$

$$I(\lambda)=-E\left[\frac{\partial^2}{\partial \lambda^2}\ln p(\xi;\lambda)\right]=-E\left[-\frac{1}{\lambda^2}\right]=\frac{1}{\lambda^2}.$$

于是,$g(\lambda)$ 的无偏估计量的方差下界为

$$\frac{[g'(\lambda)]^2}{nI(\lambda)}=\frac{[(\lambda^{-1})']^2}{n/\lambda^2}=\frac{1}{n\lambda^2}.$$

易求得 λ 的极大似然估计量为 $\hat{\lambda}=(\bar{\xi})^{-1}$. 因此,$g(\lambda)=\lambda^{-1}$ 的极大似然估计量为

$$\hat{g}(\xi_1,\xi_2,\cdots,\xi_n)=\hat{\lambda}^{-1}=\bar{\xi}.$$

易验证

$$E[\hat{\lambda}^{-1}]=E[\bar{\xi}]=E[\xi]=\lambda^{-1},$$

即 $\hat{\lambda}^{-1}=\bar{\xi}$ 是 $g(\lambda)=\lambda^{-1}$ 的无偏估计量. 又

$$D[\hat{\lambda}^{-1}]=D[\bar{\xi}]=\frac{1}{n}D[\xi]=\frac{1}{n\lambda^2}.$$

所以,$g(\lambda)=\lambda^{-1}$ 的极大似然估计量 $\hat{\lambda}^{-1}=\bar{\xi}$ 是一个达到方差下界的无偏估计量,即为有效估计量,也就是 UMVUE.

例 2.2.9 设总体 $\xi\sim N(\mu,\sigma^2)$,μ 与 σ^2 均未知,$(\xi_1,\xi_2,\cdots,\xi_n)$ 为取自总体 ξ 的样本,求 μ 与 σ^2 各自的无偏估计量的方差下界,并检验 μ 与 σ^2 各自的无偏估计量 $\hat{\mu}=\bar{\xi},\hat{\sigma}^2=S^{*2}$ 是否为有效估计量.

解 集合 $\{x:p(x;\mu,\sigma^2)>0\}=(-\infty,+\infty)$ 与 μ 无关,也与 σ^2 无关,即定理 2.2.1 的条件(1)满足. 总体 ξ 的概率密度为

$$p(x;\mu,\sigma^2)=\frac{1}{\sqrt{2\pi}\sigma}e^{-\frac{(x-\mu)^2}{2\sigma^2}},$$

得

$$\ln p(x;\mu,\sigma^2)=-\ln\sqrt{2\pi}-\frac{1}{2}\ln\sigma^2-\frac{(x-\mu)^2}{2\sigma^2}.$$

把 σ^2 当作已知,易得

$$\frac{\partial^2}{\partial\mu^2}\ln p(x;\mu,\sigma^2)=-\frac{1}{\sigma^2}.$$

于是得信息量

$$I(\mu)=-E\left[\frac{\partial^2}{\partial\mu^2}\ln p(\xi;\mu,\sigma^2)\right]=\frac{1}{\sigma^2}.$$

所以,μ 的无偏估计量的方差下界为

$$\frac{1}{nI(\mu)} = \frac{\sigma^2}{n},$$

$$D[\hat{\mu}] = D[\bar{\xi}] = \frac{1}{n}D[\xi] = \frac{\sigma^2}{n}.$$

这表明,$\hat{\mu} = \bar{\xi}$ 是达到方差下界的无偏估计量,即为有效估计量,也就是 UMVUE.

下面求 σ^2 的无偏估计量的方差下界. 把 μ 当作已知,不难算得

$$\frac{\partial^2}{\partial(\sigma^2)^2}\ln p(x;\mu,\sigma^2) = \frac{1}{2\sigma^4} - \frac{(x-\mu)^2}{\sigma^6}.$$

信息量为

$$I(\sigma^2) = -E\left[\frac{\partial^2}{\partial(\sigma^2)^2}\ln p(\xi;\mu,\sigma^2)\right] = -E\left[\frac{1}{\sigma^4} - \frac{(\xi-\mu)^2}{\sigma^6}\right]$$

$$= -\frac{1}{2\sigma^4} + \frac{D[\xi]}{\sigma^6} = \frac{1}{2\sigma^4}.$$

于是 σ^2 的无偏估计量的方差下界为 $\dfrac{1}{nI(\sigma^2)} = \dfrac{2\sigma^4}{n}$.

对于正态总体,有 $\dfrac{(n-1)S^{*2}}{\sigma^2} \sim \chi^2(n-1)$. 于是有

$$D[S^{*2}] = D\left[\frac{\sigma^2}{(n-1)} \cdot \frac{(n-1)S^{*2}}{\sigma^2}\right] = \frac{\sigma^4}{(n-1)^2}D\left[\frac{(n-1)S^{*2}}{\sigma^2}\right]$$

$$= \frac{\sigma^4}{(n-1)^2} \cdot 2(n-1) = \frac{2\sigma^4}{(n-1)}.$$

所以,$\hat{\sigma}^2 = S^{*2}$ 的方差没有达到无偏估计量的方差下界,即不是有效估计量. 它的效率为

$$e_n(\sigma^2, S^{*2}) = \frac{2\sigma^4}{n} \bigg/ \frac{2\sigma^4}{n-1} = \frac{n-1}{n} < 1,$$

但

$$\lim_{n \to \infty} e_n(\sigma^2, S^{*2}) = \lim_{n \to \infty} \frac{n-1}{n} = 1.$$

这表明:正态总体的修正样本方差 S^{*2} 是总体方差 σ^2 的渐近有效估计量.

可以证明 S^{*2} 是 σ^2 的 UMVUE,但它并没有达到 σ^2 的无偏估计量的方差下界,也就是说,R-C 不等式下界不一定能够达到.

最后,我们得出一个结论:当满足劳-克拉美定理的条件时,设参数 θ 的有效估计量存在,则此有效估计量一定是 θ 的唯一的极大似然估计量.

2.2.3 相合性

估计量的无偏性和有效性是样本容量固定时的性质,当样本容量 n 越大时,自然希望对未知参数 θ 的估计值越精确越好,这就是估计量相合性的想法.

定义 2.2.6 设总体 ξ 的概率密度函数为 $p(x;\theta)$,$(\xi_1, \xi_2, \cdots, \xi_n)$ 为总体的样本,

$\{\hat{\theta}_n = T_n(\xi_1, \xi_2, \cdots, \xi_n)\}$ 为未知参数 θ 的估计量序列,Θ 为参数空间,若对任意 $\varepsilon > 0$,有
$$\lim_{n \to \infty} P_\theta\{|\hat{\theta}_n - \theta| < \varepsilon\} = 1 \ (\forall \theta \in \Theta),$$
即
$$\hat{\theta}_n \xrightarrow{p} \theta \ (n \to \infty) \ (\forall \theta \in \Theta),$$
则称 $\hat{\theta}_n$ 为 θ 的相合(一致)估计量,也可说估计量 $\hat{\theta}_n$ 具有相合性(一致性).不必强调样本容量 n 时,$\hat{\theta}_n$ 可简写为 $\hat{\theta}$.定义中的 $\hat{\theta}_n$,θ 也可以分别换为 $g(\hat{\theta}_n)$,$g(\theta)$.

定理 2.2.2 样本原点矩是相应的总体原点矩的相合估计量(假定被估计的总体原点矩存在),即
$$\bar{\xi}^k \xrightarrow{p} E[\xi^k] \ (n \to \infty).$$

证 由样本定义知 $\xi_1, \xi_2, \cdots, \xi_n$ 相互独立且与总体 ξ 同分布,于是 $\xi_1^k, \xi_2^k, \cdots, \xi_n^k$ 也相互独立且与 ξ^k 同分布.为了估计 $E[\xi^k]$,假定 $E[\xi^k]$ 存在,根据辛钦大数定律,对任意 $\varepsilon > 0$,有
$$\lim_{n \to \infty} P_\theta \left(\left| \frac{1}{n} \sum_{i=1}^n \xi_i^k - E[\xi^k] \right| < \varepsilon \right) = 1 \ (k > 0).$$

即证明了样本的 k 阶原点矩 $\bar{\xi}^k = \frac{1}{n} \sum_{i=1}^n \xi_i^k$ 是总体 k 阶原点矩 $E[\xi^k]$ 的相合估计量.

定理 2.2.3 若 $\hat{\theta}_k = T_k(\xi_1, \xi_2, \cdots, \xi_n)$ 分别是未知参数 θ_k 的相合估计量,其中 $k = 1, 2, \cdots, l$,又设函数 $g(x_1, x_2, \cdots, x_l)$ 在点 θ 各处连续,则 $g(\hat{\theta}_1, \hat{\theta}_2, \cdots, \hat{\theta}_l)$ 也是 $g(\theta_1, \theta_2, \cdots, \theta_l)$ 的相合估计量.

此定理结论可以通过依概率收敛性质直接得到.

由定理 2.2.3 及 2.1 节的矩估计方法,可得到如下推论.

推论 2.2.1 样本中心矩是相应的总体中心矩的相合估计量(假定被估计的总体中心矩存在).

特别地,样本方差 S^2 是总体方差 $D[\xi]$ 的相合估计量(假定 $D[\xi]$ 存在),即
$$S^2 \xrightarrow{p} D[\xi] \ (n \to \infty).$$

实际上,可以得到比推论更为广泛的结论:只要把 2.1.1 节中矩估计法中的函数 $Q = f(E[\xi], E[\xi^2], \cdots, E[\xi^l])$ 限制为连续函数,则 Q 的矩估计量 $\hat{Q} = f(\bar{\xi}, \bar{\xi}^2, \cdots, \bar{\xi}^l)$ 便是 Q 的相合估计量.由此可见,矩估计量通常是相合估计量.

例 2.2.10 试证:对任意总体 ξ,若总体方差 $D[\xi]$ 存在,$(\xi_1, \xi_2, \cdots, \xi_n)$ 为总体 ξ 的样本,则修正的样本方差 S^{*2} 也是 $D[\xi]$ 的相合估计量.

证 因为 $S^2 \xrightarrow{p} D[\xi] (n \to \infty)$,数列 $\left\{\dfrac{n}{n-1}\right\}$ 可看成是服从退化分布的随机变量序列,于是有

$$\frac{n}{n-1} \xrightarrow{p} 1 \ (n \to \infty).$$

根据定理 2.2.3，得

$$\frac{n}{n-1} S^2 \xrightarrow{p} D[\xi] \ (n \to \infty),$$

即

$$S^{*2} \xrightarrow{p} D[\xi] \ (n \to \infty).$$

要检验一个估计量是否无偏、有效，相对地说是比较容易的，可以分别根据定义进行检验. 但是，除了矩估计量之外，想用相合性的定义以及讲过的有关结论来检验一个估计量的相合性，往往就不是那么简单. 下面的定理用来检验相合性有时是有用的.

定理 2.2.4 设 $\hat{\theta}_n = T_n(\xi_1, \xi_2, \cdots, \xi_n)$ 为 θ 的估计量，若 $D[\hat{\theta}_n]$ 存在且 $\lim\limits_{n \to \infty} E_\theta[\hat{\theta}_n] = \theta$ ($\forall \theta \in \Theta$) 及 $\lim\limits_{n \to \infty} D_\theta[\hat{\theta}_n] = 0 (\forall \theta \in \Theta)$，则 $\hat{\theta}_n$ 是 θ 的相合估计量.

证 对任意一个随机变量 η，若 $E[\eta^2]$ 存在，则对实数 c 及任意 $\varepsilon > 0$，有

$$P\{|\eta - c| \geqslant \varepsilon\} = \int_D p_\eta(x) \mathrm{d}x \leqslant \int_{-\infty}^{+\infty} \frac{(x-c)^2}{\varepsilon^2} p_\eta(x) \mathrm{d}x$$

$$= \frac{E[(\eta - c)^2]}{\varepsilon^2},$$

其中 $D = \{x : |x - c| \geqslant \varepsilon\}$.

据此，得 $P\{|\hat{\theta}_n - \theta| \geqslant \varepsilon\} \leqslant \int_D p_\eta(x) \mathrm{d}x \leqslant \dfrac{E[(\hat{\theta}_n - \theta)^2]}{\varepsilon^2}$，而

$$E[(\hat{\theta}_n - \theta)^2] = E[\hat{\theta}_n^2] - 2\theta E[\hat{\theta}_n] + \theta^2$$

$$= D[\hat{\theta}_n] + (E[\hat{\theta}_n])^2 - 2\theta E[\hat{\theta}_n] + \theta^2.$$

由定理的条件，得

$$\lim_{n \to \infty} E[(\hat{\theta}_n - \theta)^2] = 0 + \theta^2 - 2\theta^2 + \theta^2 = 0.$$

于是得

$$\lim_{n \to \infty} P\{|\hat{\theta}_n - \theta| \geqslant \varepsilon\} = 0,$$

即

$$\lim_{n \to \infty} P\{|\hat{\theta}_n - \theta| < \varepsilon\} = 1.$$

即证得 $\hat{\theta}_n$ 是 θ 的相合估计量.

注：$\hat{\theta}_n, \theta$ 分别换为 $g(\hat{\theta}_n), g(\theta)$，定理 2.2.4 仍然正确.

例 2.2.11 设总体 ξ 服从均匀分布 $U[0, \theta]$，即分布密度为

$$p(x; \theta) = \begin{cases} \dfrac{1}{\theta}, & \text{当 } 0 \leqslant x \leqslant \theta, \\ 0, & \text{其他}. \end{cases}$$

其中 $\theta \in (0,\infty)$ 是未知参数，$(\xi_1, \xi_2, \cdots, \xi_n)$ 为样本，试证：$T_n = (\prod_{i=1}^{n} \xi_i)^{1/n}$ 是待估函数 $g(\theta) = \dfrac{\theta}{e}$ 的相合估计量.

证 $E[T_n] = E[(\prod_{i=1}^{n} \xi_i)^{1/n}] = \prod_{i=1}^{n} E[\xi_i^{1/n}] = (E[\xi^{1/n}])^n$,

而

$$E[\xi^{1/n}] = \int_0^\theta x^{1/n} p(x) \mathrm{d}x = \frac{\theta^{1/n}}{1/n + 1}, \quad E[T_n] = \left(\frac{\theta^{1/n}}{1/n + 1}\right)^n.$$

所以

$$\lim_{n\to\infty} E[T_n] = \frac{\theta}{e}.$$

又

$$D[T_n] = E[T_n^2] - (E[T_n])^2, \quad E[T_n^2] = E[(\prod_{i=1}^{n} \xi_i)^{2/n}] = (E[\xi^{2/n}])^n,$$

而

$$E[\xi^{2/n}] = \int_0^\theta x^{2/n} p(x) \mathrm{d}x = \frac{\theta^{2/n}}{2/n + 1},$$

$$E[T_n^2] = \left(\frac{\theta^{2/n}}{2/n + 1}\right)^n \to \frac{\theta^2}{e^2}.$$

所以

$$\lim_{n\to\infty} D[T_n] = \lim_{n\to\infty} E[T_n^2] - \lim_{n\to\infty} (E[T_n])^2 = \frac{\theta^2}{e^2} - \left(\frac{\theta}{e}\right)^2 = 0.$$

即 T_n 满足定理 2.2.4 的条件，所以 T_n 是 $g(\theta)$ 的相合估计量.

在多数一般条件下，极大似然估计量是相合的.

下面利用样本方差 S^2 是总体方差 $D[\xi]$ 的相合估计量来证明两个有用的定理.

定理 2.2.5 设 ξ 为任意分布的总体，其方差有限且大于 0，$(\xi_1, \xi_2, \cdots, \xi_n)$ 为总体 ξ 的样本，则当 $n \to \infty$ 时，有

$$\frac{\bar{\xi} - E[\xi]}{S/\sqrt{n}} \Rightarrow N(0,1).$$

证 由列维-林德贝格中心极限定理知，当 $n \to \infty$ 时，有 $\dfrac{\bar{\xi} - E[\xi]}{\sqrt{D[\xi]/n}} \Rightarrow N(0,1)$. 又 $S^2 \xrightarrow{p} D[\xi]$ 及概率收敛性质得 $\dfrac{S}{\sqrt{D[\xi]}} \xrightarrow{p} 1$. 进而得到当 $n \to \infty$ 时，有

$$\frac{\bar{\xi} - E[\xi]}{\sqrt{D[\xi]/n}} \bigg/ \frac{S}{\sqrt{D[\xi]}} \Rightarrow N(0,1),$$

即

$$\frac{\bar{\xi}-E[\xi]}{S/\sqrt{n}} \Rightarrow N(0,1).$$

定理 2.2.5 表明,当 n 充分大时,任意总体 ξ 的样本均值 $\bar{\xi}$ 近似服从 $N\left(E[\xi], \dfrac{S^2}{n}\right)$。类似可证,把 S 换为 S^*,定理 2.2.5 仍然成立.

定理 2.2.6 设 ξ 与 η 为两个正态总体,即有

$$\xi \sim N(\mu_1, \sigma_1^2), \quad (\xi_1, \xi_2, \cdots, \xi_{n1}) \text{ 为 } \xi \text{ 的样本};$$
$$\eta \sim N(\mu_2, \sigma_2^2), \quad (\eta_1, \eta_2, \cdots, \eta_{n2}) \text{ 为 } \eta \text{ 的样本}.$$

且这两个样本相互独立,则当 $\min\{n_1, n_2\} = n$ 充分大时,有

$$\frac{(\bar{\xi}-\bar{\eta})-(\mu_1-\mu_2)}{\sqrt{\dfrac{S_1^2}{n_1}+\dfrac{S_2^2}{n_2}}} \Rightarrow N(0,1),$$

其中 S_1^2, S_2^2 分别是 ξ 和 η 两个总体的样本方差.

证 因为 $(\bar{\xi}-\bar{\eta}) \sim N\left(\mu_1-\mu_2, \dfrac{\sigma_1^2}{n_1}+\dfrac{\sigma_2^2}{n_2}\right)$,得

$$\frac{(\bar{\xi}-\bar{\eta})-(\mu_1-\mu_2)}{\sqrt{\dfrac{\sigma_1^2}{n_1}+\dfrac{\sigma_2^2}{n_2}}} \sim N(0,1).$$

又当 $n \to \infty$ 时,有

$$S_1^2 \xrightarrow{p} \sigma_1^2, \quad S_2^2 \xrightarrow{p} \sigma_2^2.$$

取 $f(x,y) = \sqrt{\dfrac{x}{n_1}+\dfrac{y}{n_2}} \Big/ \sqrt{\dfrac{\sigma_1^2}{n_1}+\dfrac{\sigma_2^2}{n_2}}$,显然 $f(x,y)$ 在点 (σ_1^2, σ_2^2) 连续,根据概率收敛性质得,当 $n \to \infty$ 时,有

$$f(S_1^2, S_2^2) \xrightarrow{p} f(\sigma_1^2, \sigma_2^2),$$

即

$$\sqrt{\dfrac{S_1^2}{n_1}+\dfrac{S_2^2}{n_2}} \Big/ \sqrt{\dfrac{\sigma_1^2}{n_1}+\dfrac{\sigma_2^2}{n_2}} \xrightarrow{p} 1.$$

再根据分布收敛和概率收敛性质进一步得,当 $n \to \infty$ 时,有

$$\frac{(\bar{\xi}-\bar{\eta})-(\mu_1-\mu_2)}{\sqrt{\dfrac{\sigma_1^2}{n_1}+\dfrac{\sigma_2^2}{n_2}}} \Big/ \sqrt{\dfrac{S_1^2}{n_1}+\dfrac{S_2^2}{n_2}} \Big/ \sqrt{\dfrac{\sigma_1^2}{n_1}+\dfrac{\sigma_2^2}{n_2}} \Rightarrow N(0,1),$$

即

$$\frac{(\bar{\xi}-\bar{\eta})-(\mu_1-\mu_2)}{\sqrt{\dfrac{S_1^2}{n_1}+\dfrac{S_2^2}{n_2}}}\Rightarrow N(0,1).$$

S_1^2,S_2^2 分别换为 S_1^{*2},S_2^{*2}，同样可证明定理 2.2.6. 此定理表明，当 $n=\min\{n_1,n_2\}$ 充分大时，两个正态总体的样本均值之差 $(\bar{\xi}-\bar{\eta})$ 近似服从 $N\left(\mu_1-\mu_2,\dfrac{S_1^2}{n_1}+\dfrac{S_2^2}{n_2}\right)$. 以下为一般结论.

定理 2.2.7 设 ξ 与 η 为两个任意总体，且 $0<D[\xi]<+\infty,0<D[\eta]<+\infty$. 又 $(\xi_1,\xi_2,\cdots,\xi_{n_1})$ 为 ξ 的样本，$(\eta_1,\eta_2,\cdots,\eta_{n_2})$ 为 η 的样本，且这两样本独立，则当 $\min\{n_1,n_2\}=n$ 充分大时，有

(1) $\dfrac{(\bar{\xi}-\bar{\eta})-(E[\xi]-E[\eta])}{\sqrt{\dfrac{D[\xi]}{n_1}+\dfrac{D[\eta]}{n_2}}}\Rightarrow N(0,1);$

(2) $\dfrac{(\bar{\xi}-\bar{\eta})-(E[\xi]-E[\eta])}{\sqrt{\dfrac{S_1^2}{n_1}+\dfrac{S_2^2}{n_2}}}\Rightarrow N(0,1).$

其中，S_1^2,S_2^2 分别是 ξ 与 η 两总体的样本方差.

下面给出证明的思路：

由于样本容量趋于无穷大时，有

$$\frac{\bar{\xi}-E[\xi]}{\sqrt{D[\xi]/n_1}}\Rightarrow N(0,1),\qquad \frac{\bar{\eta}-E[\eta]}{\sqrt{D[\eta]/n_2}}\Rightarrow N(0,1).$$

由两样本的独立性知 $\bar{\xi}$ 与 $\bar{\eta}$ 独立，因此当 n 充分大时 $(\bar{\xi}-\bar{\eta})$ 近似服从正态分布，于是有

$$\frac{(\bar{\xi}-\bar{\eta})-(E[\xi]-E[\eta])}{\sqrt{\dfrac{D[\xi]}{n_1}+\dfrac{D[\eta]}{n_2}}}\Rightarrow N(0,1).$$

上式的严格证明见参考文献[7]第 424 和第 429 页. 又当 $n\to\infty$ 时，有

$$S_1^2\xrightarrow{P}D[\xi],\quad S_2^2\xrightarrow{P}D[\eta].$$

由定理 2.2.6 的证明，即可证得

$$\frac{(\bar{\xi}-\bar{\eta})-(E[\xi]-E[\eta])}{\sqrt{\dfrac{S_1^2}{n_1}+\dfrac{S_2^2}{n_2}}}\Rightarrow N(0,1).$$

S_1^2,S_2^2 分别换为 S_1^{*2},S_2^{*2}，定理 2.2.7 仍然正确.

定理 2.2.7 表明：当 $\min\{n_1,n_2\}=n$ 充分大时，任意两个总体（方差有限且不为 0）的样本均值之差 $(\bar{\xi}-\bar{\eta})$ 近似服从

$$N\left(E[\xi] - E[\eta], \frac{S_1^2}{n_1} + \frac{S_2^2}{n_2}\right).$$

最后,我们给出一个有用结论:

设 $\hat{g}_n(\xi_1, \xi_2, \cdots, \xi_n)$ 为 $g(\theta)$ 的极大似然估计量,在一定条件下,有

$$\sqrt{n}[\hat{g}_n(\xi_1, \xi_2, \cdots, \xi_n) - g(\theta)] \Rightarrow N\left(0, \frac{[g'(\theta)]^2}{I(\theta)}\right),$$

即当样本容量 n 充分大时,待估函数 $g(\theta)$ 的极大似然估计量 $\hat{g}_n(\xi_1, \xi_2, \cdots, \xi_n)$ 近似服从 $N\left(0, \frac{[g'(\theta)]^2}{I(\theta)}\right)$. 特别地,$\theta$ 的极大似然估计量为 $\hat{\theta}_n$,近似服从 $N\left(\theta, \frac{1}{I(\theta)}\right)$. 证明参见文献[2]第 212 页.

2.2.4 充分性与完备性

统计量的作用在于压缩数据提炼信息. 若统计量 $\hat{\theta}$ 对 θ 进行估计,能把样本中有关 θ 的信息全部提出来,即除 $\hat{\theta}$ 外,样本中再也不含有关 θ 的任何新的信息,则称此统计量 $\hat{\theta}$ 是 θ 的充分统计量.

例如,从一大批产品中抽出 n 个产品以确定其废品率 p,可以定义

$$\xi_i = \begin{cases} 1, & \text{第 } i \text{ 次抽出为废品,} \\ 0, & \text{第 } i \text{ 次抽出为正品.} \end{cases}$$

引入统计量

$$T(\xi_1, \xi_2, \cdots, \xi_n) = \xi_1 + \xi_2 + \cdots + \xi_n.$$

它是样本废品总数,包含了 $(\xi_1, \xi_2, \cdots, \xi_n)$ 中有关 p 的全部信息,因而它是关于 p 的充分统计量. 事实上,$(\xi_1, \xi_2, \cdots, \xi_n)$ 中的 n 个值比 T 更详细,具体知道哪几次抽得的为废品,哪几次抽得的为正品,由于各次抽取是在同样条件下独立进行的,在知道了废品总个数之后,有助于我们对废品的进一步了解.

将上述思想表述为数学概念,则有:

定义 2.2.7 设 $(\xi_1, \xi_2, \cdots, \xi_n)$ 是取自总体 $F(x; \theta)$ 的一个样本,$T = T(\xi_1, \xi_2, \cdots, \xi_n)$ 是一个统计量. 若给定 $T(\xi_1, \xi_2, \cdots, \xi_n) = t$,$(\xi_1, \xi_2, \cdots, \xi_n)$ 的条件概率函数与参数 θ 无关,则称 T 为 θ 的充分统计量.

若用参数 θ 的充分统计量 $T(\xi_1, \xi_2, \cdots, \xi_n)$ 作为 θ 的点估计量,则称 T 为 θ 的充分估计量.

例 2.2.12 设 $(\xi_1, \xi_2, \cdots, \xi_n)$ 为 ξ 的一个样本,而 $\xi \sim B(1, p)$,即有

$$P\{\xi = x\} = p^x (1-p)^{1-x} \quad (x = 0, 1),$$

其中 $0 < p < 1$,试证 $T = \bar{\xi} = \frac{1}{n} \sum_{i=1}^{n} \xi_i$ 是 p 的充分统计量.

证 根据 $B(1, p)$ 分布的可加性,易知 $\sum_{i=1}^{n} \xi_i \sim B(n, p)$,即有

$$P\left\{\sum_{i=1}^n \xi_i = k\right\} = C_n^k p^k (1-p)^{n-k} \quad (k=0,1,\cdots,n),$$

从而有

$$P\left\{\bar{\xi} = \frac{k}{n}\right\} = C_n^k p^k (1-p)^{n-k} \quad (k=0,1,\cdots,n),$$

于是，在 $\bar{\xi} = \dfrac{k}{n}$ 时，$(\xi_1,\xi_2,\cdots,\xi_n)$ 的条件概率函数为

$$P\left\{\xi_1=x_1, \xi_2=x_2, \cdots, \xi_n=x_n \mid \bar{\xi}=\frac{k}{n}\right\}$$

$$= \frac{P\left\{\xi_1=x_1, \xi_2=x_2, \cdots, \xi_n=x_n, \bar{\xi}=\frac{k}{n}\right\}}{P\left\{\bar{\xi}=\frac{k}{n}\right\}}$$

$$= \begin{cases} \dfrac{P\{\xi_1=x_1,\xi_2=x_2,\cdots,\xi_n=x_n\}}{P\{\bar{\xi}=\frac{k}{n}\}}, & \text{当 } \sum_{i=1}^n x_i = k \\ 0, & \text{当 } \sum_{i=1}^n x_i \neq k \end{cases}$$

$$= \begin{cases} \dfrac{p^{\sum_{i=1}^n x_i}(1-p)^{n-\sum_{i=1}^n x_i}}{C_n^k p^k (1-p)^{n-k}}, & \text{当 } \sum_{i=1}^n x_i = k \\ 0, & \text{当 } \sum_{i=1}^n x_i \neq k \end{cases}$$

$$= \begin{cases} \dfrac{1}{C_n^k}, & \text{当 } \sum_{i=1}^n x_i = k \\ 0, & \text{当 } \sum_{i=1}^n x_i \neq k. \end{cases}$$

其中，$x_i = 0,1$；$i=1,2,\cdots,n$.

上述计算表明：$(\xi_1,\xi_2,\cdots,\xi_n)$ 在 $\bar{\xi}=\dfrac{k}{n}$ 条件下的联合概率函数与参数 p 无关，根据定义 2.2.7，$\bar{\xi}$ 就是 p 的充分估计量.

用定义 2.2.7，判别一个统计量是否为充分统计量，往往很烦琐. 下面的定理使得判断和寻找充分统计量有时变得更简便.

定理 2.2.8(因子分解定理)

(1) 连续型：设 $(\xi_1,\xi_2,\cdots,\xi_n)$ 为来自分布密度为 $p(x;\theta)$ 的一个样本，$T=T(\xi_1,\cdots,\xi_n)$ 是一个统计量，则 T 为 θ 的充分统计量的充要条件是样本的联合分布密度，可分解为

$$L(x_1,x_2,\cdots,x_n;\theta)=\prod_{i=1}^{n}p(x;\theta)$$
$$=h(x_1,x_2,\cdots,x_n)g(T(x_1,x_2,\cdots,x_n),\theta).$$

其中,h 是 $x_1,x_2,\cdots,x_n$ 的非负函数且与 θ 无关;$g(T,\theta)$ 仅通过 T 依赖于 $x_1,x_2,\cdots,x_n$.

(2) 离散型:设 $(\xi_1,\xi_2,\cdots,\xi_n)$ 为来自分布列为
$$p_i(\theta)=P(\xi=x_i;\theta)\ (i=1,2,\cdots)$$
的一个样本,$T=T(\xi_1,\xi_2,\cdots,\xi_n)$ 是一个统计量,则 T 是 θ 的充分统计量的充要条件为样本的联合概率函数可分解为
$$P(\xi_1=x_1,\xi_2=x_2,\cdots,\xi_n=x_n;\theta)$$
$$=\prod_{i=1}^{n}P\{\xi_i=x_i;\theta\}=h(x_1,x_2,\cdots,x_n)g(T(x_1,x_2,\cdots,x_n),\theta),$$

其中,h 是 $x_1,x_2,\cdots,x_n$ 的非负函数且与 θ 无关;$g(T,\theta)$ 仅通过 T 依赖于 $x_1,x_2,\cdots,x_n$.

例 2.2.13 用因子分解定理来证明例 2.2.12 的结论.

证 $(\xi_1,\xi_2,\cdots,\xi_n)$ 的联合概率函数为
$$P\{\xi_1=x_1,\xi_2=x_2,\cdots,\xi_n=x_n;\theta\}$$
$$=\prod_{i=1}^{n}P\{\xi_i=x_i;p\}=\prod_{i=1}^{n}p^{x_i}(1-p)^{1-x_i}$$
$$=p^{\sum_{i=1}^{n}x_i}(1-p)^{n-\sum_{i=1}^{n}x_i}=(1-p)^n\left(\frac{p}{1-p}\right)^{nT}.$$

取 $h(x_1,x_2,\cdots,x_n)=1$,$g(T(x_1,x_2,\cdots,x_n),p)=(1-p)^n\left(\frac{p}{1-p}\right)^{nT}$. 则
$$P(\xi_1=x_1,\xi_2=x_2,\cdots,\xi_n=x_n;p)=h(x_1,x_2,\cdots,x_n)g(T,p).$$

由因子分解定理知 $T(\xi_1,\xi_2,\cdots,\xi_n)=\frac{1}{n}\sum_{i=1}^{n}\xi_i$ 是 p 的充分估计量.

例 2.2.14 设 $(\xi_1,\xi_2,\cdots,\xi_n)$ 是来自正态总体 $N(\mu,1)$ 的一个样本,验证:$\bar{\xi}=\frac{1}{n}\sum_{i=1}^{n}\xi_i$ 是 μ 的充分统计量.

解 $(\xi_1,\xi_2,\cdots,\xi_n)$ 的联合分布密度为
$$L(x_1,x_2,\cdots,x_n;\mu)=\prod_{i=1}^{n}(p(x_i;\mu))$$
$$=\frac{1}{(\sqrt{2\pi})^n}\exp\left[-\frac{1}{2}\sum_{i=1}^{n}(x_i-\mu)^2\right]$$
$$=\frac{1}{(\sqrt{2\pi})^n}\exp\left\{-\frac{1}{2}\sum_{i=1}^{n}[(x_i-\bar{x})-(\mu-\bar{x})]^2\right\}$$
$$=\frac{1}{(\sqrt{2\pi})^n}\exp\left[-\frac{1}{2}\sum_{i=1}^{n}(x_i-\bar{x})^2\right]\exp\left[-\frac{n}{2}(\mu-\bar{x})^2\right]$$
$$=h(x_1,x_2,\cdots,x_n)g(\bar{x},\mu),$$

其中,
$$h(x_1,x_2,\cdots,x_n)=\exp\left[-\frac{1}{2}\sum_{i=1}^{n}(x_i-\mu)^2\right];$$
$$g(\bar{x},\mu)=\frac{1}{(\sqrt{2\pi})^n}\exp\left[-\frac{n}{2}(\mu-\bar{x})^2\right].$$

由因子分解定理知,$\bar{\xi}$ 是 μ 的充分统计量.

既然充分统计量集中了样本有关参数 θ 的全部信息,那么,如果用充分统计量的某个函数作为估计量,就有理由希望这个函数仍然包含样本有关 θ 的全部信息.

定理 2.2.9 设 $T=T(\xi_1,\xi_2,\cdots,\xi_n)$ 是总体参数 θ 的充分统计量,$u=u(t)$ 是单值可逆函数,则 $U=u(T)$ 也是 θ 的充分统计量.

证 由于 $u=u(t)$ 是单值可逆函数,于是由 $U=u(T)$ 可得 $T=u^{-1}(U)$.由因子分解定理,得
$$\prod_{i=1}^{n}p(x_i;\theta)=h(x_1,x_2,\cdots,x_n)g(T,\theta)$$
$$=h(x_1,x_2,\cdots,x_n)g(u^{-1}(U),\theta)$$
$$=h(x_1,x_2,\cdots,x_n)g^*(U,\theta).$$

再次用因子分解定理,即知 $U=u(T)$ 是 θ 的充分统计量.

由定理 2.2.9 可知,一个总体的参数 θ 的充分统计量一般不唯一,例如,若 T 为 θ 的充分统计量,则 $kT+b(k\neq 0)$ 也是 θ 的充分统计量. 极大似然估计量与充分统计量之间有密切的联系.

定理 2.2.10 设 $(\xi_1,\xi_2,\cdots,\xi_n)$ 为取自概率函数为 $p(x;\theta)$ 的一个样本,$T=T(\xi_1,\xi_2,\cdots,\xi_n)$ 是 θ 的充分统计量,如果 $\hat{\theta}(\xi_1,\xi_2,\cdots,\xi_n)$ 是 θ 的极大似然估计量,则它必定可以表达成
$$\hat{\theta}(\xi_1,\xi_2,\cdots,\xi_n)=\varphi(T(\xi_1,\xi_2,\cdots,\xi_n)).$$

证 由因子分解定理可知,似然函数
$$L(\xi_1,\xi_2,\cdots,\xi_n;\theta)=\prod_{i=1}^{n}p(\xi_i;\theta)$$
$$=h(\xi_1,\xi_2,\cdots,\xi_n)g(T(\xi_1,\xi_2,\cdots,\xi_n),\theta).$$

由于 $h(\xi_1,\xi_2,\cdots,\xi_n)$ 与 θ 无关,因此使得似然函数 $L(\xi_1,\xi_2,\cdots,\xi_n;\theta)$ 取最大值的 $\hat{\theta}(\xi_1,\xi_2,\cdots,\xi_n)$ 与使得 $g(T(\xi_1,\xi_2,\cdots,\xi_n),\theta)$ 取最大值的 $\hat{\theta}(\xi_1,\xi_2,\cdots,\xi_n)$ 是相等的. 但是,$g(T(\xi_1,\xi_2,\cdots,\xi_n),\theta)$ 仅通过 $T(\xi_1,\xi_2,\cdots,\xi_n)$ 而依赖于样本 $(\xi_1,\xi_2,\cdots,\xi_n)$,因此,$\hat{\theta}(\xi_1,\xi_2,\cdots,\xi_n)$ 必定是 $T(\xi_1,\xi_2,\cdots,\xi_n)$ 的函数,即
$$\hat{\theta}(\xi_1,\xi_2,\cdots,\xi_n)=\varphi(T(\xi_1,\xi_2,\cdots,\xi_n)).$$

定理 2.2.10 在一定意义上表明了极大似然估计法是比较理想的估计方法.因为极大似然估计量总是充分估计量,而充分估计量保留了样本中所包含的有关参数的全部信息.

讨论充分统计量是为了寻找参数 θ 的 UMVUE. 以下两个定理有助于实现这一目标.

定理 2.2.11 设 $(\xi_1,\xi_2,\cdots,\xi_n)$ 是来自总体 $F(x;\theta)$ 的一个样本, θ 是未知参数. 如果 θ 存在充分统计量, 则对 θ 的一个无偏估计量 $\hat\theta$ 一定可找到一个充分统计量的函数 $\hat\theta_0$ (从而 $\hat\theta_0$ 也是充分统计量), 使得 $\hat\theta_0$ 也是 θ 的无偏估计, 且其方差不大于 $\hat\theta$ 的方差, 即

$$E[\hat\theta_0]=\theta\,;\ D[\hat\theta_0]\leqslant D[\hat\theta].$$

定理 2.2.11 表明: 找 UMVUE, 只需在无偏、充分估计量类中寻找合适的统计量.

定理 2.2.12 (劳-布莱克威尔定理) 设 $(\xi_1,\xi_2,\cdots,\xi_n)$ 为来自总体 $F(x;\theta)$ 的一个样本, $T(\xi_1,\xi_2,\cdots,\xi_n)$ 为 θ 的充分统计量, 若估计量 $\hat\theta$ 满足:

(1) $\hat\theta=\varphi(T)$ (即 $\hat\theta$ 是充分统计量的函数);

(2) $E_\theta[\hat\theta]=\theta$ (即 $\hat\theta$ 为 θ 的无偏估计);

(3) 满足以上两项要求的 $\hat\theta$ 是唯一的.

则 $\hat\theta$ 为 θ 的 UMVUE.

验证定理 2.2.12 的条件 (3) 是困难的, 为此下面介绍完备统计量.

定义 2.2.8 设总体 ξ 的分布函数为 $F(x;\theta)$ $(\theta\in\Theta)$, 如果对任意一个满足

$$E_\theta[g(\xi)]=0\ (\forall\theta\in\Theta)$$

的随机变量 $g(\xi)$, 总有

$$P_\theta\{g(\xi)=0\}=1\ (\forall\theta\in\Theta),$$

则称 $\{F(x;\theta); \theta\in\Theta\}$ 为完备的分布函数族; 又设 $(\xi_1,\xi_2,\cdots,\xi_n)$ 为来自总体 $\{F(x;\theta);\theta\in\Theta\}$ 的一个样本, 统计量 $T=T(\xi_1,\xi_2,\cdots,\xi_n)$ 的分布函数 $\{F(x;\theta);\theta\in\Theta\}$ 是完备的分布函数族, 则称 $T=T(\xi_1,\xi_2,\cdots,\xi_n)$ 为完备的统计量.

例 2.2.15 设 $(\xi_1,\xi_2,\cdots,\xi_n)$ 为来自 $B(1,p)$ 的一个样本, 由例 2.2.13 知道, $\bar\xi=\dfrac{1}{n}\sum\limits_{i=1}^{n}\xi_i$ 是 p 的充分统计量, 下面验证 $\bar\xi$ 也是完备统计量.

解 易知 $\bar\xi$ 的概率函数为

$$p\{\bar\xi=\frac{k}{n}\}=C_n^k p^k(1-p)^{n-k}\quad(0<p<1;\ k=0,1,\cdots,n).$$

设随机变量 $g(\bar\xi)$ 满足 $E_p[g(\bar\xi)]=0$. 即有

$$E_p[g(\bar\xi)]=\sum_{k=0}^{n}g(\frac{k}{n})C_n^k p^k(1-p)^{n-k}=0.$$

注意到 $0<p<1$, 于是

$$\sum_{k=0}^{n}g(\frac{k}{n})C_n^k\left(\frac{p}{1-p}\right)^k=0.$$

上式左端是关于变量 $\dfrac{p}{1-p}$ 的 n 次多项式, 这个 $\dfrac{p}{1-p}$ 的多项式在 $0<p<1$ 时恒为 0,

故左端系数全为 0，即对任意 $k=0,1,\cdots,n$，须有
$$g\left(\frac{k}{n}\right)C_n^k=0.$$

进而 $g\left(\frac{k}{n}\right)=0$ 且对任意 $0<p<1$，有
$$P_p\left\{g\left(\frac{k}{n}\right)=0,\ k=0,1,\cdots,n\right\}=P_p\left\{\bar{\xi}=\frac{k}{n},\ k=0,1,\cdots,n\right\}=1.$$

这就证明了 $\bar{\xi}=\frac{1}{n}\sum_{i=1}^n\xi_i$ 是 p 的完备统计量．

定理 2.2.13（莱曼-舍菲定理） 设 $(\xi_1,\xi_2,\cdots,\xi_n)$ 是取自总体 $F(x;\theta)$ $(\theta\in\Theta)$ 的一个样本，$T=T(\xi_1,\xi_2,\cdots,\xi_n)$ 是参数 θ 的充分完备统计量，$\hat{\theta}(\xi_1,\xi_2,\cdots,\xi_n)$ 是 θ 的无偏估计量，且
$$D_\theta[\hat{\theta}]<+\infty.$$
令
$$\hat{\theta}_0=E[\hat{\theta}(\xi_1,\xi_2,\cdots,\xi_n)\mid T].$$
这里 $E[\hat{\theta}(\xi_1,\xi_2,\cdots,\xi_n)\mid T]$ 表示 $\hat{\theta}(\xi_1,\xi_2,\cdots,\xi_n)$ 关于 T 的条件数学期望．则 $\hat{\theta}_0$ 是 θ 的唯一的 UMVUE．

例 2.2.16 设 $(\xi_1,\xi_2,\cdots,\xi_n)$ 是总体 $B(1,p)$ $(0<p<1)$ 的一个样本，用定理 2.2.13 证明 $\bar{\xi}$ 是 p 的 UMVUE．

证 由例 2.2.13 及例 2.2.15 知道 $\bar{\xi}$ 是 p 的充分完备统计量，易验证 $\bar{\xi}$ 是 p 的无偏估计量，且对任意 p，有
$$D_p[\bar{\xi}]=\frac{D[\xi]}{n}=\frac{p(1-p)}{n}<+\infty.$$

由定理 2.2.13 知道，$E[\bar{\xi}\mid\bar{\xi}]$ 是 p 唯一的 UMVUE，而由条件数学期望知
$$E\left[\bar{\xi}\mid\bar{\xi}=\frac{k}{n}\right]=\sum_{l=0}^n\frac{l}{n}P\left\{\bar{\xi}=\frac{l}{n}\,\bigg|\,\bar{\xi}=\frac{k}{n}\right\}=\frac{k}{n}\ (k=0,1,\cdots,n).$$

这里用到计算式
$$P\left\{\bar{\xi}=\frac{l}{n}\,\bigg|\,\bar{\xi}=\frac{k}{n}\right\}=\frac{P\left\{\bar{\xi}=\frac{l}{n},\bar{\xi}=\frac{k}{n}\right\}}{P\left\{\bar{\xi}=\frac{k}{n}\right\}}=\begin{cases}1,&\text{当 }l=k,\\0,&\text{当 }l\neq k.\end{cases}$$

即当 $\bar{\xi}=\frac{k}{n}$ 时，总有 $\hat{\theta}_0=E[\bar{\xi}\mid\bar{\xi}]=\frac{k}{n}$ $(k=0,1,\cdots,n)$．

因此 $\hat{\theta}_0=E[\bar{\xi}\mid\bar{\xi}]=\bar{\xi}$．

根据定理 2.2.13，即证明 $\bar{\xi}$ 是 p 的 UMVUE．在例 2.2.7 中，劳-克拉美定理已经被用于证明过 $\bar{\xi}$ 是 p 的 UMVUE．

要证明参数 θ 的某一估计量是充分完备的统计量一般很烦琐，但对指数族分布，有比

较方便的方法帮助寻找充分完备统计量.而 $B(n,p)$，$P(\lambda)$，$N(\mu,\sigma^2)$ 及指数分布 $\text{Exp}(\lambda)$ 皆属于指数族分布,都有较方便的方法去验证有关参数的充分完备统计量.可参考理论性较强的著作,如参考文献[3][5][6]等.

2.3 区间估计

设 $\hat{\theta}=T(\xi_1,\xi_2,\cdots,\xi_n)$ 是未知参数 θ 的一个估计量,对于一组观测值 $(x_1,x_2,\cdots,x_n)$,算得一个估计值 $T(x_1,x_2,\cdots,x_n)$,令 $\theta\approx T(x_1,x_2,\cdots,x_n)$ 则得到点估计量.但这种近似值的精确程度或误差范围都没有给出,这是点估计的缺陷,而区间估计在一定程度上就是为了弥补这点不足.

定义 2.3.1 设总体 ξ 的分布函数为 $F(x;\theta)$，$\theta\in\Theta$ 为未知参数，$(\xi_1,\xi_2,\cdots,\xi_n)$ 为 ξ 的一个样本,若对给定的 α $(0<\alpha<1)$,存在两个统计量 $T_1=T_1(\xi_1,\xi_2,\cdots,\xi_n)$ 和 $T_2=T_2(\xi_1,\xi_2,\cdots,\xi_n)$,使得

$$P\{T_1(\xi_1,\xi_2,\cdots,\xi_n)<\theta<T_2(\xi_1,\xi_2,\cdots,\xi_n)\}=1-\alpha,$$

则称区间 (T_1,T_2) 为参数 θ 的 $1-\alpha$ 的区间估计或 $1-\alpha$ 的置信区间.T_1 和 T_2 分别称为置信下限和置信上限,而 $1-\alpha$ 称为置信区间 (T_1,T_2) 的置信度或置信水平,α 称为显著性水平或误判风险.

由定义 2.3.1 知道,置信区间 (T_1,T_2) 是一个随机区间,它的两个端点及区间的长度都是样本 $(\xi_1,\xi_2,\cdots,\xi_n)$ 的函数,而且都是统计量.

参数 θ 的区间估计的意义可解释为:若对样本 $(\xi_1,\xi_2,\cdots,\xi_n)$ 取得 N 组样本观测值 $(x_{1k},x_{2k},\cdots,x_{nk})$，$k=1,2,\cdots,N$,对应算得统计量 T_1，T_2 的观测值,分别记 $t_{1k}=T_1(x_{1k},x_{2k},\cdots,x_{nk})$ 和 $t_{2k}=T_2(x_{1k},x_{2k},\cdots,x_{nk})$,则所得 N 个区间 (t_{1k},t_{2k}),这类区间不一定都包含参数 θ 的真值,当定义 2.3.1 中的概率等式成立时,由伯努利大数定律知:区间 (t_{1k},t_{2k}) 中包含参数 θ 的真值的概率近似地为 $1-\alpha$,而随机区间 (T_1,T_2) 包含参数 θ 的真值的概率为 $1-\alpha$,或说 (T_1,T_2) 不包含参数 θ 的真值的概率为 α.但不能说"参数 θ 以 $1-\alpha$ 的概率落入随机区间 (T_1,T_2)"中,这是因为参数 θ 是常数而不是随机变量.在实际应用中,当样本值为 $(x_1,x_2,\cdots,x_n)$ 时,我们认为未知参数 θ 的真值包含在区间 (T_1,T_2) 之中,这种判断可能是错误的,犯错误的概率为 α.

置信度 $1-\alpha$ 一般要根据具体问题的要求来选定,并要注意:当 α 越小,$1-\alpha$ 就越大,随机区间 (T_1,T_2) 包含 θ 的真值的概率也就越大,但区间也越长,从而估计的精确度就越差,而且区间太长就会失去区间估计的意义;反之,提高估计的精确度则会增大误判风险 α,即 (T_1,T_2) 不包含 θ 的真值的概率会增大.如果随机区间 (T_1,T_2) 不包含 θ 的真值概率大,区间估计也同样失去意义.从后面推出的置信区间公式可看出,若其他条件不变,增大样本容量 n,可以缩短置信区间的长度,从而提高精确度,但增大样本容量往往不现实.因此,通常是根据不同类型的问题,先确定一个较大的置信度 $1-\alpha$,但对给定的 $1-$

α,(T_1,T_2)的取法仍然有任意多种,我们再从中选择其中一个平均长度最短的区间作为估计——最优区间估计.

下面给出几个常见参数的最优区间估计或接近最优的区间估计,若要证明它们是最优或接近最优的区间估计,需要用到较多的准备知识,在此省略.

2.3.1 正态总体均值的区间估计

本节总是假定总体 $\xi \sim N(\mu,\sigma^2)$,μ 为未知数,而 $(\xi_1,\xi_2,\cdots,\xi_n)$ 为 ξ 的一个样本.

2.3.1.1 σ^2 已知,求 μ 的置信区间

求 μ 的 $1-\alpha$ 置信区间,就是要找一个随机区间 $(T_1(\xi_1,\xi_2,\cdots,\xi_n),T_2(\xi_1,\xi_2,\cdots,\xi_n))$,使得

$$P\{T_1 < \mu < T_2\} = 1-\alpha.$$

为此,需构造一个分布为已知的样本函数.

首先 $\bar{\xi} \sim N(\mu,\dfrac{\sigma^2}{n})$,于是有

$$Z = \frac{\bar{\xi}-\mu}{\sigma/\sqrt{n}} \sim N(0,1).$$

在 1.3 节的关于标准正态分布的分位数讨论中,已得 $P\{|Z| < z_{\alpha/2}\} = 1-\alpha$,即

$$P\left\{\left|\frac{\bar{\xi}-\mu}{\sigma/\sqrt{n}}\right| < z_{\alpha/2}\right\} = 1-\alpha.$$

亦即

$$P\left\{\bar{\xi} - \frac{\sigma}{\sqrt{n}}z_{\alpha/2} < \mu < \bar{\xi} + \frac{\sigma}{\sqrt{n}}z_{\alpha/2}\right\} = 1-\alpha,$$

所求 μ 的 $1-\alpha$ 的置信区间为 $(\bar{\xi} - \dfrac{\sigma}{\sqrt{n}}z_{\alpha/2}, \bar{\xi} + \dfrac{\sigma}{\sqrt{n}}z_{\alpha/2})$,

习惯上,这个置信区间常常写作 $(\bar{\xi} \pm \dfrac{\sigma}{\sqrt{n}}z_{\alpha/2})$.

未知参数的 $1-\alpha$ 的置信区间不是唯一的,就此问题进行讨论,根据分位数的几何定义,不难知道有

$$P\{z_\beta < Z < z_{1-\alpha+\beta}\} = 1-\alpha.$$

假定 $0 < \beta < 0.5$,$0.5 < 1-\alpha+\beta < 1$,即 $P\left\{z_\beta < \dfrac{\bar{\xi}-\mu}{\sigma/\sqrt{n}} < z_{1-\alpha+\beta}\right\} = 1-\alpha$,亦即

$$P\left\{\bar{\xi} - \frac{\sigma}{\sqrt{n}}z_{1-\alpha+\beta} < \mu < \bar{\xi} - \frac{\sigma}{\sqrt{n}}z_\beta\right\} = 1-\alpha.$$

即是说,$(\bar{\xi} - \dfrac{\sigma}{\sqrt{n}}z_{1-\alpha+\beta}, \bar{\xi} - \dfrac{\sigma}{\sqrt{n}}z_\beta)$ 也是所求 μ 的 $1-\alpha$ 的置信区间,但是,因为标准正态分

布密度曲线是一单峰,以 y 轴为对称轴的曲线,故对称区间 $(\bar{\xi} \pm \frac{\sigma}{\sqrt{n}} z_{\alpha/2})$ 的长度最小,是最优的区间估计,用它做区间估计精确度最高.

由本问题可以看出,寻求未知参数 θ 的置信区间通常有如下 3 个步骤:

(1) 构造样本 $(\xi_1, \xi_2, \cdots, \xi_n)$ 的一个函数 $h(\xi_1, \xi_2, \cdots, \xi_n; \theta)$,使它满足两个条件:① 只含有未知参数 θ,而不含其他未知参数;② $h(\xi_1, \xi_2, \cdots, \xi_n; \theta)$ 的分布为已知,且其分布不含任何未知参数,也不含待估参数 θ,此时 $h(\xi_1, \xi_2, \cdots, \xi_n; \theta)$ 也称为枢轴变量.

(2) 对给定的 $1-\alpha$,当枢轴变量为 $Z, \chi^2(m), t(m), F(m_1, m_2)$ 时分别用:

$$P\{|Z| < z_{\alpha/2}\} = 1 - \alpha,$$
$$P\{\chi^2_{1-\frac{\alpha}{2}}(m) < \chi^2 < \chi^2_{\frac{\alpha}{2}}(m)\} = 1 - \alpha;$$
$$P\{|t| < t_{\alpha/2}(m)\} = 1 - \alpha,$$
$$P\{F_{1-\alpha/2}(m_1, m_2) < F < F_{\alpha/2}(m_1, m_2)\} = 1 - \alpha.$$

(3) 对步骤(2)选定的等式,利用不等式的同解变形,求得未知参数 θ 的置信区间.

例 2.3.1 某车间生产滚珠,从长期实践中知道,滚珠直径 ξ 可以认为服从正态分布.从某天的产品中随机抽取 6 个,测得直径为(单位:mm):14.6, 15.1, 14.9, 14.8, 15.2, 15.1.

(1) 试求该天产品的平均直径 $E[\xi]$ 的点估计;

(2) 若已知方差为 0.06,试求该天平均直径 $E[\xi]$ 的置信区间(取 $\alpha = 0.05, \alpha = 0.01$).

解 (1) $\widehat{E[\xi]} = \bar{x} = \frac{1}{6}(14.6 + 15.1 + 14.9 + 14.8 + 15.2 + 15.1) = 14.95.$

(2) 依题意 $\xi \sim N(\mu, 0.06)$,对正态分布来说,$\mu = E[\xi]$,于是根据前面的结果,所求 $E[\xi]$ 的 $1-\alpha$ 的置信区间为 $(\bar{\xi} \pm \frac{\sigma}{\sqrt{n}} z_{\alpha/2})$,其中 $\sigma^2 = 0.06$,$n = 6$,α 分以下两种情形讨论.

当 $\alpha = 0.05$ 时,查正态分布表得 $z_{\alpha/2} = z_{0.025} = 1.96$,于是所求 $E[\xi]$ 的置信度 $1-\alpha = 95\%$ 的置信区间(观测值)为

$$\left(\bar{\xi} \pm \frac{\sigma}{\sqrt{n}} z_{\alpha/2}\right) = \left(14.95 \pm \frac{\sqrt{0.06}}{\sqrt{6}} \times 1.96\right) = (14.75, 15.15).$$

当 $\alpha = 0.01$ 时,查正态分布表得 $z_{\alpha/2} = z_{0.005} = 2.58$,类似求得 $E[\xi]$ 的置信度 $1-\alpha = 99\%$ 的置信区间为 $(14.69, 15.21)$.

从本例可知,当置信度 $1-\alpha$ 较大时,置信区间较长;当置信度 $1-\alpha$ 较小时,置信区间较短.

参考程序如下:

```
x = c(14.6, 15.1, 14.9, 14.8, 15.2, 15.1); n = length(x)
alpha = 0.05
```

```
t.test(x)
xbar=mean(x)
xvar=0.06
r=round(c(xbar-qnorm(1-alpha/2)*sqrt(xvar/n),
xbar+qnorm(1-alpha/2)*sqrt(xvar/n)),2)
data.frame(lwr=r[1], upr=r[2], row.names='confindent interval')
```

注 1：t.test()为t检验程序，一般形式为 t.test(x, y=NULL, alternative=c('two.sided', 'less', 'greater'), mu=0, paired=FALSE, var.equal=FALSE, conf.level=0.95...).对于单个正态总体，可以检验关于均值 $mu=\mu_0$ 的假设，也可以求均值的点估计和区间估计；对于两个正态总体，可以检验关于均值差 $mu=\mu_0$ 的假设，也可以求均值差的点估计和区间估计选项 alternative，可以选择双边检验或区间估计、单边检验或区间估计. 选项 paired 可以选择配对或不配对；选项 var.equal 可以指明两个正态总体方差是否相等.

注 2：round(x,m)要求输出 x 的值时保留 m 位小数.

注 3：data.frame(…)(数据框)可看作一个由不同模式和属性的列构成的矩阵.

注 4：t.test()语句执行后屏幕会显示出"t="和"p-value="，其中 t 为统计量 t 的计算值，而 p-value 为 $P(|t|\geq t)$，即拒绝原假设所犯错误的概率，也就是犯第一类错误的概率. R 软件中所有假设检验的计算中，屏幕都会显示出"p-value="，它为该检验中犯第一类错误的概率.

2.3.1.2 σ^2 未知，求 μ 的置信区间

不能取 $\dfrac{\bar{\xi}-\mu}{\sigma/\sqrt{n}}$ 作为统计量，因为它含有待估参数 μ，且还有未知参数 σ，故设法消去 σ^2 或用 σ^2 的无偏估计量 S^{*2} 代替. 根据推论 1.4.5，知

$$\frac{\bar{\xi}-\mu}{S^*/\sqrt{n}}=t \sim t(n-1).$$

由 1.3 节的 t 分布的上分位数定义知

$$P\{|t|<t_{\alpha/2}(n)\}=1-\alpha \text{ 和 } P\{|t|<t_{\alpha/2}(n-1)\}=1-\alpha,$$

即

$$P\left\{\frac{|\bar{\xi}-\mu|}{S^*/\sqrt{n}}<t_{\alpha/2}(n-1)\right\}=1-\alpha.$$

亦即

$$P\left\{\bar{\xi}-\frac{S^*}{\sqrt{n}}t_{\alpha/2}(n-1)<\mu<\bar{\xi}+\frac{S^*}{\sqrt{n}}t_{\alpha/2}(n-1)\right\}=1-\alpha.$$

即得到方差 σ^2 未知时，正态总体均值 μ 的 $1-\alpha$ 置信区间为

$$\left(\bar{\xi}\pm\frac{S^*}{\sqrt{n}}t_{\alpha/2}(n-1)\right).$$

由 $(n-1)S^{*2}=nS^2$，上面的 μ 的 $1-\alpha$ 的置信区间也可写成

$$\left(\bar{\xi}\pm\frac{S}{\sqrt{n-1}}t_{\alpha/2}(n-1)\right).$$

例 2.3.2 某厂生产的一种塑料杯的质量 ξ 被认为服从正态分布，今随机抽取 9 个，测得其质量(单位为 g)为：21.1，21.3，21.4，21.5，21.3，21.7，21.4，21.3，21.6. 试用 95% 的置信度估计全部塑料杯的平均质量.

解 依题 $\xi\sim N(\mu,\sigma^2)$，σ^2 未知，$E[\xi]=\mu$ 容易算得 $\bar{x}=21.4$，$S=0.17$.

因置信度 $1-\alpha=95\%$，故 $\alpha=0.05$，查 t 分布表得 $t_{\alpha/2}(8)=t_{0.025}(8)=2.31$，故 μ 的 95% 的置信区间为

$$(\bar{x}\pm\frac{S}{\sqrt{n-1}}t_{\alpha/2}(n-1))=(21.4\pm\frac{0.17}{\sqrt{9-1}}\times 2.31)$$
$$=(21.26,21.54).$$

即以 95% 的可靠程度认为全部口杯的平均质量在 21.26～21.54g 之间.

参考程序如下：

x＜-c(21.1, 21.3, 21.4, 21.5, 21.3, 21.7, 21.4, 21.3, 21.6)
t.test(x, conf.level＝0.95)

注：R 软件在赋值语句中除用等号"＝"(右端赋值给左端)外，还有小于号接减号"＜—". 它将右端的值赋值给左端的变量，而减号接大于号"—＞"则是将左端的值赋值给右端的变量.

实际问题中，总是以 σ^2 未知的情形为多. 因此，σ^2 为未知时，μ 的区间估计较有实用价值.

2.3.2 正态总体方差的区间估计

在研究生产的稳定性与加工的精度问题时，需要考虑总体 ξ 的未知方差 σ^2 的区间估计.

设总体 $\xi\sim N(\mu,\sigma^2)$，我们只讨论 μ 为未知时，σ^2 的 $1-\alpha$ 置信区间，它比 μ 为已知的情形更有实用价值. 用 σ^2 的无偏估计量 S^{*2} 来构造 σ^2 的区间估计的样本函数. 由定理 1.4.4 知

$$\chi^2=\frac{(n-1)S^{*2}}{\sigma^2}\sim\chi^2(n-1).$$

对于给定的置信度 $1-\alpha$，要选 $k_1,k_2(0<k_1<k_2)$ 满足

$$P\{k_1<\chi^2<k_2\}=1-\alpha,$$

或者

$$P\{\chi^2\leqslant k_1\}+P\{\chi^2\geqslant k_2\}=\alpha.$$

满足上两式的 k_1,k_2 有很多，为了方便，通常选择 k_1,k_2 使得

$$P\{\chi^2 \leqslant k_1\} = P\{\chi^2 \geqslant k_2\} = \frac{\alpha}{2},$$

根据 $\chi^2(n-1)$ 分布的上分位数定义,得
$$k_1 = \chi^2_{1-\frac{\alpha}{2}}(n-1), \quad k_2 = \chi^2_{\frac{\alpha}{2}}(n-1).$$

于是有 $P(k_1 < \chi^2 < k_2) = P\left(\chi^2_{1-\frac{\alpha}{2}}(n-1) < \frac{(n-1)S^{*2}}{\sigma^2} < \chi^2_{\frac{\alpha}{2}}(n-1)\right) = 1-\alpha.$

即
$$P\left\{\frac{(n-1)S^{*2}}{\chi^2_{\frac{\alpha}{2}}(n-1)} < \sigma^2 < \frac{(n-1)S^{*2}}{\chi^2_{1-\frac{\alpha}{2}}(n-1)}\right\} = 1-\alpha.$$

所求 σ^2 的 $1-\alpha$ 置信区间为
$$\left(\frac{(n-1)S^{*2}}{\chi^2_{\frac{\alpha}{2}}(n-1)}, \frac{(n-1)S^{*2}}{\chi^2_{1-\frac{\alpha}{2}}(n-1)}\right) = \left(\frac{nS^2}{\chi^2_{\frac{\alpha}{2}}(n-1)}, \frac{nS^2}{\chi^2_{1-\frac{\alpha}{2}}(n-1)}\right).$$

例 2.3.3 设某种灯泡的使用寿命 ξ 服从正态分布 $N(\mu,\sigma^2)$,μ,σ^2 都未知,现从中任取 5 个灯泡进行寿命试验,测得使用寿命为(单位:1000 小时):10.5,11.0,11.2,12.5,12.8. 给定 $1-\alpha=0.90$,求 σ^2 的区间估计.

解 容易算得 $\bar{x}=11.6$,$(n-1)S^{*2} = \sum_{i=1}^{5}(x_i-\bar{x})^2 = 3.980.$

因为 $1-\alpha=0.90$,所以 $\alpha=0.10$,又 $n=5$,查 χ^2 分布表,得
$$\chi^2_{\frac{\alpha}{2}}(n-1) = \chi^2_{0.05}(4) = 9.488;$$
$$\chi^2_{1-\frac{\alpha}{2}}(n-1) = \chi^2_{1-0.05}(4) = 0.711.$$

于是所求为
$$\left(\frac{(n-1)S^{*2}}{\chi^2_{\frac{\alpha}{2}}(n-1)}, \frac{(n-1)S^{*2}}{\chi^2_{1-\frac{\alpha}{2}}(n-1)}\right) = \left(\frac{3.980}{9.488}, \frac{3.980}{0.711}\right) = (0.419, 5.598).$$

即置信度为 0.90 时,σ^2 的区间估计为 $(0.419, 5.598)$.

顺便指出,取置信度 $1-\alpha=0.90$ 时,标准差 σ 的置信区间为
$$(\sqrt{0.419}, \sqrt{5.598}) = (0.65, 2.37).$$

参考程序如下:

x = c(10.5, 11.0, 11.2, 12.5, 12.8)

n = length(x); st = var(x)*(n-1); alpha = 0.10

r = round(c(st/qchisq(1-alpha/2,n-1),st/qchisq(alpha/2,n-1)),4);

data.frame(lwr = r[1], upr = r[2],

row.names = '90 percent conf_interval of Var:')

rl = round(c(sqrt(st/qchisq(1-alpha/2,n-1)), sqrt(st/qchisq(alpha/2,n-1))),4);

data.frame(lwr = rl[1], upr = rl[2],

row.names = '90 percent conf_interval of st_dev:')

2.3.3 两个正态总体均值差的区间估计

在实际问题中,经常遇到这样的问题,已知产品的质量指标服从正态分布,但由于工艺改变、原料不同、设备不同或操作人员不同等因素,引起总体均值或方差有改变,我们需要知道这些改变有多大,这就需要考虑两个正态总体均值差或方差比的区间估计问题.

设总体 $\xi \sim N(\mu_1, \sigma_1^2)$,$(\xi_1, \xi_2, \cdots, \xi_{n_1})$ 为 ξ 的容量为 n_1 的样本;又设另一个总体 $\eta \sim N(\mu_2, \sigma_2^2)$,$(\eta_1, \eta_2, \cdots, \eta_{n_2})$ 为 η 的容量为 n_2 的样本,且设这两个样本独立,分以下 4 种情况:

(1) 当 $n = n_1 = n_2$ 时,令 $Z_i = \xi_i - \eta_i$, $i = 1, \cdots, n$,则
$$Z_i \sim N(\mu_1 - \mu_2, \sigma_1^2 + \sigma_2^2), \quad i = 1, \cdots, n.$$

这就转化为单个正态总体问题,当 $\sigma_1^2 + \sigma_2^2$ 未知时,求均值 $\mu_1 - \mu_2$ 的置信区间问题,显见 $\bar{Z}$ 是 $\mu_1 - \mu_2$ 的一个最优无偏估计,取变量
$$T_Z \sim \frac{\sqrt{n}(\bar{Z} - \mu_1 + \mu_2)}{S_Z} \sim t(n-1),$$

这里 $S_Z^2 = \frac{1}{n-1}(Z_i - \bar{Z})^2$,$T_Z$ 表达式与 $\mu_1 - \mu_2$ 有关,但分布与 $\mu_1 - \mu_2$ 无关,故 $\mu_1 - \mu_2$ 的 $1 - \alpha$ 置信区间为
$$\left(\bar{\xi} - \bar{\eta} \pm \frac{S_Z}{\sqrt{n}} t_{\alpha/2}(n-1) \right).$$

(2) 当 σ_1^2, σ_2^2 都为已知时,求 $\mu_1 - \mu_2$ 的置信区间. 由推论 1.4.3 知
$$\frac{(\bar{\xi} - \bar{\eta}) - (\mu_1 - \mu_2)}{\sqrt{\frac{\sigma_1^2}{n_1} + \frac{\sigma_2^2}{n_2}}} = Z \sim N(0,1).$$

由 $P(|Z| < z_{\alpha/2}) = 1 - \alpha$ 得
$$P\left\{ -z_{\alpha/2} < \frac{(\bar{\xi} - \bar{\eta}) - (\mu_1 - \mu_2)}{\sqrt{\frac{\sigma_1^2}{n_1} + \frac{\sigma_2^2}{n_2}}} < z_{\alpha/2} \right\} = 1 - \alpha.$$

即 $P\left\{ (\bar{\xi} - \bar{\eta}) - z_{\alpha/2}\sqrt{\frac{\sigma_1^2}{n_1} + \frac{\sigma_2^2}{n_2}} < (\mu_1 - \mu_2) < (\bar{\xi} - \bar{\eta}) + z_{\alpha/2}\sqrt{\frac{\sigma_1^2}{n_1} + \frac{\sigma_2^2}{n_2}} \right\} = 1 - \alpha$. 所以,当 σ_1^2, σ_2^2 已知时,$\mu_1 - \mu_2$ 的 $1 - \alpha$ 置信区间为
$$\left((\bar{\xi} - \bar{\eta}) \pm z_{\alpha/2} \sqrt{\frac{\sigma_1^2}{n_1} + \frac{\sigma_2^2}{n_2}} \right).$$

例 2.3.4 甲、乙两台机床加工同种零件,分别从甲、乙机床处取 9 个和 7 个零件,量其长度,得样本均值分别为 $\bar{x} = 19.8$ mm,$\bar{y} = 23.5$ mm;又知甲机床加工的零件长度 $\xi \sim N(\mu_1, 0.34)$,乙机床加工的零件长度 $\eta \sim N(\mu_2, 0.36)$. 求 $\mu_1 - \mu_2$ 的 99% 的置信区间.

解 由 $1-\alpha=0.99$ 得 $\alpha=0.01$ 查标准正态分布表得 $u_{1-\alpha/2}=u_{0.995}=2.58$,故

$$\left((\bar{x}-\bar{y})\pm z_{\alpha/2}\sqrt{\frac{\sigma_1^2}{n_1}+\frac{\sigma_2^2}{n_2}}\right)$$

$$=((19.8-23.5)\pm 2.58\sqrt{\frac{0.34}{9}+\frac{0.36}{7}})$$

$$=(-4.47,-2.93).$$

即 $\mu_1-\mu_2$ 的 99% 的置信区间为 $(-4.47,-2.93)$

参考程序如下:

xbar=19.8;xvar=0.34;ybar=23.5;yvar=0.36;n1=9;n2=7;alpha=0.01
r<-round(c((xbar-ybar)-qnorm(1-alpha/2)*sqrt(xvar/n1+yvar/n2),
(xbar-ybar)+qnorm(1-alpha/2)*sqrt(xvar/n1+yvar/n2)),2);
date.rame(lwr=r[1],upr=r[2],row.names="99percent confidenceinterval:")

(3) $\sigma_1^2=\sigma_2^2=\sigma^2$,$\sigma^2$ 为未知,求 $\mu_1-\mu_2$ 的置信区间

由推论 1.4.6 知

$$\frac{(\bar{\xi}-\bar{\eta})-(\mu_1-\mu_2)}{S_w\sqrt{\frac{1}{n_1}+\frac{1}{n_2}}}=t\sim t(n_1+n_2+2),$$

其中

$$S_w=\sqrt{\frac{(n_1-1)S_1^{*2}+(n_2-1)S_2^{*2}}{n_1+n_2-2}}=\sqrt{\frac{n_1S_1^2+n_2S_2^2}{n_1+n_2-2}},$$

由 t 分布的上分位数得

$$P\left\{-t_{\alpha/2}(n_1+n_2-2)<\frac{(\bar{\xi}-\bar{\eta})-(\mu_1-\mu_2)}{S_w\sqrt{\frac{1}{n_1}+\frac{1}{n_2}}}<t_{\alpha/2}(n_1+n_2-2)\right\}$$

$$=1-\alpha,$$

稍作变形,即可得到 $\mu_1-\mu_2$ 的置信度为 $1-\alpha$ 的区间估计

$$\left((\bar{\xi}-\bar{\eta})\pm t_{\alpha/2}(n_1+n_2-2)S_w\sqrt{\frac{1}{n_1}+\frac{1}{n_2}}\right).$$

例 2.3.5 为研究国产四类新药阿卡波糖胶囊效果,某医院用 40 名 II 型糖尿病病人进行同期随机对照试验.试验者将这些病人随机等分到试验组(阿卡波糖胶囊组)和对照组(拜唐苹胶囊组),分别测得试验开始前和 8 周后空腹血糖,得到空腹血糖下降值如表 2-1 所示.能否认为国产四类新药阿卡波糖胶囊与拜唐苹胶囊对空腹血糖的降糖效果不同?

解 在置信度 95% 下,分别考虑两种新药对空腹血糖下降值的均值差异大小,以及均值差为置信度 95% 的置信区间.

表 2-1 试验组与对照组空腹血糖下降值

试验组($n_1=20$)									
−0.7	−5.60	2.00	2.80	0.70	3.50	4.00	5.80	7.10	−0.50
2.50	−1.60	1.70	3.00	0.40	4.50	4.60	2.50	6.00	−1.40
对照组($n_2=20$)									
3.70	6.50	5.00	5.20	0.80	0.20	0.60	3.40	6.60	−1.10
6.00	3.80	2.00	1.60	2.00	2.20	1.20	3.10	1.70	−2.00

新药阿卡波糖胶囊对应的下降值 $\xi \sim N(\mu_1, \sigma^2)$，新药拜唐苹胶囊对应下降值 $\eta \sim N(\mu_2, \sigma^2)$，经计算得 $\bar{x}=1.835$，$s_1^{*2}=9.365$，$\bar{y}=2.625$，$s_2^{*2}=5.859$，$s_w=3.902$. 查表得 $t_{0.025}(19)=2.093$，$t_{0.025}(38)=2.024$. 则 μ_1 的 95% 的置信区间为

$$\left(\bar{x}-\frac{s_1^{*2}}{\sqrt{n}}t_{0.025}(19), \bar{x}+\frac{s_1^{*2}}{\sqrt{n}}t_{0.025}(19)\right)=(0.403, 3.267).$$

μ_2 的 95% 的置信区间为

$$\left(\bar{y}-\frac{s_2^{*2}}{\sqrt{n}}t_{0.025}(19), \bar{y}+\frac{s_2^{*2}}{\sqrt{n}}t_{0.025}(19)\right)=(1.492, 3.758).$$

$\mu_1-\mu_2$ 的 95% 的置信区间为

$$\left(\bar{x}-\bar{y}-s_w t_{0.025}(38)\sqrt{\frac{1}{20}+\frac{1}{20}}, \bar{x}-\bar{y}+s_w t_{0.025}(38)\sqrt{\frac{1}{20}+\frac{1}{20}}\right)$$
$$=(-2.039, 0.459).$$

参考程序如下：

x1=c(-0.7,-5.6,2,2.8,0.7,3.5,4,5.8,7.1,-0.5,2.5,-1.6,1.7,3,0.4,4.5,4.6,2.5,6,-1.4);

x2=c(3.7,6.5,5,5.2,0.8,0.2,0.6,3.4,6.6,-1.1,6,3.8,2,1.6,2,2.2,1.2,3.1,1.7,-2).

t.test(x1)

t.test(x2)

t.test(x1,x2,conf.level=0.95,var.eqal=TRUE,paired=FALSE) $conf.int

♯此处用$conf.int 选择了只显示置信区间有关信息.

两总体均值差的置信区间的含义是：若 $\mu_1-\mu_2$ 的置信下限大于 0，则可认为 $\mu_1-\mu_2>0$，即 $\mu_1>\mu_2$；若 $\mu_1-\mu_2$ 的置信上限小于 0，则可认为 $\mu_1-\mu_2<0$，即 $\mu_1<\mu_2$. 例如，例 2.3.4 的结果表示 $\mu_1<\mu_2$，即乙机床加工的零件平均长度大于甲机床加工的，例 2.3.5 的计算结果则不能断定哪个总体均值大，即不能肯定哪种新药治疗效果好，可认为相等.

(4) $\sigma_1^2 \neq \sigma_2^2$ 且都未知，求 $\mu_1-\mu_2$ 的置信区间

分两种情况来讨论：

（Ⅰ）如果 n_1, n_2 都很大(实用上约 $\min\{n_1, n_2\}>50$)，则由定理 2.2.6 知

$$\frac{(\bar{\xi}-\bar{\eta})-(\mu_1-\mu_2)}{\sqrt{\dfrac{S_1^2}{n_1}+\dfrac{S_2^2}{n_2}}} \to N(0,1),$$

这样,就类似于 σ_1^2,σ_2^2 都为已知的情形,于是

$$(\bar{\xi}-\bar{\eta})\pm z_{\alpha/2}\sqrt{\frac{S_1^2}{n_1}+\frac{S_2^2}{n_2}},$$

可作为 $\mu_1-\mu_2$ 的近似 $1-\alpha$ 的置信区间.

（Ⅱ）如果 n_1,n_2 并不大, $\mu_1-\mu_2$ 的近似 $1-\alpha$ 置信区间为

$$(\bar{\xi}-\bar{\eta})\pm t_{\alpha/2}(n')\sqrt{\frac{S_1^{*2}}{n_1}+\frac{S_2^{*2}}{n_2}},$$

其中 t 分布的自由度 n' 为

$$n'=\frac{\left(\dfrac{S_1^{*2}}{n_1}+\dfrac{S_2^{*2}}{n_2}\right)^2}{\dfrac{(S_1^{*2}/n_1)^2}{n_1-1}+\dfrac{(S_2^{*2}/n_2)^2}{n_2-1}}.$$

依此公式算得的 n' 往往不是整数,可用四舍五入后取整数作为 n'. 这方法是维尔契 (Welch) 在 1938 年提出的.

1960 年,巴纳吉(Banerji)提出 $\mu_1-\mu_2$ 的一个近似 $1-\alpha$ 区间估计为

$$(\bar{\xi}-\bar{\eta})\pm\sqrt{t_{\alpha/2}(n_1-1)\frac{S_1^{*2}}{n_1}+t_{\alpha/2}(n_2-1)\frac{S_2^{*2}}{n_2}}.$$

这个近似解法的特点是对有限的 n_1,n_2,区间包含未知均值差 $\mu_1-\mu_2$ 的概率总不小于 $1-\alpha$.

这两个近似方法见参考文献[2]第 386 页.

2.3.4 两个正态总体方差比的区间估计

设总体 $\xi\sim N(\mu_1,\sigma_1^2)$, $(\xi_1,\xi_2,\cdots,\xi_{n_1})$ 为 ξ 的容量为 n_1 的样本；又设另一总体 $\eta\sim N(\mu_2,\sigma_2^2)$, $(\eta_1,\eta_2,\cdots,\eta_{n_2})$ 为 η 的容量为 n_2 的样本；且设这两个样本相互独立, S_1^{*2},S_2^{*2} 分别为这两个样本的修正样本方差,在参数 $\mu_1,\mu_2,\sigma_1^2,\sigma_2^2$ 都为未知时,求方差比 σ_1^2/σ_2^2 的 $1-\alpha$ 置信区间.

根据推论 1.4.7,有

$$\frac{S_1^{*2}/S_2^{*2}}{\sigma_1^2/\sigma_2^2}=F\sim F(n_1-1,n_2-1).$$

对于给定的 $1-\alpha$,选 $k_1,k_2(0<k_1<k_2)$ 使得

$$P\{k_1<F<k_2\}=1-\alpha,$$

它的等价式子为

$$P\{F \leqslant k_1\} + P\{F \geqslant k_2\} = \alpha,$$

满足上两式的 k_1, k_2 有很多,为了方便,通常选择 k_1, k_2 使得

$$P\{F \leqslant k_1\} = P\{F \geqslant k_2\} = \alpha/2,$$

由上分位数定义,得

$$k_1 = F_{1-\alpha/2}(n_1-1, n_2-1), \quad k_2 = F_{\alpha/2}(n_1-1, n_2-1),$$

于是,有

$$P\{k_1 < F < k_2\} = P\left\{F_{1-\alpha/2}(n_1-1, n_2-1) < \frac{S_1^{*2}/S_2^{*2}}{\sigma_1^2/\sigma_2^2} < F_{\alpha/2}(n_1-1, n_2-1)\right\}$$
$$= 1 - \alpha,$$

即

$$P\left\{\frac{S_1^{*2}/S_2^{*2}}{F_{\alpha/2}(n_1-1, n_2-1)} < \frac{\sigma_1^2}{\sigma_2^2} < \frac{S_1^{*2}/S_2^{*2}}{F_{1-\alpha/2}(n_1-1, n_2-1)}\right\} = 1 - \alpha.$$

所以,两总体方差比 σ_1^2/σ_2^2 的 $1-\alpha$ 置信区间为

$$\left(\frac{S_1^{*2}/S_2^{*2}}{F_{\alpha/2}(n_1-1, n_2-1)}, \frac{S_1^{*2}/S_2^{*2}}{F_{1-\alpha/2}(n_1-1, n_2-1)}\right),$$

这个置信区间根据 F 分布的分位数性质,可改写为便于查表的形式:

$$\left(\frac{S_1^{*2}/S_2^{*2}}{F_{\alpha/2}(n_1-1, n_2-1)}, \frac{S_1^{*2}}{S_2^{*2}}F_{\alpha/2}(n_2-1, n_1-1)\right).$$

方差比的置信区间的含义是:若 σ_1^2/σ_2^2 的置信上限小于 1,则说明总体 $N(\mu_1, \sigma_1^2)$ 的波动性较小;若 σ_1^2/σ_2^2 的置信下限大于 1,则说明总体 $N(\mu_1, \sigma_1^2)$ 的波动性较大;若置信区间包含数 1,则难以从这次试验中判定两个总体波动性的大小,可认为 $\sigma_1^2 = \sigma_2^2$. 若两个总体的均值可认为相等,则通常以波动性较小的为好.

例 2.3.6 两位化验员 A、B 独立地对某种聚合物的含氯量用相同的方法各做了 10 次测定,其测定值的方差 $s_A^2 = 0.5419$, $s_B^2 = 0.6065$. 设 σ_A^2, σ_B^2 分别是 A、B 两化验员测量数据总体的方差,且总体服从正态分布,求方差比 σ_A^2/σ_B^2 置信度为 95% 的置信区间.

解 $1 - \alpha = 95\%$, $\alpha/2 = 0.025$, $n_A - 1 = n_B - 1 = 9$, 查表得 $F_{0.025}(9, 9) = 4.03$. 又

$$s_A^{*2} = \frac{n_A}{n_A - 1}s_A^2 = \frac{10}{9} \times 0.5419; \quad s_B^{*2} = \frac{n_B}{n_B - 1}s_B^2 = \frac{10}{9} \times 0.6065.$$

于是所求为

$$\left(\frac{s_A^{*2}/s_B^{*2}}{F_{\alpha/2}(n_A-1, n_B-1)}, \frac{s_A^{*2}}{s_B^{*2}}F_{\alpha/2}(n_B-1, n_A-1)\right)$$
$$= \left(\frac{0.5419}{0.6065} \times \frac{1}{4.03}, \frac{0.5419}{0.6065} \times 4.03\right)$$
$$= (0.222, 3.597).$$

即 σ_A^2/σ_B^2 的置信度为 95% 的区间估计为 $(0.222, 3.597)$.

参考程序如下:

Avar＝0.5419; Bvar＝0.6065; nA＝10;nB＝10
AAvar＝Avar * nA/(nA-1); BBvar＝Bvar * nB/(nB-1);alpha＝0.05
r＝round(c((AAvar/BBvar) * (1/qf(1-alpha/2, nA-1,nB-1)),
(AAvar/BBvar) * (1/qf(alpha/2,nA-1,nB-1))),3);
data.frame(lwr＝r[1], upr＝r[2] , row.names＝'95 percent conf_interval:')

为了便于使用，我们把正态总体的均值与方差的区间估计的公式列成表 2-2.

表 2-2 正态总体参数的区间估计

待估参数		枢轴变量	分布	置信区间
1个总体	μ	$Z=\dfrac{\bar{\xi}-\mu}{\sigma_0}\sqrt{n}$ ($\sigma^2=\sigma_0^2$ 已知)	$N(0,1)$	$\left(\bar{\xi}\pm\dfrac{\sigma}{\sqrt{n}}z_{\alpha/2}\right)$
		$t=\dfrac{\bar{\xi}-\mu}{S^*}\sqrt{n}$ (σ^2 已知)	$t(n-1)$	$\left(\bar{\xi}\pm\dfrac{S^*}{\sqrt{n}}t_{\alpha/2}(n-1)\right)$
	σ^2	$\chi^2=\dfrac{\sum_{i=1}^{n}(\xi_i-\mu_0)^2}{\sigma^2}$ ($\mu=\mu_0$ 已知)	$\chi^2(n)$	$\left(\dfrac{\sum_{i=1}^{n}(\xi_i-\mu_0)^2}{\chi^2_{\alpha/2}(n)},\dfrac{\sum_{i=1}^{n}(\xi_i-\mu_0)^2}{\chi^2_{1-\alpha/2}(n)}\right)$
		$\chi^2=\dfrac{(n-1)S^{*2}}{\sigma^2}$ (μ 已知)	$\chi^2(n-1)$	$\left(\dfrac{(n-1)S^{*2}}{\chi^2_{\alpha/2}(n-1)},\dfrac{(n-1)S^{*2}}{\chi^2_{1-\alpha/2}(n-1)}\right)$
2个总体	$\mu_1-\mu_2$	$U=\dfrac{(\bar{\xi}-\bar{\eta})-(\mu_1-\mu_2)}{\sqrt{\dfrac{\sigma_1^2}{n_1}+\dfrac{\sigma_2^2}{n_2}}}$ (σ_1^2,σ_2^2 已知)	$N(0,1)$	$(\bar{\xi}-\bar{\eta})\pm z_{\alpha/2}\sqrt{\dfrac{\sigma_1^2}{n_1}+\dfrac{\sigma_2^2}{n_2}}$
		$t=\dfrac{(\bar{\xi}-\bar{\eta})-(\mu_1-\mu_2)}{S_w\sqrt{\dfrac{1}{n_1}+\dfrac{1}{n_2}}}$ ($\sigma_1^2=\sigma_2^2=\sigma^2$ 未知)其中 $S_w=\sqrt{\dfrac{(n_1-1)S_1^{*2}+(n_2-1)S_2^{*2}}{n_1+n_2-2}}$	$t(n_1+n_2-2)$	$(\bar{\xi}-\bar{\eta})\pm t_{\alpha/2}(n_1+n_2-2)S_w\sqrt{\dfrac{1}{n_1}+\dfrac{1}{n_2}}$
	$\dfrac{\sigma_1^2}{\sigma_2^2}$	$F=\dfrac{\sum_{i=1}^{n_1}(\xi_i-\mu_1)^2/n_1\sigma_1^2}{\sum_{i=1}^{n_2}(\eta_i-\mu_2)^2/n_2\sigma_2^2}$ (μ_1,μ_2 已知)	$F(n_1,n_2)$	$\left(\dfrac{1}{F_{\alpha/2}(n_1,n_2)}\cdot\dfrac{n_2\sum_{i=1}^{n_1}(\xi_i-\mu_1)^2}{n_1\sum_{i=1}^{n_2}(\eta_i-\mu_2)^2},\dfrac{1}{F_{1-\alpha/2}(n_1,n_2)}\cdot\dfrac{n_2\sum_{i=1}^{n_1}(\xi_i-\mu_1)^2}{n_1\sum_{i=1}^{n_2}(\eta_i-\mu_2)^2}\right)$
		$F=\dfrac{S_1^{*2}/\sigma_1^2}{S_2^{*2}/\sigma_2^2}$ (μ_1,μ_2 未知)	$F(n_1-1,n_2-1)$	$\left(\dfrac{1}{F_{\alpha/2}(n_1-1,n_2-1)}\cdot\dfrac{S_1^{*2}}{S_2^{*2}},\dfrac{1}{F_{1-\alpha/2}(n_1-1,n_2-1)}\cdot\dfrac{S_1^{*2}}{S_2^{*2}}\right)$

2.3.5　0－1 分布的参数的区间估计

前面讨论的区间估计都是在总体服从正态分布的情况下得到的,对于非正态总体,常用大样本作近似估计.现在主要介绍应用上很重要的 0－1 分布的参数 p 的区间估计.

设 $(\xi_1,\xi_2,\cdots,\xi_n)$ 为来自 0－1 分布总体 $B(1,p)$ 的一个样本,求参数 p 的 $1-\alpha$ 置信区间.

在定理 1.4.5 中已经得到,对于任何总体 ξ,只要方差 $D[\xi]$ 存在且非零,都有

$$\frac{\bar{\xi}-E[\xi]}{\sqrt{D[\xi]/n}}\Rightarrow N(0,1)\ (n\to\infty).$$

对于 0－1 分布,有 $E[\xi]=p$,$D[\xi]=p(1-p)$ $(0<p<1)$,于是有

$$\frac{\bar{\xi}-p}{\sqrt{p(1-p)/n}}\Rightarrow N(0,1)\ (n\to\infty).$$

根据标准正态分布的上分位数,对充分大的 n 近似地有

$$P\left(\left|\frac{\bar{\xi}-p}{\sqrt{p(1-p)/n}}\right|<z_{\alpha/2}\right)=1-\alpha.$$

将上式括号内的不等式两边平方、去分母,整理得到

$$P((n+z_{\alpha/2}^2)p^2-(2n\bar{\xi}+z_{\alpha/2}^2)p+n\bar{\xi}^2<0)=1-\alpha.$$

记 $a=n+z_{\alpha/2}^2$,$b=-(2n\bar{\xi}+z_{\alpha/2}^2)$,$c=n\bar{\xi}^2$,则上式改为

$$P\{ap^2+bp+c<0\}=1-\alpha.$$

对上式括号中的一元二次不等式作同解变形,注意 $a>0$,得

$$P\left\{\frac{1}{2a}(-b-\sqrt{b^2-4ac})<p<\frac{1}{2a}(-b+\sqrt{b^2-4ac})\right\}=1-\alpha.$$

这就是说,0－1 分布的参数 p 的近似的 $1-\alpha$ 置信区间为

$$\frac{1}{2a}(-b\pm\sqrt{b^2-4ac}).$$

例 2.3.7　从某厂生产的一批产品中抽查了 100 件,发现其中有一级品 60 件,求这批产品的一级品率的 95% 置信区间.

解　设这批产品的一级品率为 p,令

$$\xi_i=\begin{cases}1,&\text{第 }i\text{ 件产品为一级品},\\0,&\text{第 }i\text{ 件产品为非一级品}.\end{cases}$$

那么,$(\xi_1,\xi_2,\cdots,\xi_{100})$ 为取自 0－1 分布总体 $B(1,p)$ 的一个容量为 100 的样本,即有

$$n=100,\quad \bar{x}=\frac{60}{100}=0.6.$$

又

$$1-\alpha=0.95,\frac{\alpha}{2}=0.025,z_{\alpha/2}=1.96.$$

$$a = n + z_{\alpha/2}^2 = 103.84, \quad b = -(2n\bar{\xi} + z_{\alpha/2}^2) = -123.84, \quad c = n\bar{\xi}^2 = 36.$$

得

$$\frac{1}{2a}(-b \pm \sqrt{b^2 - 4ac}) = \frac{1}{2 \times 103.84}(123.84 \pm \sqrt{123.84^2 - 4 \times 103.84 \times 36})$$
$$= (0.5, 0.69)$$

故 p 的 95% 置信区间近似为 $(0.50, 0.69)$. 即是说, 在这批产品中一级品率在 $0.50 \sim 0.69$ 之间, 其估计的可靠程度为 95% 的概率.

参考程序如下:

```
n=100; alpha=0.05; xbar=60/n
A=n+qnorm(alpha/2)^2; B=-(2*n*xbar+ qnorm(alpha/2)^2); C=n*xbar^2
r<-round(c((-B-sqrt(B^2-4*A*C))/(2*A), (-B+ sart(B*2-4*A*C))/(2*A)),4);
data.frame(lwr=r[1], upr=r[2], row.names="95 percent confidence interval:"
```

对 0−1 分布参数 p, 以下介绍一种更便于区间估计计算的近似方法.

根据定理 2.2.5, 有

$$\frac{\bar{\xi} - E[\xi]}{\sqrt{S^2/n}} \Rightarrow N(0,1) \quad (n \to \infty).$$

对于 0−1 分布总体 $B(1,p)$ 有 $E[\xi] = p$, $S^2 = \bar{\xi}(1-\bar{\xi})$. 于是, 对充分大的 n, 近似地有

$$P\left(\left|\frac{\bar{\xi} - p}{\sqrt{\bar{\xi}(1-\bar{\xi})/n}}\right| < z_{\alpha/2}\right) = 1 - \alpha.$$

由此, p 的 $1-\alpha$ 置信区间近似为

$$(\bar{\xi} \pm z_{\alpha/2}\sqrt{\bar{\xi}(1-\bar{\xi})/n}).$$

用这个公式求得例 2.3.7 的参数 p 的 95% 置信区间近似为 $(0.504, 0.696)$. 可见, 两种方法计算结果差异不大, 而后者计算简单得多, 但一般要求样本容量 n 较大, 通常满足 $n\hat{p} = n\bar{\xi} > 5$.

对于一般非正态总体的参数 θ 的区间近似估计, 通常做法是先求得 θ 的极大似然估计量 $\hat{\theta}_n = \hat{\theta}_n(\xi_1, \xi_2, \cdots, \xi_n)$. 根据 2.2.3 节的相合性的结论, 有

$$\sqrt{n}(\hat{\theta}_n - \theta) \Rightarrow N\left(0, \frac{1}{I(\theta)}\right) \quad (n \to \infty).$$

即 n 充分大时, $\sqrt{nI(\theta)}(\hat{\theta}_n - \theta)$ 近似服从 $N(0,1)$, 于是当 $I(\theta)$ 是 θ 的连续函数时, 近似有

$$P\left(\left|\sqrt{nI(\hat{\theta}_n)}(\hat{\theta}_n - \theta)\right| < z_{\alpha/2}\right) = 1 - \alpha.$$

由此得 θ 的 $1-\alpha$ 置信区间近似为

$$\left(\hat{\theta}_n \pm z_{\alpha/2}\sqrt{\frac{1}{nI(\hat{\theta}_n)}}\right).$$

0—1 分布中参数 p 的估计,用第二种方法得到 $1-\alpha$ 的置信区间,其实是本公式的特例.

2.3.6 单侧置信限

上面讨论的置信限都是双侧的,但对许多实际问题,需要求单侧置信限.例如,对于设备、元件的使用寿命来说,平均寿命过长没有什么问题,平均寿命过短就有问题,对于这种情况,可将置信上限取为 $+\infty$,而只着眼于置信下限;又如对于产品的次品率,其平均值过小没有问题,平均值过大就有问题.对于这种情况,可将置信下限取作 0,而只着眼于置信上限.一般地,对于总体的未知参数 θ 给出如下定义:

定义 2.3.2 设总体 ξ 的分布函数为 $F(\cdot;\theta)$,θ 为未知参数,$\theta \in \Theta$,$(\xi_1,\xi_2,\cdots,\xi_n)$ 为 ξ 的一个样本,若对事先给定的 $\alpha(0<\alpha<1)$,有

$$P\{T_1(\xi_1,\xi_2,\cdots,\xi_n) < \theta < k_2\} = 1-\alpha \quad (\forall \theta \in \Theta),$$

其中 $T_1(\xi_1,\xi_2,\cdots,\xi_n)$ 为统计量,k_2 为常数或 $+\infty$,则称 $(T_1(\xi_1,\xi_2,\cdots,\xi_n),k_2)$ 为 θ 的 $1-\alpha$ 单侧置信区间,称 $T_1(\xi_1,\xi_2,\cdots,\xi_n)$ 为 θ 的 $1-\alpha$ 单侧置信下限,简称为单侧置信下限.

类似地,如果有

$$P\{k_1 < \theta < T_2(\xi_1,\xi_2,\cdots,\xi_n)\} = 1-\alpha \quad (\forall \theta \in \Theta),$$

其中 $T_2(\xi_1,\xi_2,\cdots,\xi_n)$ 为统计量,k_1 为常数或 $-\infty$,则称 $(k_1,T_2(\xi_1,\xi_2,\cdots,\xi_n))$ 为 θ 的 $1-\alpha$ 单侧置信区间,称 $T_2(\xi_1,\xi_2,\cdots,\xi_n)$ 为 θ 的 $1-\alpha$ 单侧置信上限,简称为单侧置信上限.

例 2.3.8 从某批灯泡中随机地取 5 只做寿命试验,其寿命分别为(单位:小时)

$$1050, 1100, 1120, 1250, 1280.$$

设灯泡寿命 ξ 服从正态分布 $N(\mu,\sigma^2)$,试求其寿命均值 μ 的 95% 的置信下限.

解 由于总体分布 $N(\mu,\sigma^2)$ 的方差 σ^2 为未知,且为小样本,故使用 t 分布

$$t = \frac{\bar{\xi} - \mu}{S^*/\sqrt{n}} \sim t(n-1).$$

又由于只着眼于置信下限,可以认为上限是 $+\infty$,因此,要求

$$P\left\{\frac{\bar{\xi} - \mu}{S^*/\sqrt{n}} < k\right\} = 1-\alpha.$$

根据上分位数的定义知 $k = t_\alpha(n-1)$,即

$$P\left(\frac{\bar{\xi} - \mu}{S^*/\sqrt{n}} < t_\alpha(n-1)\right) = 1-\alpha.$$

亦即

$$P\left(\bar{\xi} - \frac{S^*}{\sqrt{n}}t_\alpha(n-1) < \mu\right) = 1-\alpha.$$

于是 μ 的 $1-\alpha$ 单侧置信区间为

$$\left(\bar{\xi}-\frac{S^*}{\sqrt{n}}t_\alpha(n-1),+\infty\right).$$

对于本例所给具体数据,算得 $\bar{X}=1160$,$S^{*2}=9950$. 又 $\alpha=0.05$,查 t 分布表得 $t_{0.05}=2.1318$,故寿命均值 μ 的 95% 单侧置信区间(观测值)为

$$\left(1160-\frac{\sqrt{9950}}{\sqrt{5}}\times 2.1318,+\infty\right)=(1065,+\infty).$$

1065 就是所求的置信下限,即是说,有 95% 的灯泡,其寿命不低于 1065 小时. 类似地,易求得 $0-1$ 分布的参数 p 的近似 $1-\alpha$ 单侧置信上限为

$$\bar{\xi}+z_\alpha\sqrt{\frac{\bar{\xi}(1-\bar{\xi})}{n}}.$$

参考程序如下:

x<-c(1050,1100 ,1120 ,1250,1280)

n=length(x); alpha=0.05

t.test(x, alternative='greater')

t.test(x, alternative= 'less')

例 2.3.9 设总体 ξ 服从指数分布,其分布密度为

$$p(x;\lambda)=\begin{cases}\lambda e^{-\lambda x}, & \text{当 } x\geq 0,\\ 0, & \text{其他.}\end{cases}$$

其中参数 $\lambda>0$. 从总体中抽取容量为 n 的样本 $(\xi_1,\xi_2,\cdots,\xi_n)$.

(1) 试证:$2n\lambda\bar{\xi}$ 服从 $\chi^2(2n)$;

(2) 求参数 λ 的 $1-\alpha$ 单侧置信上限.

解 (1) 由 $\chi^2(n)$ 分布函数性质可知 $\chi^2(2n)$ 的特征函数为

$$\varphi_{\chi^2(2n)}(t)=(1-2it)^{-n}.$$

而 ξ 的特征函数为

$$\varphi_\xi(t)=\int_{-\infty}^{+\infty}e^{itx}p(x)dx=\int_0^\infty e^{itx}\lambda e^{-\lambda x}dx=\left(1-i\frac{t}{\lambda}\right)^{-1}.$$

由特征函数性质,得样本均值 $\bar{\xi}$ 的特征函数为

$$\varphi_{\bar{\xi}}(t)=\prod_{k=1}^n\varphi_{\xi_k}\left(\frac{t}{n}\right)=\left(1-i\frac{t}{n\lambda}\right)^{-n}.$$

又

$$\varphi_{2n\lambda\bar{\xi}}(t)=\varphi_{\bar{\xi}}(2n\lambda t)=(1-2it)^{-n},$$

即得

$$\varphi_{\chi^2(2n)}(t)=(1-2it)^{-n}=\varphi_{2n\lambda\bar{\xi}}(t).$$

根据特征函数与分布函数相互唯一确定的性质,得

$$2n\lambda\bar{\xi} \sim \chi^2(2n).$$

(2) 为了求参数 λ 的置信上限,假设 $P\{2n\lambda\bar{\xi} < k\} = 1-\alpha$. 由上分位数定义知 $k = \chi_\alpha^2(2n)$, 即 $P(2n\lambda\bar{\xi} < \chi_\alpha^2(2n)) = 1-\alpha$, 亦即

$$P(0 < \lambda < \frac{\chi_\alpha^2(2n)}{2n\bar{\xi}}) = 1-\alpha.$$

所以,$(0, \frac{\chi_\alpha^2(2n)}{2n\bar{\xi}})$ 为参数 λ 的 $1-\alpha$ 单侧置信区间,而 $\frac{\chi_\alpha^2(2n)}{2n\bar{\xi}}$ 为 λ 的 $1-\alpha$ 单侧置信上限.

对一个非正态总体,要构造一个只含待估参数 θ 且精确服从某已知分布的枢轴变量 $h(\xi_1, \xi_2, \cdots, \xi_n; \theta)$ 一般很困难(本例困难之处在于寻找关系 $2n\lambda\bar{\xi} \sim \chi^2(2n)$, 也可直接验证 $2\lambda\xi \sim \chi^2(2)$, 再用可加性), 若克服不了这个困难, 就只能采用大样本作近似的统计推断, 这就是为什么非正态总体常用大样本作近似估计的原因.

练习题

1. 设总体 ξ 的分布密度为

$$p(x;\alpha) = \begin{cases} (\alpha+1)x^\alpha, & \text{当 } 0 < x < 1, \\ 0, & \text{其他.} \end{cases} \quad (\alpha > -1),$$

$(\xi_1, \xi_2, \cdots, \xi_n)$ 为其样本,分别求参数 α 的矩估计量与极大似然估计量,现有样本值为 0.1, 0.2, 0.9, 0.8, 0.7, 0.7, 求参数 α 的具体估计值.

2. 设总体 ξ 服从区间 $[0, \theta]$ 上的均匀分布,即分布密度:

$$p(x;\theta) = \begin{cases} \dfrac{1}{\theta}, & \text{当 } 0 \leqslant x \leqslant \theta, \\ 0, & \text{其他.} \end{cases}$$

(1) $(\xi_1, \xi_2, \cdots, \xi_n)$ 为样本,求参数 θ 的矩估计量和极大似然估计量;

(2) 现得到样本值为 1.3, 0.6, 1.7, 2.2, 0.3, 1.1, 试分别用矩法与极大似然法求总体均值、总体方差的估计值.

3. 设 $(\xi_1, \xi_2, \cdots, \xi_n)$ 是容量为 n 的样本,试分别求总体未知参数的矩估计量与极大似然估计量. 已知总体 ξ 分布密度:

(1) $p(x;\lambda) = \begin{cases} \lambda e^{-\lambda x}, & \text{当 } x > 0, \\ 0, & \text{其他,} \end{cases} \quad (\lambda > 0);$

(2) $p(x;\alpha) = \begin{cases} \dfrac{4x^2}{\alpha^3\sqrt{\pi}} e^{-x^2/\alpha^2}, & \text{当 } x > 0, \\ 0, & \text{其他,} \end{cases} \quad (\alpha > 0);$

(3) $p(x;\beta) = \dfrac{1}{\beta} e^{-(x-\alpha)/\beta}, \quad x \geqslant \alpha, \beta > 0, \alpha$ 已知;

(4) $p(x;\alpha,\beta)=\dfrac{1}{\beta}\mathrm{e}^{-(x-\alpha)/\beta}$, $x\geqslant\alpha$, $\beta>0$, α,β 都未知;

(5) $p(x;\theta)=\begin{cases}1, & \text{当 } \theta-\dfrac{1}{2}\leqslant x\leqslant\theta+\dfrac{1}{2},\\ 0, & \text{其他}.\end{cases}$

4. 设总体 $\xi\sim B(N,p)$, $0<p<1$, N 为已知, $(\xi_1,\xi_2,\cdots,\xi_n)$ 为 ξ 的样本, 求参数 p 的极大似然估计量.

5. 为检验某种自来水消毒设备的效果, 现从消毒后的水中随机抽取 50L 化验, 每升水中大肠杆菌的个数服从泊松分布, 化验结果如下:

大肠杆菌数/L	0	1	2	3	4	5	6
水量/L	17	20	10	2	1	0	0

试问平均每升水中大肠杆菌个数为多少时才能使上述情况的概率为最大?

6. 已知某种灯泡寿命服从正态分布, 在某星期所生产的该种灯泡中随机抽取 10 只, 测得其寿命(单位:小时)为 1067, 919, 1196, 785, 1126, 936, 918, 1156, 920, 948.

设总体参数都为未知, 试用极大似然估计法估计这星期中生产的灯泡能使用 1300 小时以上的概率.

7. 设 $\xi\sim N(\mu,\sigma^2)$, 试用容量为 n 的样本, 分别就以下两种情况求出使 $P\{\xi>A\}=0.05$ 的点 A 的极大似然估计量.

(1) 若 $\sigma=1$ 时;

(2) 若 μ,σ^2 均未知时.

8. 设 $(\xi_1,\xi_2,\cdots,\xi_n)$ 是总体 $N(\mu,\sigma^2)$ 的一个样本, 试选择适当的常数 c, 使 $c\sum\limits_{i=1}^{n-1}(\xi_{i+1}-\xi_i)^2$ 为 σ^2 的无偏估计量.

9. 设 $(\xi_1,\xi_2,\cdots,\xi_n)$ 是总体 $N(\mu,\sigma^2)$ 的一个样本, 3 个统计量

$$S_1^2=\dfrac{1}{n-1}\sum_{i=1}^n(\xi_i-\bar{\xi})^2, \quad S_2^2=\dfrac{1}{n}\sum_{i=1}^n(\xi_i-\bar{\xi})^2, \quad S_3^2=\dfrac{1}{n+1}\sum_{i=1}^n(\xi_i-\bar{\xi})^2$$

中, 哪一个是 σ^2 的无偏估计量? 哪一个对 σ^2 的均方误差 $E[(S_i^2-\sigma^2)^2]$ 最小 ($i=1,2,3$)? 均方误差较小为优, 也可作为估计量评选标准.

10. 设总体 ξ 的分布密度为

$$p(x;\theta)=\begin{cases}\dfrac{1}{\theta}, & \text{当 } 0<x\leqslant\theta,\\ 0, & \text{其他}.\end{cases}$$

$(\xi_1,\xi_2,\cdots,\xi_n)$ 是容量为 3 的样本, 试证: $\dfrac{4}{3}\max\limits_{1\leqslant i\leqslant 3}\xi_i$ 与 $4\min\limits_{1\leqslant i\leqslant 3}\xi_i$ 都是 θ 的无偏估计量. 请问哪一个较有效?

11. 设总体 $\xi \sim B(1,p)$，p 是未知参数，$0<p<1$，$(\xi_1,\xi_2,\cdots,\xi_n)$ 为 ξ 的样本，试求 p^2 的无偏估计量．

12. 设总体 $\xi \sim P(\lambda)$，λ 为参数，$(\xi_1,\xi_2,\cdots,\xi_n)$ 为其样本．

(1) 试证：对一切 $0 \leqslant \alpha \leqslant 1$，$\alpha\bar{\xi}+(1-\alpha)\dfrac{n}{n-1}S^2$ 均为 λ 的无偏估计量，其中 $S^2 = \dfrac{1}{n}\sum_{i=1}^{n}(\xi_i-\bar{\xi})^2$；

(2) 试求 λ^2 的无偏估计量；

(3) 试求 λ^2 的无偏估计量的 R-C 不等式的下界．

13. 设 $(\xi_1,\xi_2,\cdots,\xi_n)$ 为指数

$$p(x;\theta) = \begin{cases} \dfrac{1}{\theta}\mathrm{e}^{-x/\theta}, & \text{当 } x>0, \\ 0, & \text{其他.} \end{cases} \quad (\theta>0)$$

的一个样本，试验证样本均值 $\bar{\xi}$ 是 θ 的 UMVUE，且为相合估计量．

14. 设 $(\xi_1,\xi_2,\cdots,\xi_n)$ 是取自在区间 $[0,\theta]$ 上均匀分布的一个样本，试证：$T = \max\limits_{1 \leqslant i \leqslant n}\xi_i$ 是 θ 的相合估计量．

15. 随机地从一批钉子中抽取 16 枚，测得其长度 (cm) 为

2.14，2.10，2.13，2.15，2.13，2.12，2.13，2.10，

2.15，2.12，2.14，2.10，2.13，2.11，2.14，2.11．

设钉长分布为正态分布，试求总体均值 μ 的 90% 置信区间．

(1) 若已知 $\sigma = 0.01$ cm；

(2) 若 σ 为未知．

16. 设 $(\xi_1,\xi_2,\cdots,\xi_n)$ 为总体 $\xi \sim N(\mu,\sigma^2)$ 的一个样本，μ 为已知，求未知参数 σ^2 的 $1-\alpha$ 置信区间．

17. 在稳定生产的情况下，某工厂生产的灯泡的使用时数 ξ 可认为服从 $N(\mu,\sigma^2)$，现观察 20 个灯泡的使用时数，计算得 $\bar{x} = 1832$，$s = 497$，试求：

(1) 灯泡使用时数的期望值 μ 作置信度为 95% 的区间估计；

(2) 灯泡使用时数的方差 σ^2 作置信度为 90% 的区间估计．

18. 随机地从 A 批导线中抽取 4 根，从 B 批导线中抽取 5 根．测得其电阻 (欧姆)：

A 批导线为 0.143，0.142，0.143，0.137；

B 批导线为 0.140，0.142，0.136，0.138，0.140．

设测试数据分别服从分布 $N(\mu_1,\sigma^2)$ 和 $N(\mu_2,\sigma^2)$，并且它们相互独立，又 μ_1,μ_2 及 σ^2 均为未知，试求 $\mu_2-\mu_1$ 的 95% 置信区间．

19. 某自动机床加工同类型套筒，假设套筒的直径服从正态分布，现在从两个不同班次的产品中各抽验了 5 个套筒，测定它们的直径 (单位：厘米)，得如下数据：

A 班为 2.066，2.063，2.068，2.060，2.067；B 班为 2.058，2.057，2.063，2.059，2.060．试求两班所加工的套筒直径的方差之比 σ_A^2/σ_B^2 的 90% 置信区间．

20. 设总体 ξ 服从指数分布，其分布密度为

$$p(x;\lambda) = \begin{cases} \lambda e^{-\lambda x}, & \text{当 } x \geq 0, \\ 0, & \text{其他}. \end{cases}$$

其中参数 $\lambda > 0$，从总体中抽取容量为 n 的样本 $(\xi_1, \xi_2, \cdots, \xi_n)$.

(1) 求参数 λ 的 $1-\alpha$ 置信区间；

(2) 求参数 λ 的 $1-\alpha$ 单侧置信下限.

3 假设检验

假设检验是统计推断的另一主要内容,它的基本任务是根据样本所提供的信息对总体分布的某些方面(如总体均值、总体方差、总体分布参数、总体分布本身等)的假设作出合理的判断. 在统计理论研究中,估计与检验是极其重要的两个方面.

3.1 假设检验的基本概念

3.1.1 假设检验问题

从统计学的角度来讲,估计与检验的基本任务是相同的,但对问题的提法与解决问题的途径不同,假设检验是什么?先来看一些实例.

例 3.1.1 判断一个元件寿命长短,设元件寿命服从指数分布,通过对抽出的若干个元件测试,所得的数据(样本)去判定"元件平均寿命 $\lambda \geqslant 5000$ 小时"是否成立的问题.

本例焦点是如何根据抽样的结果来判断平均寿命是否小于 5000 小时.

例 3.1.2 有一批枪弹,刚生产出来时的初速度为 $v \sim N(\mu_0, \sigma_0^2)$,其中 $\mu_0 = 950 \mathrm{m/s}$, $\sigma_0^2 = 10 \mathrm{m}^2/\mathrm{s}$. 经过较长时间储存后,问这批枪弹的初速度均值及初速度方差是否发生了变化?根据实践经验理论及分析,枪弹经储存后,其初速度仍服从正态分布 $v \sim N(\mu, \sigma^2)$.

本例焦点是通过抽样,利用提供的数据信息判断:
$$\mu = \mu_0 = 950 \mathrm{m/s} \quad \text{及} \quad \sigma^2 = \sigma_0^2 = 10 \mathrm{m}^2/\mathrm{s}$$
是否成立.

例 3.1.3 某种建筑材料,其抗断强度的分布根据经验服从正态分布,现改变配料方案,希望确定新产品的抗断强度 ξ 的分布是否仍然服从正态分布;或者不管抗断强度 ξ 服从什么分布,只想知道抗断强度 ξ 均值 $E[\xi]$ 是否符合规定要求,根据试验数据信息,验证
$$\xi \sim N(\mu, \sigma^2) \quad \text{或} \quad E[\xi] \geqslant c$$
的问题,c 为规定的常数.

这 3 个例子有 2 个共同特点:

(1) 先根据实际问题要求提出一个关于随机变量的一种论断,称为统计假设,记为 H_0,即

$H_0: \lambda \geqslant 5000$;

$H_0: \mu = \mu_0$ 和 $H_0: \sigma^2 = \sigma_0^2$;

$H_0: \zeta \sim N(\mu, \sigma^2)$ 或 $H_0: E[\zeta] \geqslant c$.

(2) 然后抽取样本并对样本的有关信息进行分析,对假设 H_0 的真伪进行判断,称为检验假设,最后对假设 H_0 作出拒绝(认为 H_0 不正确)或接受的决策.

在统计学中,假设检验问题分为参数与非参数两类,若总体的分布函数 $F(\cdot; \theta_1, \theta_2, \cdots, \theta_l)$ 或概率函数 $p(\cdot; \theta_1, \theta_2, \cdots, \theta_l)$ 为已知,只是分布中的有些参数未知,假设 H_0 成立,针对未知参数进行检验,这类问题称为参数假设检验;若总体的分布函数或概率函数未知,假设 H_0 成立,针对总体的分布特性或总体的数字特征而提出,并要求检验,这类问题称为非参数假设检验. 例 3.1.1 与例 3.1.2 属于参数假设检验;例 3.1.3 是非参数假设检验.

上面的 H_0 表示原来的假设,称为原假设或零假设,而把所考察问题的反面称为备择假设或对立假设,记为 H_1. 例如,在例 3.1.1 中,原假设 $H_0: p \leqslant 0.01$;备择假设 $H_1: p > 0.01$. 在例 3.1.2 中,原假设 $H_0: \mu = \mu_0$,备择假设 $H_1: \mu < \mu_0$ 及原假设 $H_0: \sigma^2 = \sigma_0^2$;备择假设 $H_1: \sigma^2 > \sigma_0^2$. 在例 3.1.3 中,原假设 $H_0: \xi \sim N(\mu, \sigma^2)$;备择假设 $H_1: \xi$ 不服从 $N(\mu, \sigma^2)$,或原假设 $H_0: E[\xi] \geqslant c$;备择假设 $H_1: E[\xi] < c$.

3.1.2 假设检验的基本原理

统计检验的基本思想是概率性质的反证法,也就是小概率事件,通常认为是不发生的. 其步骤如下:先假定 H_0 正确,在此"假定"下,合理地构造一个事件 A,在 H_0 为正确的条件下,A 是一个小概率事件,譬如,取小概率为 0.05,此时可定义为 $P\{A | H_0$ 为真$\} = 0.05$,现进行一次试验(即抽得一个容量为 n 的样本观测值 $(x_1, x_2, \cdots, x_n)$),如果事件 A 发生了,那便是出现了一个小概率事件,通常小概率事件在一次试验中几乎是不可能发生的,这表明"假定 H_0 为正确"是错误的,因而拒绝 H_0;反之,如果小概率事件 A 没有出现,没有理由拒绝 H_0,通常就规定接受 H_0. 这里需要注意,小概率事件发生,不代表原假定 H_0 就不正确,只是在某种犯错误概率下的正确性.

换句话说,在假设实验中,我们作出接受 H_0 或拒绝 H_0 的决策,并不等于我们证明了原假设 H_0 正确或错误,而是根据样本所提供的信息以一定的可靠程度认为 H_0 是正确或错误的. 概率要小到什么程度才算小概率,没有一个绝对的标准,要根据问题来判定.

例 3.1.4 设某粮食加工厂用打包机包装大米,规定每袋米的标准重量为 100kg,设打包机所装的每袋大米重量服从正态分布,由以往长期经验知其标准差 $\sigma = 0.9$kg 且保持不变,某天开工后,为了检验打包机工作是否正常,随机抽取该机所装的 9 袋大米,称得其净重为(单位:kg)99.3,98.7,100.5,101.2,98.3,99.7,105.1,102.6,100.5. 问该天打包机的工作是否正常?

解 设该天打包机包装的大米每袋重量为 ξ,由题意知 $\xi \sim N(\mu, \sigma^2)$,其中 $\sigma = 0.9$,

打包机工作是否正常,等价于 μ 是否等于 100,于是提出原假设与备择假设:
$$H_0: \mu = \mu_0 = 100; \quad H_1: \mu \neq \mu_0 = 100.$$

我们知道 $\hat{\mu} = \bar{\xi}$ 是正态总体均值 μ 的最小方差无偏估计,如果原假设 H_0 为真,则样本均值 $\bar{\xi}$ 的观测值 $\bar{x}$ 应该比较集中在 μ_0 附近,即 $\bar{x}$ 与 μ_0 的差别不显著,若 $|\bar{\xi} - \mu_0| = |\bar{\xi} - 100|$ 比较大,就应该认为是小概率事件,即 $|\bar{\xi} - \mu_0| = |\bar{\xi} - 100| \geqslant k$. 这里 k 是一个待定的正数,k 取决于把多大的概率作为小概率,还取决于样本容量 n.

下面介绍如何确定正数 k.

取 $\alpha = 0.05$ 作为小概率事件的标准,则
$$P\{|\bar{\xi} - \mu_0| \geqslant k \mid H_0 \text{为真}\} = P\{|\bar{\xi} - 100| \geqslant k \mid H_0 \text{为真}\} = \alpha.$$

当 H_0 为真时,有 $\xi \sim N(\mu_0, \sigma_0^2) = N(100, 0.9^2)$,从而有
$$\bar{\xi} \sim N(\mu_0, \sigma_0^2/n) = N(100, 0.9^2/n),$$

进而
$$\frac{\bar{\xi} - \mu_0}{\sigma_0/\sqrt{n}} = \frac{\bar{\xi} - 100}{0.9/\sqrt{n}} \sim N(0,1),$$

于是
$$P\{|\bar{\xi} - \mu_0| \geqslant k \mid H_0 \text{为真}\} = P\left\{\left|\frac{\bar{\xi} - \mu_0}{\sigma_0/\sqrt{n}}\right| \geqslant \frac{k}{\sigma_0/\sqrt{n}} \mid H_0 \text{为真}\right\} = \alpha.$$

当 H_0 为真时,由标准正态变量的上分位数,上式为 $P\left\{\left|\frac{\bar{\xi} - \mu_0}{\sigma_0/\sqrt{n}}\right| \geqslant z_{\alpha/2}\right\} = \alpha$. 即

$$P\left\{\left|\frac{\bar{\xi} - 100}{0.9/\sqrt{n}}\right| \geqslant z_{0.025}\right\} = 0.05.$$

从而得
$$\frac{k}{\sigma_0/\sqrt{n}} = z_{\alpha/2},$$

即
$$k = \frac{\sigma_0}{\sqrt{n}} z_{\alpha/2} = \frac{0.9}{\sqrt{n}} z_{0.025} = \frac{0.9}{\sqrt{n}} \times 1.96.$$

于是,对于一个样本值 $(x_1, x_2, \cdots, x_n)$,若出现
$$|\bar{x} - 100| \geqslant k = \frac{0.9}{\sqrt{n}} \times 1.96,$$

则应拒绝 H_0,即认为每袋大米的平均重量不是 100kg.

在本例中,$n = 9$,易算得 $\bar{x} = 100.66$,得
$$|\bar{x} - 100| = 0.66 \geqslant k = \frac{0.9}{\sqrt{9}} \times 1.96 = 0.588,$$

因此,拒绝原假设 H_0,即认为该天的打包机工作不正常,要停机进行调整.

由本例看到:当 $|\bar{x}-100|\geq 0.588$ 时,拒绝 H_0;当 $|\bar{x}-100|<0.588$ 时,接受 H_0.

例 3.1.4 中原假设 H_0 的检验法则实际上是把样本空间 X 划分为两个部分:

$$X_0=\{(x_1,x_2,\cdots,x_9)\in X:|\bar{x}-100|\geq 0.588\};$$

$$X_1=\{(x_1,x_2,\cdots,x_9)\in X:|\bar{x}-100|<0.588\}.$$

对获得的观测值 $(x_1,x_2,\cdots,x_9)$ 作如下操作:

$(x_1,x_2,\cdots,x_9)\in X_0$ 时,拒绝 H_0;

$(x_1,x_2,\cdots,x_9)\in X_1$ 时,接受 H_0.

一般地,所谓对假设 H_0 进行检验,就是要找到一个用作检验的统计量 $T=T(\xi_1,\xi_2,\cdots,\xi_n)$,以此统计量构造一个检验法则,这个检验法则本质上就是对样本空间 X 的一个划分 $X=X_0\bigcup X_1$(其中 X_0 和 X_1 没有公共元素),使得对于给定的小概率 α,满足

$$P\{(x_1,x_2,\cdots,x_n)\in X_0\mid H_0 \text{ 为真}\}=\alpha.$$

当获得的样本观测值 $(x_1,x_2,\cdots,x_n)$,有

$(x_1,x_2,\cdots,x_n)\in X_0$ 时,拒绝 H_0;

$(x_1,x_2,\cdots,x_n)\in X_1$ 时,接受 H_0.

称 X_0 为检验的拒绝域(或否定域),X_1 为检验的接受域.拒绝 H_0 还是接受 H_0 的界限值,称为临界值,例 3.1.4 的拒绝域可表示为

$$\{(x_1,x_2,\cdots,x_9):|\bar{x}-100|\geq 0.588\}$$

或

$$\left\{(x_1,x_2,\cdots,x_9):\left|\frac{\bar{x}-100}{0.9/\sqrt{9}}\right|\geq z_{0.025}\right\}.$$

统计检验问题就是根据统计量找到拒绝域,拒绝 H_0 是充分条件,而接受 H_0 仅是由于没有充分根据拒绝 H_0,而逼不得已选择 H_0,这表明原假设 H_0 处于被保护的地位,不轻易被否定,对此,在实际问题中是有其作用的,例 3.1.4 中拒绝 H_0 意味着生产不正常,从而要停产检修,产品也不能出厂,工厂作此决定当然要持慎重态度,除非有充分把握,一般不轻易做出停产检修的决定.

3.1.3 两类错误

用样本来推断总体,实质上是用部分推断整体,这本身就决定了不能保证绝对不犯错误,在假设检验中,可能犯的错误不外是下面的两类:

(1) 原假设 H_0 本来是正确的,但我们拒绝了 H_0,这类错误称为拒真(弃真)错误,也称为第一类错误,其发生概率称为拒真概率或犯第一类错误的概率,通常记为 α,即

$$P\{\text{拒绝 } H_0\mid H_0 \text{ 为真}\}=\alpha.$$

(2) 原假设 H_0 本来不正确,但我们却接受了 H_0,这类错误称为取伪错误,也称为第二类错误,其发生概率称为取伪概率或犯第二类错误的概率,通常记为 β,即

$$P\{接受 H_0 \mid H_0 不真\} = \beta.$$

当然,α,β 越小越好,但当样本容量 n 固定时,α,β 不能同时减小,而是减小其中一个,另一个就会增大,要使 α,β 都很小,只有通过无限增大样本容量 n 才能实现,但实际上这是办不到的,解决这类问题的一个原则是限定犯第一类错误的最大概率 α,犯第二类错误的概率 β 尽可能小,但实际应用中,简化成只对犯第一类错误的最大概率 α 加以限制,而不考虑犯第二类错误的概率 β. 这种统计假设检验问题称为显著性检验,并将犯第一类错误的最大概率 α 称为假设检验的显著性水平.

例 3.1.5 设总体 $\xi \sim N(\mu,\sigma^2)$,σ^2 为已知,μ 只能取两个值 μ_0 与 $\mu_1(>\mu_0)$,从总体 ξ 抽取样本 $(\xi_1,\xi_2,\cdots,\xi_n)$,在显著性水平 α 下,检验假设

$$H_0: \mu = \mu_0; \quad H_1: \mu = \mu_1.$$

解 先假定 $H_0: \mu = \mu_0$ 为真,则 $\xi \sim N(\mu_0,\sigma^2)$,从而 $\bar{\xi} \sim N(\mu_0,\sigma^2/n)$,$\bar{\xi}$ 的概率密度记为 $p_0(x;\mu_0)$. 显著性水平 α 下,即

$$P\{拒绝 H_0 \mid H_0 为真\} = \alpha.$$

H_0 为真时,如果 $\bar{\xi}$ 的观测值比 μ_0 大了许多,自然就否定 H_0,于是 $P\{\bar{\xi} - \mu_0 \geq k \mid H_0 为真\} = \alpha$.

确定 H_0 的拒绝域,其中 k 为适当大的待定正数,可得

$$P\left\{\frac{\bar{\xi} - \mu_0}{\sigma/\sqrt{n}} \geq \frac{k}{\sigma/\sqrt{n}} \mid H_0 为真\right\} = \alpha.$$

由于 $\dfrac{\bar{\xi} - \mu_0}{\sigma/\sqrt{n}} \sim N(0,1)$. 由标准正态分布的分位数,得

$$P\left\{\frac{\bar{\xi} - \mu_0}{\sigma/\sqrt{n}} \geq z_\alpha\right\} = \alpha.$$

于是 $\dfrac{k}{\sigma/\sqrt{n}} = z_\alpha$,即 $k = \dfrac{\sigma}{\sqrt{n}} z_\alpha$,得 $P\left\{\bar{\xi} \geq \mu_0 + \dfrac{\sigma}{\sqrt{n}} z_\alpha\right\} = \alpha$. 记 $\lambda = \mu_0 + \dfrac{\sigma}{\sqrt{n}} z_\alpha$. 则上式成为 $P\{\bar{\xi} \geq \lambda\} = \alpha$.

现在假定 H_0 不真(即 H_1 为真),则 $\xi \sim N(\mu_1,\sigma^2)$,从而 $\bar{\xi} \sim N(\mu_1,\sigma^2/n)$. 此时 $\bar{\xi}$ 概率密度记作 $p_1(x;\mu_1)$. 根据犯第二类错误概率 β 的含义,得

$$P\{接受 H_0 \mid H_0 不真\} = \beta,$$

即

$$P\{接受 H_0 \mid H_1 为真\} = \beta.$$

前面已经得到,当 $\bar{\xi} \geq \lambda$ 时拒绝 H_0,因此当 H_1 为真(即 H_0 不真)但 $\bar{\xi} < \lambda$ 时也应该接受 H_0,于是上式变为

$$P\{\bar{\xi} < \lambda \mid H_1 为真\} = \beta.$$

例 3.1.4 检验称为双侧检验,例 3.1.5 检验如果是 $\mu > \mu_0$ 或者 $\mu < \mu_0$,称为单侧检验.

在制定检验法则时,显著性水平 α 是事先给定的,如何选定 α,往往由该问题所涉及的各方而定,一般要看犯两类错误的后果而定.由于 α 是犯第一类错误的概率,α 越小,拒绝 H_0 的说服力越强,但是,当 α 较小时,相应犯第二类错误的概率 β 就会越大,若用来检验产品质量,就易使不合格的一批产品被抽样检验判定为合格而接受,如果犯第二类的后果严重(如药品生产,不合格产品被接受,有时会造成严重事故),此时为了限制 β 较小,则应该将 α 适当取大些,但是,α 较大,又易使合格的一批产品在抽样检验时被判定为不合格而被拒绝,这就会给厂方造成经济损失.因此,在选取 α 时就要兼顾厂方和用户的利益而决定.一般把 α 取得较小且标准化.

假设检验的一般步骤:

通过前面一些例子可以看到,对通常的假设检验问题,首先要明确:总体的分布函数是否已知,然后,已知分布函数前提下,系数是否已知.

假设检验的一般步骤:

(1) 根据问题的要求提出原假设 H_0 与备择假设 H_1(这里要求 H_0 和 H_1 有且仅有一个为真).参数 θ 的假设检验的原假设 H_0 用参数 θ 的等式或者不等式来表示,而相应的备择假设 H_1 分别用参数 θ 的反向不等式来表示,通常等号只出现在 H_0 中.

(2) 构造检验统计量与确定拒绝域的形式:概率函数 $p(\cdot;\theta)$ 的表达式为已知时,通常以 θ 的 MLE $\hat{\theta}$ 为基础构造一个检验统计量 $T = T(\xi_1, \xi_2, \cdots, \xi_n)$,并在 H_0 成立的条件下确定 T 的精确分布或渐近分布.

确定检验统计量 T 后,根据原假设 H_0 与备择假设 H_1 确定拒绝域 X_0 的形式.一般 X_0 的形式有以下几种可能性.

(1) 单侧拒绝域
$$X_0 = \{(x_1, x_2, \cdots, x_n) : T(x_1, x_2, \cdots, x_n) \leqslant c\},$$
或
$$X_0 = \{(x_1, x_2, \cdots, x_n) : T(x_1, x_2, \cdots, x_n) \geqslant c\}.$$

(2) 双侧拒绝域
$$X_0 = \{(x_1, x_2, \cdots, x_n) : T(x_1, x_2, \cdots, x_n) \leqslant c_1 \text{ 或 } T(x_1, x_2, \cdots, x_n) \geqslant c_2\},$$
或
$$X_0 = \{(x_1, x_2, \cdots, x_n) : |T(x_1, x_2, \cdots, x_n)| \geqslant c\},$$

其中临界值 c, c_1, c_2 待定,拒绝域或接受域也可用检验统计量的值域来表示.

(3) 选定适当的显著性水平 α,并求出临界值,从而得到对原假设 H_0 的拒绝域 X_0:由 $P\{\text{拒绝域 } X_0 | H_0 \text{ 为真}\} \leqslant \alpha$ 出发,使得检验犯第一类错误的概率尽可能接近 α.特别地,当总体为连续型随机变量时,往往使它等于 α 来确定临界值,从而也就确定了拒绝域 X_0.

(4) 根据样本观测值确定是否拒绝 H_0:由样本值 $(x_1, x_2, \cdots, x_n)$ 算得 $T(x_1, x_2, \cdots, x_n)$,把它与临界值相比较,若 $(x_1, x_2, \cdots, x_n) \in X_0$,则拒绝 H_0,否则接受 H_0.

关于建立假设,下面再作一些说明.

从数学上看,原假设 H_0 与备择假设 H_1 的地位是平等的,但在实际问题中,如果只限制犯第一类错误的最大概率 α,那么选用哪个假设作为原假设 H_0,就要根据具体问题的目的和要求而定,根据犯两类错误将会带来的不同后果而定.一般确定假设根据以下 3 个原则:

(1) 原假设 H_0 代表一种久已存在的状态(如一种已用多时的生产方法),而备择假设 H_1 反映一种改变(如一种未经实践充分考验的新的生产方法).

(2) 样本观测值显示出所支持的结论,应该作为备择假设 H_1,如例 3.1.4,通过样本值算得 $\bar{x}=100.66$,因此可建立备择假设 $H_1:\mu>100$,从而 $H_0:\mu=100$.

(3) 尽量使后果严重的错误成为第一类错误,例如:"有病当作无病"会危害病人健康;"无病当作有病"会浪费一些药物.

两种错误相比较,前者后果严重,应把它作为第一类错误.据此所建立的假设应该是
$$H_0:\text{有病};\quad H_1:\text{无病}.$$

当然,作为参数假设检验问题,应该把有病、无病与一个随机变量 ξ 的分布的某个参数联系起来.

3.2 一个正态总体均值与方差的检验

本节总假定所讨论的总体 $\xi \sim N(\mu,\sigma^2)$,而 $(\xi_1,\xi_2,\cdots,\xi_n)$ 为 ξ 的一个样本,$(x_1,x_2,\cdots,x_n)$ 为其样本观测值.

3.2.1 方差 σ^2 为已知时,均值 μ 的假设检验

当 σ^2 为已知时,在给定显著性水平 α 下,关于正态总体均值 μ 的常见假设检验问题有 3 类:

(1) $H_0:\mu=\mu_0,\quad H_1:\mu\neq\mu_0.$ (双侧检验)

(2) $H_0:\mu=\mu_0,\quad H_1:\mu>\mu_0;$
$H_0:\mu\leq\mu_0,\quad H_1:\mu>\mu_0.$ (右侧检验)

(3) $H_0:\mu=\mu_0,\quad H_1:\mu<\mu_0;$
$H_0:\mu\geq\mu_0,\quad H_1:\mu<\mu_0.$ (左侧检验)

其中 μ_0 为已知常数.

问题(1)在例 3.1.4 中已讨论,不再重复,其检验法则见表 3-1,以下推导出问题(2)的检验法则.

先讨论 $H_0:\mu=\mu_0;H_1:\mu>\mu_0$.

对于正态总体,样本均值 $\bar{\xi}$ 是 μ 的 UMVUE.当 H_0 为真时,$\bar{\xi}$ 的观测值 $\bar{x}$ 应该比较

集中地分布在 μ_0 的附近而偏左侧,若 $\bar{x}-\mu_0$ 比较大就应该认为在假定 H_0 为真时出现了小概率事件,从而应该拒绝 H_0.由 α 是假设检验犯第一类错误的最大概率,得

$$P\{拒绝\ H_0\mid H_0\ 为真\}\leqslant\alpha.$$

于是取

$$P\{\bar{\xi}-\mu_0\geqslant k\mid H_0\ 为真\}=\alpha.$$

其中 k 为适当大的正数.上式可写作

$$P\left\{\frac{\bar{\xi}-\mu_0}{\sigma/\sqrt{n}}\geqslant\frac{k}{\sigma/\sqrt{n}}\Big|\ H_0\ 为真\right\}=\alpha.$$

根据推论 1.4.2,在 H_0 为真时,有 $\dfrac{\bar{\xi}-\mu_0}{\sigma/\sqrt{n}}=Z\sim N(0,1)$. 取 Z 为检验统计量,由 $N(0,1)$ 的上分位数知

$$P\left\{\frac{\bar{\xi}-\mu_0}{\sigma/\sqrt{n}}\geqslant z_\alpha\right\}=\alpha.$$

于是,拒绝域为

$$X_0=\left\{(x_1,x_2,\cdots,x_n):\frac{\bar{x}-\mu_0}{\sigma/\sqrt{n}}\geqslant z_\alpha\right\}.$$

再讨论 $H_0:\mu\leqslant\mu_0$; $H_1:\mu>\mu_0$.

在 H_0 为真时,有 $\dfrac{\bar{\xi}-\mu}{\sigma/\sqrt{n}}\geqslant\dfrac{\bar{\xi}-\mu_0}{\sigma/\sqrt{n}}$.

于是得事件关系:

$$\left\{\omega:\frac{\bar{\xi}-\mu}{\sigma/\sqrt{n}}\geqslant z_\alpha\right\}\supseteq\left\{\omega:\frac{\bar{\xi}-\mu_0}{\sigma/\sqrt{n}}\geqslant z_\alpha\right\}.$$

由于总体 $\xi\sim N(\mu,\sigma^2)$,因此 $\dfrac{\bar{\xi}-\mu}{\sigma/\sqrt{n}}\sim N(0,1)$,故有

$$P\left\{\frac{\bar{\xi}-\mu_0}{\sigma/\sqrt{n}}\geqslant z_\alpha\right\}\leqslant P\left\{\frac{\bar{\xi}-\mu}{\sigma/\sqrt{n}}\geqslant z_\alpha\right\}=\alpha.$$

也就是说,$\left\{\dfrac{\bar{\xi}-\mu_0}{\sigma/\sqrt{n}}\geqslant z_\alpha\right\}$ 是 H_0 为真时的小概率事件,所以得到检验的拒绝域为

$$X_0=\left\{(x_1,x_2,\cdots,x_n):\frac{\bar{x}-\mu_0}{\sigma/\sqrt{n}}\geqslant z_\alpha\right\}.$$

综上所述,先后讨论的两个假设检验问题有相同的拒绝域,总结检验问题(2),有如下法则:

若 $\dfrac{\bar{x}-\mu_0}{\sigma/\sqrt{n}}\geqslant z_\alpha$,则拒绝 H_0;若 $\dfrac{\bar{x}-\mu_0}{\sigma/\sqrt{n}}<z_\alpha$,则接受 H_0.

类似的讨论,可得到假设检验问题(3)的拒绝域(见表 3-1).

问题(1)的假设检验称为双侧检验,问题(2)与问题(3)的假设检验都称为单侧检验,问题(2)又称为右侧检验问题,问题(3)又称为左侧检验问题.确定检验是双侧检验还是单侧检验取决于备择假设 H_1.如是双侧检验的情形,备择假设 H_1 常常略而不写.

另外,关于参数 $\theta \in \Theta$ 的假设检验的某假设,如果参数空间 Θ 中满足该假设条件的点只有一个,则该假设称为简单假设;如果 Θ 中满足该假设条件的点多于一个,则该假设称为复合假设.本节开头列出的假设检验问题中只有 $H_0:\mu=\mu_0$ 是简单假设,其他都是复合假设.

一个正态总体均值的假设检验,当 σ^2 为已知时,不论是双侧检验还是单侧检验,都是用 $Z \sim N(0,1)$ 进行检验.这种用正态变量作为检验统计量的假设检验方法,称为 Z 检验法.

例 3.2.1 有一批枪弹,刚生产出来时其初速度 $v \sim N(\mu,\sigma^2)$,其中 $\mu=950 \text{m/s}, \sigma=10 \text{m/s}$.经过较长时间储存后,现取出 9 发枪弹试射,测其初速度,得样本值如下(单位:m/s):914,920,910,934,953,945,912,924,940.

给定显著性水平 $\alpha=0.05$,问储存后这批枪弹的初速度是否起了变化(假定 σ 没有变化)?

解 问题化为 $v \sim N(\mu,\sigma^2), \sigma=10$.根据所给的样本值,在显著性水平 $\alpha=0.05$ 下,检验假设 $H_0:\mu=950; H_1:\mu<950$.

因为枪弹储存后初速度不可能增加,所以是一个左侧检验问题.因此用检验法则:

若 $\dfrac{\bar{x}-\mu_0}{\sigma_0/\sqrt{n}}<z_\alpha$,则拒绝 H_0(相反则接受 H_0).

而算得 $\bar{x}=928$,查表得 $z_{0.95}=-z_{0.05}=-1.65$.
因为
$$\frac{\bar{x}-\mu_0}{\sigma_0/\sqrt{n}}=\frac{928-950}{10/\sqrt{9}}=-6.6<-1.65,$$

所以拒绝 H_0(即接受 H_1).即认为这批枪弹经较长时间储存后初速度已经发生了变化,变小了.

参考程序如下:
x<-c(914,920,910,934,953,912,924,940)
n=length(x);alpha=0.05;mu=950;sigma=10
u=(mean(x)-mu)*sqrt(n)/sigma
p=pnorm(u);p

3.2.2 方差 σ^2 为未知时,均值 μ 的假设检验

当 σ^2 为未知时,在给定显著性水平 α 下,关于正态总体均值 μ 的常见的假设检验问题,仍然是本节开头列出的三个问题.

这些问题的检验法则见表 3-1，这些检验法则的导出，与方差 σ^2 为已知时均值 μ 的检验法则的导出类似，所不同的是由于 σ^2 未知，不能再用 $Z = \dfrac{\bar{\xi} - \mu_0}{\sigma/\sqrt{n}} \sim N(0,1)$ 作为检验统计量，而必须用 $T = \dfrac{\bar{\xi} - \mu_0}{S^*/\sqrt{n}} \sim t(n-1)$ 作为检验统计量. 如何导出这些检验法则请读者完成.

一个正态总体均值的假设检验，当 σ^2 为未知时，不论是双侧检验还是单侧检验，都是用 $T \sim t(n-1)$ 进行检验，这种用 t 变量作为检验统计量的假设检验方法，称为 T 检验法.

表 3-1 $\xi \sim N(\mu, \sigma^2)$ 均值 μ 的检验法则

	H_0	H_1	σ^2 为已知	σ^2 为未知
			在显著水平 α 下拒绝 H_0，若	
Ⅰ	$\mu = \mu_0$	$\mu \neq \mu_0$	$\dfrac{\lvert \bar{x} - \mu_0 \rvert}{\sigma/\sqrt{n}} \geq z_{\alpha/2}$	$\dfrac{\lvert \bar{x} - \mu_0 \rvert}{S^*/\sqrt{n}} \geq t_{\alpha/2}(n-1)$
Ⅱ	$\mu = \mu_0$	$\mu > \mu_0$	$\dfrac{\bar{x} - \mu_0}{\sigma/\sqrt{n}} \geq z_\alpha$	$\dfrac{\bar{x} - \mu_0}{S^*/\sqrt{n}} \geq t_\alpha(n-1)$
Ⅲ	$\mu \leq \mu_0$	$\mu > \mu_0$		
Ⅳ	$\mu = \mu_0$	$\mu < \mu_0$	$\dfrac{\bar{x} - \mu_0}{\sigma/\sqrt{n}} \leq z_{1-\alpha}$	$\dfrac{\bar{x} - \mu_0}{S^*/\sqrt{n}} \leq t_{1-\alpha}(n-1)$
Ⅴ	$\mu \geq \mu_0$	$\mu < \mu_0$		

例 3.2.2 要比较甲、乙两种橡胶轮胎的耐磨性，现从甲、乙两种轮胎中各抽取 8 个各取一个组成一对. 再随机选取 8 架飞机，将 8 对轮胎随机配给 8 对飞机，做耐磨试验. 飞行了一定时间的起落后，测得轮胎磨损量（单位：mg）数据如下：

x_i（甲）	4900	5220	5500	6020	6340	7660	8650	4870
y_i（乙）	4930	4900	5140	5700	6110	6880	7930	5010

试问这两种轮胎的耐磨性能有无显著性的差异？取 $\alpha = 0.05$，假定甲、乙两种轮胎的磨损量分别是 ξ, η，又 $\xi \sim N(\mu_1, \sigma_1^2), \eta \sim N(\mu_2, \sigma_2^2)$ 且两样本相互独立.

解 将实验数据配对进行分析. 记 $\zeta = \xi - \eta$，则
$$\zeta \sim N(\mu_1 - \mu_2, \sigma_1^2 + \sigma_2^2) = N(\mu, \sigma^2).$$
$z_i = x_i - y_i (i = 1, 2, \cdots, 8)$ 为 ζ 的一组样本观测值，有

z_i	-30	320	360	320	230	780	720	-140

问题化为，在显著性水平 $\alpha = 0.05$ 下，检验假设
$$H_0: \mu = \mu_0 = 0, \quad H_1: \mu \neq \mu_0, \text{方差未知}.$$
这是一个双侧假设检验问题，因此用检验法则：

若 $\dfrac{|\bar{z}-\mu_0|}{S^*/\sqrt{n}} \geqslant t_{\alpha/2}(n-1)$,则拒绝 H_0(相反则接受 H_0).

计算得 $\bar{z}=320, S^{*2}=102\,200$. 由 t 分布表得
$$t_{\alpha/2}(n-1)=t_{0.025}(7)=2.364\,8.$$

又因为
$$\frac{|\bar{z}-\mu_0|}{S^*/\sqrt{n}}=\frac{320-0}{\sqrt{\dfrac{102\,200}{8}}}=2.83>2.364\,8.$$

所以拒绝 H_0. 即认为这两种轮胎的耐磨性能有显著差异,且从 $\bar{z}>0$ 可知甲种轮胎磨损得较厉害(即乙种轮胎较耐磨).

参考程序如下:

x<-c(4900,5220,5500,6020,6340,7660,8650,4870)
y<-c(4930,4900,5140,5700,6110,6880,7930,5010)
t.test(x-y,conf.level=0.95)

3.2.3 均值 μ 为已知时,方差 σ^2 的假设检验

当 μ 为已知时,在给定的显著性水平 α 下,关于正态总体方差的 σ^2 的假设检验问题有 3 类:

(1) $H_0:\sigma^2=\sigma_0^2$, $H_1:\sigma^2\neq\sigma_0^2$.(双侧检验)

(2) $H_0:\sigma^2=\sigma_0^2$, $H_1:\sigma^2>\sigma_0^2$;
$H_0:\sigma^2\leqslant\sigma_0^2$, $H_1:\sigma^2>\sigma_0^2$. (右侧检验)

(3) $H_0:\sigma^2=\sigma_0^2$, $H_1:\sigma^2<\sigma_0^2$;
$H_0:\sigma^2\geqslant\sigma_0^2$, $H_1:\sigma^2<\sigma_0^2$. (左侧检验)

其中 σ_0^2 为已知正常数.

这些问题的检验法则见表 3-2. 下面来推导问题(1)的检验法则.

对于正态总体,当 μ 已知时,$\dfrac{1}{n}\sum_{i=1}^{n}(\xi_i-\mu)^2$ 是 σ^2 无偏估计,因此在 $H_0:\sigma^2=\sigma_0^2$ 成立下,比值 $\dfrac{\dfrac{1}{n}\sum_{i=1}^{n}(\xi_i-\mu)^2}{\sigma_0^2}$ 应该接近 1,故比值接近 0 或比值比 1 大得多,就应该认为在假定 H_0 为真时出现了小概率事件,从而应该拒绝 H_0,于是,取

$$P\left\{\frac{\dfrac{1}{n}\sum_{i=1}^{n}(\xi_i-\mu)^2}{\sigma_0^2}\leqslant k_1 \mid H_0\text{ 为真}\right\}+P\left\{\frac{\dfrac{1}{n}\sum_{i=1}^{n}(\xi_i-\mu)^2}{\sigma_0^2}\geqslant k_2 \mid H_0\text{ 为真}\right\}=\alpha.$$

这里 k_1 为适当小的正数,k_2 为适当大的正数.

为简便起见,取

$$P\left\{\frac{\frac{1}{n}\sum_{i=1}^{n}(\xi_i-\mu)^2}{\sigma_0^2}\leqslant k_1 \mid H_0 \text{ 为真}\right\}=P\left\{\frac{\frac{1}{n}\sum_{i=1}^{n}(\xi_i-\mu)^2}{\sigma_0^2}\geqslant k_2 \mid H_0 \text{ 为真}\right\}=\frac{\alpha}{2},$$

当 H_0 为真时,易知 $\dfrac{\sum\limits_{i=1}^{n}(\xi_i-\mu)^2}{\sigma_0^2}=\chi^2\sim\chi^2(n)$,由 χ^2 分布的上分位数,可将上式写成

$$P\left\{\frac{\sum_{i=1}^{n}(\xi_i-\mu)^2}{\sigma_0^2}\leqslant\chi_{1-\alpha/2}^2(n)\right\}=P\left\{\frac{\sum_{i=1}^{n}(\xi_i-\mu)^2}{\sigma_0^2}\geqslant\chi_{\alpha/2}^2(n)\right\}=\frac{\alpha}{2}.$$

于是,得到假设检验问题(1)的拒绝域:

$$X_0=\left\{(x_1,x_2,\cdots,x_n):\frac{\sum_{i=1}^{n}(x_i-\mu)^2}{\sigma_0^2}\leqslant\chi_{1-\alpha/2}^2(n) \text{ 或 } \frac{\sum_{i=1}^{n}(x_i-\mu)^2}{\sigma_0^2}\geqslant\chi_{\alpha/2}^2(n)\right\}.$$

即假设检验问题(1)的检验法则:

若 $\dfrac{\sum_{i=1}^{n}(x_i-\mu)^2}{\sigma_0^2}\leqslant\chi_{1-\alpha/2}^2(n)$ 或 $\dfrac{\sum_{i=1}^{n}(x_i-\mu)^2}{\sigma_0^2}\geqslant\chi_{\alpha/2}^2(n)$,则拒绝 H_0,即认为总体方差 σ^2 与 H_0 给定的 σ_0^2 之间有显著差异;

若 $\chi_{1-\alpha/2}^2(n)<\dfrac{\sum_{i=1}^{n}(x_i-\mu)^2}{\sigma_0^2}<\chi_{\alpha/2}^2(n)$,则接受 H_0,即认为观测结果与假设 H_0 给定的 σ_0^2 无显著差异.

μ 为已知时,方差 σ^2 的单侧检验法则的推导,可参考下一段 μ 为未知时方差 σ^2 的单侧检验的讨论.

3.2.4 均值 μ 为未知时,方差 σ^2 的假设检验

当 μ 为未知时,在给定的显著性水平 α 下,关于正态总体方差 σ^2 的常见的假设检验问题与 μ 为已知时的情形一样,仍然是上面三个问题,下面推导问题(3)的检验法则,也就是 μ 为未知时,在显著性水平 α 下,检验假设

$$H_0:\sigma^2=\sigma_0^2; \quad H_1:\sigma^2<\sigma_0^2 \text{ 和 } H_0:\sigma^2\geqslant\sigma_0^2; \quad H_1:\sigma^2<\sigma_0^2.$$

先讨论 $H_0:\sigma^2=\sigma_0^2; \quad H_1:\sigma^2<\sigma_0^2$.

因 μ 未知,不能再取 $\dfrac{\sum_{i=1}^{n}(\xi_i-\mu)^2}{\sigma_0^2}$ 作为统计量,但2.2.2节指出 $S^{*2}=\dfrac{1}{n-1}\sum_{i=1}^{n}(\xi_i-\bar{\xi})^2$ 是正态总体方差 σ^2 的 UMVUE,而且由定理1.4.4知道,在 H_0 为真时,

$$\frac{\sum_{i=1}^{n}(\xi_i-\bar{\xi})^2}{\sigma_0^2}=\frac{(n-1)S^{*2}}{\sigma_0^2}\sim\chi^2(n-1).$$

此时,若 $\dfrac{\sum\limits_{i=1}^{n}(\xi_i-\bar{\xi})^2}{\sigma_0^2}$ 比较小,就应该认为在假设 H_0 为真时出现了小概率事件,从而应该拒绝 H_0,于是取

$$P\left\{\frac{\sum\limits_{i=1}^{n}(\xi_i-\bar{\xi})^2}{\sigma_0^2}\leqslant \chi_{1-\alpha}^2(n-1)\right\}=\alpha.$$

即得所讨论的假设检验问题的拒绝域:

$$X_0=\left\{(x_1,x_2,\cdots,x_n):\frac{\sum\limits_{i=1}^{n}(x_i-\bar{x})^2}{\sigma_0^2}\leqslant \chi_{1-\alpha}^2(n-1)\right\}.$$

再讨论 $H_0:\sigma^2\geqslant\sigma_0^2$;$H_1:\sigma^2<\sigma_0^2$.
当 H_0 为真时,有 $\sigma^2\geqslant\sigma_0^2$. 从而得

$$\frac{\sum\limits_{i=1}^{n}(\xi_i-\bar{\xi})^2}{\sigma_0^2}\geqslant \frac{\sum\limits_{i=1}^{n}(\xi_i-\bar{\xi})^2}{\sigma^2}.$$

于是有

$$\frac{\sum\limits_{i=1}^{n}(\xi_i-\bar{\xi})^2}{\sigma_0^2}\leqslant \chi_{1-\alpha}^2(n-1)\Rightarrow \frac{\sum\limits_{i=1}^{n}(\xi_i-\bar{\xi})^2}{\sigma^2}\leqslant \chi_{1-\alpha}^2(n-1).$$

由此可得

$$\left\{\frac{\sum\limits_{i=1}^{n}(\xi_i-\bar{\xi})^2}{\sigma_0^2}\leqslant \chi_{1-\alpha}^2(n-1)\right\}\subseteq \left\{\frac{\sum\limits_{i=1}^{n}(\xi_i-\bar{\xi})^2}{\sigma^2}\leqslant \chi_{1-\alpha}^2(n-1)\right\}.$$

由于总体 $\xi\sim N(\mu,\sigma^2)$,得

$$\frac{\sum\limits_{i=1}^{n}(\xi_i-\bar{\xi})^2}{\sigma^2}=\frac{(n-1)S^{*2}}{\sigma^2}\sim \chi^2(n-1).$$

又由 χ^2 分布的上分位数,得

$$P\left\{\frac{\sum\limits_{i=1}^{n}(\xi_i-\bar{\xi})^2}{\sigma^2}\leqslant \chi_{1-\alpha}^2(n-1)\right\}=\alpha,$$

故当 H_0 为真时,有

$$P\left\{\frac{\sum\limits_{i=1}^{n}(\xi_i-\bar{\xi})^2}{\sigma_0^2}\leqslant \chi_{1-\alpha}^2(n-1)\right\}\leqslant P\left\{\frac{\sum\limits_{i=1}^{n}(\xi_i-\bar{\xi})^2}{\sigma^2}\leqslant \chi_{1-\alpha}^2(n-1)\right\}=\alpha.$$

所以,检验的拒绝域可取

$$X_0 = \left\{ (x_1, x_2, \cdots, x_n) : \frac{\sum_{i=1}^{n}(x_i - \bar{x})^2}{\sigma_0^2} \leqslant \chi_{1-\alpha}^2(n-1) \right\}.$$

综上所述,上述讨论的两个假设检验问题有相同的拒绝域,于是,得到 μ 为未知时方差 σ^2 的假设检验问题(3)的检验法则:

若 $\dfrac{\sum_{i=1}^{n}(x_i - \bar{x})^2}{\sigma_0^2} \leqslant \chi_{1-\alpha}^2(n-1)$,则拒绝 H_0;

若 $\dfrac{\sum_{i=1}^{n}(x_i - \bar{x})^2}{\sigma_0^2} > \chi_{1-\alpha}^2(n-1)$,则接受 H_0.

均值 μ 为未知时,方差 σ^2 的其他假设检验法则见表 3-2.

表 3-2 $\xi \sim N(\mu, \sigma^2)$ 方差 σ^2 的检验法则

	H_0	H_1	μ 为已知	μ 为未知
			在显著水平 α 下拒绝 H_0,若	
I	$\sigma^2 = \sigma_0^2$	$\sigma^2 \neq \sigma_0^2$	$\dfrac{\sum_{i=1}^{n}(x_i-\mu)^2}{\sigma_0^2} \leqslant \chi_{1-\alpha/2}^2(n)$ 或 $\dfrac{\sum_{i=1}^{n}(x_i-\mu)^2}{\sigma_0^2} \geqslant \chi_{\alpha/2}^2(n)$	$\dfrac{\sum_{i=1}^{n}(x_i-\bar{x})^2}{\sigma_0^2} \leqslant \chi_{1-\alpha/2}^2(n-1)$ 或 $\dfrac{\sum_{i=1}^{n}(x_i-\bar{x})^2}{\sigma_0^2} \geqslant \chi_{\alpha/2}^2(n-1)$
II	$\sigma^2 = \sigma_0^2$	$\sigma^2 > \sigma_0^2$	$\dfrac{\sum_{i=1}^{n}(x_i-\mu)^2}{\sigma_0^2} \geqslant \chi_{\alpha}^2(n)$	$\dfrac{\sum_{i=1}^{n}(x_i-\bar{x})^2}{\sigma_0^2} \geqslant \chi_{\alpha}^2(n-1)$
III	$\sigma^2 \leqslant \sigma_0^2$	$\sigma^2 > \sigma_0^2$		
IV	$\sigma^2 = \sigma_0^2$	$\sigma^2 < \sigma_0^2$	$\dfrac{\sum_{i=1}^{n}(x_i-\mu)^2}{\sigma_0^2} \leqslant \chi_{1-\alpha}^2(n)$	$\dfrac{\sum_{i=1}^{n}(x_i-\bar{x})^2}{\sigma_0^2} \leqslant \chi_{1-\alpha}^2(n-1)$
V	$\sigma^2 \geqslant \sigma_0^2$	$\sigma^2 < \sigma_0^2$		

可见,一个正态总体方差 σ^2 的假设检验,不论均值 μ 是已知还是未知,也不论是双侧检验还是单侧检验,都是用 χ^2 变量作为检验的统计量,这种检验法称为 χ^2 检验法.

例 3.2.3 某类钢板的重量指标平日服从正态分布,它的制造规格规定钢板重量的方差不得超过 $\sigma_0^2 = 0.016 [(\text{kg})^2]$. 现由 25 块钢板组成的一个随机样本给出的修正样本方差为 0.025,从这些数据能否得出钢板不合规定的结论?(取 $\alpha = 0.01, 0.05$)

解 可把问题化为设 μ 为未知,在显著性水平 α 下,检验假设

$$H_0 : \sigma^2 \leqslant \sigma_0^2 = 0.016 ; \quad H_1 : \sigma^2 > \sigma_0^2 = 0.016.$$

检验法则:

若 $\dfrac{(n-1)S^{*2}}{\sigma_0^2} \geqslant \chi_{\alpha}^2(n-1)$,则拒绝 H_0.

(1) 当 $\alpha=0.01$ 时，根据 χ^2 分布表得
$$\chi_\alpha^2(n-1)=\chi_{0.01}^2(24)=42.98.$$
因为
$$\frac{(n-1)S^{*2}}{\sigma_0^2}=\frac{24\times 0.025}{0.016}=37.5<42.98.$$
所以接受 H_0，即认为钢板重量的方差合格.

(2) 当 $\alpha=0.05$ 时，根据 χ^2 分布表得
$$\chi_\alpha^2(n-1)=\chi_{0.05}^2(24)=36.42.$$
因为
$$\frac{(n-1)S^{*2}}{\sigma_0^2}=\frac{24\times 0.025}{0.016}=37.5>36.42,$$
所以拒绝 H_0，即认为钢板重量的方差不合格.

可见，对原假设 H_0 所作的判断，与所取的显著性水平 α 的大小有关，α 越小，越不容易拒绝 H_0.

参考程序如下：

```
xvar=0.025; n=25; var0=0.016
kf=(n-1)*xvar/var0
pl=1-pchisq(kf,n-1)
cat("p-value=",pl,"\n\n")
```

正态总体参数的区间估计与其参数的假设检验是一一对应的，置信度为 $1-\alpha$ 的置信区间对应的一个显著性水平为 α 的检验法则，以正态总体的参数 μ 为例，如果已知一置信度为 $1-\alpha$ 的置信区间 (t_1,t_2)，则当 $\mu_0\subset(t_1,t_2)$ 时，接受假设 $H_0:\mu=\mu_0$；当 $\mu_0\not\in(t_1,t_2)$ 时，拒绝 $H_0:\mu=\mu_0$.

3.3 两个正态总体均值与方差的检验

本节总假定所讨论的总体服从正态分布，即假定 $\xi\sim N(\mu_1,\sigma_1^2)$，$(\xi_1,\xi_2,\cdots,\xi_{n_1})$ 为 ξ 的一个样本，$(x_1,x_2,\cdots,x_{n_1})$ 为其样本观测值；$\eta\sim N(\mu_2,\sigma_2^2)$，$(\eta_1,\eta_2,\cdots,\eta_{n_2})$ 为 η 的一个样本，$(y_1,y_2,\cdots,y_{n_2})$ 为其样本观测值，还假定这两个样本独立. 其他对应记号为 $\bar{\xi},\bar{\eta},\bar{x},\bar{y},S_1^2,S_2^2,S_1^{*2},S_2^{*2}$ 都如前文所述，以下不再说明.

3.3.1 方差已知时，均值差 $\mu_1-\mu_2$ 的假设检验

当 σ_1^2,σ_2^2 为已知时，在给定显著性水平 α 下，关于两个正态总体 ξ,η 的均值差 $\mu_1-\mu_2$ 的常见假设检验问题有 3 类：

(1) $H_0:\mu_1-\mu_2=\delta$，$H_1:\mu_1-\mu_2\neq\delta$. (双侧检验)

(2) $H_0: \mu_1 - \mu_2 = \delta$, $H_1: \mu_1 - \mu_2 > \delta$;   （右侧检验）
$H_0: \mu_1 - \mu_2 \leqslant \delta$, $H_1: \mu_1 - \mu_2 > \delta$.

(3) $H_0: \mu_1 - \mu_2 = \delta$, $H_1: \mu_1 - \mu_2 < \delta$;   （左侧检验）
$H_0: \mu_1 - \mu_2 \geqslant \delta$, $H_1: \mu_1 - \mu_2 < \delta$.

其中 δ 可以是任意已知常数,通常考虑 $\delta = 0$. 这些假设检验问题的法则可以见表 3-3.

以下推导问题(2)的检验法则.

先讨论 $H_0: \mu_1 - \mu_2 = \delta$; $H_1: \mu_1 - \mu_2 > \delta$.

当 H_0 为真时,$(\bar{\xi} - \bar{\eta}) - \delta$ 比较大就应该认为出现了小概率事件,从而拒绝 H_0,设 k 为适当大的正数,满足

$$P\{(\bar{\xi} - \bar{\eta}) - \delta \geqslant k \mid H_0 \text{为真}\} = \alpha.$$

上式可变形为

$$P\left\{\frac{(\bar{\xi} - \bar{\eta}) - \delta}{\sqrt{\frac{\sigma_1^2}{n_1} + \frac{\sigma_2^2}{n_2}}} \geqslant \frac{k}{\sqrt{\frac{\sigma_1^2}{n_1} + \frac{\sigma_2^2}{n_2}}} \mid H_0 \text{为真}\right\} = \alpha.$$

根据推论 1.4.3,当 H_0 为真时,有

$$\frac{(\bar{\xi} - \bar{\eta}) - \delta}{\sqrt{\frac{\sigma_1^2}{n_1} + \frac{\sigma_2^2}{n_2}}} = Z \sim N(0, 1).$$

于是,由标准正态的上分位数,可得当 H_0 为真时,有

$$P\left\{\frac{(\bar{\xi} - \bar{\eta}) - \delta}{\sqrt{\frac{\sigma_1^2}{n_1} + \frac{\sigma_2^2}{n_2}}} \geqslant z_\alpha\right\} = \alpha.$$

再讨论 $H_0: \mu_1 - \mu_2 \leqslant \delta$; $H_1: \mu_1 - \mu_2 > \delta$, 当 H_0 为真时,有

$$\frac{(\bar{\xi} - \bar{\eta}) - \delta}{\sqrt{\frac{\sigma_1^2}{n_1} + \frac{\sigma_2^2}{n_2}}} \leqslant \frac{(\bar{\xi} - \bar{\eta}) - (\mu_1 - \mu_2)}{\sqrt{\frac{\sigma_1^2}{n_1} + \frac{\sigma_2^2}{n_2}}},$$

于是由

$$\frac{(\bar{\xi} - \bar{\eta}) - \delta}{\sqrt{\frac{\sigma_1^2}{n_1} + \frac{\sigma_2^2}{n_2}}} \geqslant z_\alpha \quad \text{可以推出} \quad \frac{(\bar{\xi} - \bar{\eta}) - (\mu_1 - \mu_2)}{\sqrt{\frac{\sigma_1^2}{n_1} + \frac{\sigma_2^2}{n_2}}} \geqslant z_\alpha,$$

由此可得

$$\left\{\frac{(\bar{\xi} - \bar{\eta}) - \delta}{\sqrt{\frac{\sigma_1^2}{n_1} + \frac{\sigma_2^2}{n_2}}} \geqslant z_\alpha\right\} \subseteq \left\{\frac{(\bar{\xi} - \bar{\eta}) - (\mu_1 - \mu_2)}{\sqrt{\frac{\sigma_1^2}{n_1} + \frac{\sigma_2^2}{n_2}}} \geqslant z_\alpha\right\}.$$

根据推论 1.4.3 和标准正态的分位数,得 H_0 为真时有

$$P\left\{\frac{(\bar{\xi}-\bar{\eta})-\delta}{\sqrt{\frac{\sigma_1^2}{n_1}+\frac{\sigma_2^2}{n_2}}}\geqslant z_\alpha\right\}\leqslant P\left\{\frac{(\bar{\xi}-\bar{\eta})-(\mu_1-\mu_2)}{\sqrt{\frac{\sigma_1^2}{n_1}+\frac{\sigma_2^2}{n_2}}}\geqslant z_\alpha\right\}=\alpha.$$

综上所述,先后讨论的两个假设检验问题有相同的拒绝域

$$X_0=\left\{(x_1,x_2,\cdots,x_n;y_1,y_2,\cdots,y_n):\frac{(\bar{x}-\bar{y})-\delta}{\sqrt{\frac{\sigma_1^2}{n_1}+\frac{\sigma_2^2}{n_2}}}\geqslant z_\alpha\right\},$$

于是,得到假设检验问题(2)的检验法则:

若 $\dfrac{(\bar{x}-\bar{y})-\delta}{\sqrt{\dfrac{\sigma_1^2}{n_1}+\dfrac{\sigma_2^2}{n_2}}}\geqslant z_\alpha$,则拒绝 H_0;

若 $\dfrac{(\bar{x}-\bar{y})-\delta}{\sqrt{\dfrac{\sigma_1^2}{n_1}+\dfrac{\sigma_2^2}{n_2}}}< z_\alpha$,则接受 H_0.

σ_1^2,σ_2^2 已知时的假设检验问题(1)与问题(3),也是用共同统计量

$$Z=\frac{(\bar{\xi}-\bar{\eta})-(\mu_1-\mu_2)}{\sqrt{\frac{\sigma_1^2}{n_1}+\frac{\sigma_2^2}{n_2}}}\sim N(0,1).$$

因此,σ_1^2,σ_2^2 为已知时,均值差 $\mu_1-\mu_2$ 的检验法都是 Z 检验法.

3.3.2 方差未知但相等时,均值差 $\mu_1-\mu_2$ 的假设检验

当 σ_1^2,σ_2^2 为未知时,但 $\sigma_1^2=\sigma_2^2$ 时,均值差 $\mu_1-\mu_2$ 的常见的假设检验问题与 σ_1^2,σ_2^2 为已知时的情形一样,仍然是那三个问题,但不能再用

$$\frac{(\bar{\xi}-\bar{\eta})-(\mu_1-\mu_2)}{\sqrt{\frac{\sigma_1^2}{n_1}+\frac{\sigma_2^2}{n_2}}}=Z\sim N(0,1).$$

作为检验统计量.此时,根据推论1.4.6,有

$$T=\frac{(\bar{\xi}-\bar{\eta})-(\mu_1-\mu_2)}{S_w\sqrt{\frac{1}{n_1}+\frac{1}{n_2}}}\sim t(n_1+n_2-2),$$

其中

$$S_w=\sqrt{\frac{(n_1-1)S_1^{*2}+(n_2-1)S_2^{*2}}{n_1+n_2-2}}=\sqrt{\frac{n_1S_1^2+n_2S_2^2}{n_1+n_2-2}}.$$

只要用 T 作为检验统计量,其他做法与 σ_1^2,σ_2^2 为已知时完全类似,不再重复,得到的检验法则列在表3-3.

表 3-3 两正态总体均值差的检验法则

	H_0	H_1	σ_1^2, σ_2^2 为已知	σ_1^2, σ_2^2 为未知,但知 $\sigma_1^2=\sigma_2^2$
			在显著性水平 α 下拒绝 H_0,若	
I	$\mu_1-\mu_2=\delta$	$\mu_1-\mu_2\neq\delta$	$\dfrac{\lvert(\bar{x}-\bar{y})-\delta\rvert}{\sqrt{\dfrac{\sigma_1^2}{n_1}+\dfrac{\sigma_2^2}{n_2}}}\geqslant z_{\alpha/2}$	$\dfrac{\lvert(\bar{x}-\bar{y})-\delta\rvert}{S_w\sqrt{\dfrac{1}{n_1}+\dfrac{1}{n_2}}}\geqslant t_{\alpha/2}(n_1+n_2-2)$
II	$\mu_1-\mu_2=\delta$	$\mu_1-\mu_2>\delta$	$\dfrac{(\bar{x}-\bar{y})-\delta}{\sqrt{\dfrac{\sigma_1^2}{n_1}+\dfrac{\sigma_2^2}{n_2}}}\geqslant z_{\alpha}$	$\dfrac{(\bar{x}-\bar{y})-\delta}{S_w\sqrt{\dfrac{1}{n_1}+\dfrac{1}{n_2}}}\geqslant t_{\alpha}(n_1+n_2-2)$
III	$\mu_1-\mu_2\leqslant\delta$	$\mu_1-\mu_2>\delta$		
IV	$\mu_1-\mu_2=\delta$	$\mu_1-\mu_2<\delta$	$\dfrac{(\bar{x}-\bar{y})-\delta}{\sqrt{\dfrac{\sigma_1^2}{n_1}+\dfrac{\sigma_2^2}{n_2}}}\leqslant z_{1-\alpha}$	$\dfrac{(\bar{x}-\bar{y})-\delta}{S_w\sqrt{\dfrac{1}{n_1}+\dfrac{1}{n_2}}}\leqslant t_{1-\alpha}(n_1+n_2-2)$
V	$\mu_1-\mu_2\geqslant\delta$	$\mu_1-\mu_2<\delta$		

当 σ_1^2, σ_2^2 未知,且 $\sigma_1^2=\sigma_2^2$ 时,关于均值差 $\mu_1-\mu_2$ 的各种检验问题都是用 T 检验法. 在实际工作中,抽取时常取 $n_1=n_2=n$,所用统计量成为

$$T=\frac{(\bar{\xi}-\bar{\eta})-(\mu_1-\mu_2)}{\sqrt{\dfrac{S_1^{*2}+S_2^{*2}}{n}}}\sim t(2n-2),$$

此时计算得到简化.

σ_1^2, σ_2^2 未知,但 $\sigma_1^2\neq\sigma_2^2$ 时,只要 $\min\{n_1,n_2\}=n$ 充分大,对均值差 $\mu_1-\mu_2$ 常见的三个假设检验问题,可以根据定理 2.2.6

$$\frac{(\bar{\xi}-\bar{\eta})-(\mu_1-\mu_2)}{\sqrt{\dfrac{S_1^2+S_2^2}{n}}}\Rightarrow N(0,1)\ (n\to+\infty).$$

以此作近似的 Z 检验.

如果 $\min\{n_1,n_2\}=n$ 不足够大,且 $n_1\neq n_2$,对均值差 $\mu_1-\mu_2$ 检验,这里介绍斯切非(Scheffe)的解法,不妨假设 $n_1<n_2$,定义

$$Z_i=\xi_i-\sqrt{\frac{n_1}{n_2}}\eta_i+\frac{1}{\sqrt{n_1 n_2}}\sum_{k=1}^{n_1}\eta_k-\frac{1}{n_2}\sum_{k=1}^{n_2}\eta_k\ (i=1,\cdots,n_1),$$

则有

$$E(Z_i)=\mu_1-\sqrt{\frac{n_1}{n_2}}\mu_2+\sqrt{\frac{n_1}{n_2}}\mu_2-\mu_2=\mu_1-\mu_2,$$

$$D(Z_i)=E\left[\xi_i-\mu_1-\sqrt{\frac{n_1}{n_2}}(\eta_i-\mu_2)+\frac{1}{\sqrt{n_1 n_2}}\sum_{k=1}^{n_1}(\eta_k-\mu_2)-\right.$$

$$\left.\frac{1}{n_2}\sum_{k=1}^{n_2}(\eta_k-\mu_2)\right]^2$$

$$=\sigma_1^2+\frac{n_1}{n_2}\sigma_2^2+\sigma_2^2\left(\frac{n_1}{n_1 n_2}+\frac{n_2}{n_2^2}-\frac{2}{n_2}+\frac{2\sqrt{n_1}}{n_2\sqrt{n_2}}-\frac{2n_1}{n_2\sqrt{n_1 n_2}}\right)$$

$$=\sigma_1^2+\frac{n_1}{n_2}\sigma_2^2,$$

$$\text{cov}(Z_i,Z_j)=0\ (i\neq j,i,j=1,2,\cdots,n_1).$$

于是 $Z_1,\cdots,Z_{n_1}$ 为来自总体 Z 服从正态 $N(\mu_1-\mu_2,\sigma_1^2+\frac{n_1}{n_2}\sigma_2^2)$ 的样本,此时,关于数学期望是否相等的检验等价于考虑如下假设检验问题:

$$H_0:\mu_1-\mu_2=0,\quad H_1:\mu_1-\mu_2\neq 0.$$

记 $\sigma=\sqrt{\sigma_1^2+\frac{n_1}{n_2}\sigma_2^2}$,$\sigma$ 未知,这时采用 T 检验法:

记 $\overline{Z}=\frac{1}{n_1}\sum_{i=1}^{n_1}Z_i$,$S^2=\frac{1}{n_1}\sum_{i=1}^{n_1}(Z_i-\overline{Z})^2.$

则当 H_0 成立时,可建立统计量

$$\sqrt{n_1-1}\,\frac{\overline{Z}}{S}\sim t(n_1-1).$$

作为对 H_0 的检验统计量.

例 3.3.1 在例 3.2.2 中,对甲、乙两种橡胶轮胎的耐磨性能进行的试验,用实验数据配对分析法,在显著性水平 $\alpha=0.05$ 下,得出甲、乙两种轮胎的耐磨性能有显著差异.下面用试验数据的不配对方法再来讨论这个问题.

解 甲、乙两种轮胎的磨损量前面已分别记为 $\xi\sim N(\mu_1,\sigma_1^2)$,$\eta\sim N(\mu_2,\sigma_2^2)$. 用试验数据的不配对进行分析,即两个正态总体均值差的假设检验问题.

注意,对这类没有给出方差(方差未知)的两个正态总体均值差的检验问题,首先必须检验它们的方差相等(方差齐性),即检验 $H_0:\sigma_1^2=\sigma_2^2$. 这个问题可用 3.3.3 节内容进行检验证实.

于是,问题就转化为 σ_1^2,σ_2^2 为未知但 $\sigma_1^2=\sigma_2^2$,在显著性水平 $\alpha=0.05$ 下,检验假设

$$H_0:\mu_1-\mu_2=0;\ H_1:\mu_1-\mu_2\neq 0.$$

检验法则:

若 $\dfrac{|(\overline{x}-\overline{y})-0|}{S_w\sqrt{\dfrac{1}{n_1}+\dfrac{1}{n_2}}}\geq t_{\alpha/2}(n_1+n_2-2)$,则拒绝 H_0.

根据例 3.2.2 的数据,易算得

$$\overline{x}=6145,\ S_1^{*2}=1\,867\,314,$$
$$\overline{y}=5825,\ S_2^{*2}=1\,204\,429.$$

查表得
$$t_{\alpha/2}(n_1+n_2-2)=t_{0.025}(14)=2.1448.$$

因为
$$\frac{|(\bar{x}-\bar{y})-0|}{S_w\sqrt{\frac{1}{n_1}+\frac{1}{n_2}}}=\frac{|\bar{x}-\bar{y}|}{\sqrt{\frac{S_1^{*2}+S_2^{*2}}{n}}}=\frac{320}{619.65}=0.516<2.1448,$$

所以接受 H_0，即认为甲、乙两种轮胎的耐磨性能的差异不显著.

这表明：这个问题在同一显著水平 $\alpha=0.05$ 下，用试验数据的配对分析与不配对分析，所得的结论不一致. 究竟哪一个结论正确，对这个问题，用试验数据配对分析所得结论是正确的. 这是因为处于同一架飞机上的甲、乙两轮胎，可认为耐磨试验条件是完全相同的，因此只要甲、乙两种轮胎的耐磨性能有显著差异，那么这种差异就会从同一架飞机得到的甲、乙两种轮胎的磨损数据之差 $x_i-y_i(i=1,2,\cdots,8)$ 反映出来. 可见，数据配对分析突出了甲、乙两种轮胎的耐磨性能的差异，排除了其他各种因素对数据分析的干扰. 一般地，为考虑甲、乙两种产品的质量指标的差异，而又不易保证所有试验条件一致，把试验条件相同的甲、乙两种产品的实验数据进行配对分析，以比较两总体的均值是否有显著差异，那是合适的. 如果不是这样，而是随意把试验数据进行配对分析，则配对方式不同就可能得出不同的结论.

参考程序如下：

x<-c (4900,5220,5500,6020,6340,7660,8650,4870)

y<-c (4930,4900,5140,5700,6110,6880,7930,5010)

t.test(x,y,conf.level=0.95)

例 3.3.2 在平炉上进行一项试验，以确定改变操作方法的建议是否会增加钢的得率 $(=\frac{\text{实际所得量}}{\text{理论所得量}})$. 试验是在同一只平炉上做的，每炼一炉钢时，除操作方法外，其他条件都尽可能做得相同. 先用标准方法炼一炉，然后用建议的方法炼一炉，其后交替进行各炼了 10 炉，其得率分别如下.

标准方法：78.1 72.4 76.2 74.3 77.4 78.4 76.0 75.5 76.7 77.3；

新方法：79.1 81.0 77.3 79.1 80.0 79.1 79.1 77.3 80.2 82.1.

设这两个样本相互独立，并且都来自正态总体. 问建议的操作方法能否提高得率？取 $\alpha=0.05$.

解 对这个问题，实际上是检验两正态总体的方差齐性 $H_0:\sigma_1^2=\sigma_2^2$ 问题，下一节有详细讲解.

下面检验模型条件是 σ_1^2,σ_2^2 为未知，且 $\sigma_1^2=\sigma_2^2$，在显著性水平 $\alpha=0.05$ 下，检验
$$H_0:\mu_1-\mu_2=0;\ H_1:\mu_1-\mu_2<0.$$

其检验法则：

若 $\dfrac{|(\bar{x}-\bar{y})-0|}{S_w\sqrt{\dfrac{1}{n_1}+\dfrac{1}{n_2}}} \leqslant t_{1-\alpha}(n_1+n_2-2)$，则拒绝 H_0.

先求出每个总体的样本均值及（修正）样本方差，即有

$$n_1=10, \bar{x}=76.23, S_1^{*2}=3.325;$$

$$n_2=10, \bar{y}=79.43, S_2^{*2}=2.225.$$

查表得 $t_{1-\alpha}(n_1+n_2-2)=t_{0.95}(18)=-t_{0.05}(18)=-2.8784$.

因

$$\dfrac{|(\bar{x}-\bar{y})-0|}{S_w\sqrt{\dfrac{1}{n_1}+\dfrac{1}{n_2}}}=\dfrac{|\bar{x}-\bar{y}|}{\sqrt{\dfrac{S_1^{*2}+S_2^{*2}}{n}}}=\dfrac{(76.23-79.43)-0}{\sqrt{\dfrac{3.325+2.225}{10}}}$$

$$=-4.295<-2.8784,$$

故拒绝 H_0. 即认为新的操作方法较原来的标准方法为优.

参考程序如下：

x<-c(78.1,72.4,76.2,74.3,77.4,78.4,76.0,75.5,76.7,77.3)
y<-c(79.1,81.0,77.3,79.1,80.0,79.1,79.1,77.3,80.2,82.1)
t.test(x,y,conf.level=0.95,alternative="less")

一般地，两个总体均值差异的显著性检验，其实际意义是一种选优的统计方法．例 3.3.2 清楚地表明了这点．至于多个总体的均值之间的差异性的显著性检验，在方差分析及正交试验的内容中再作介绍.

3.3.3 μ_1,μ_2 为未知时，方差的假设检验

当 μ_1,μ_2 为未知时，在显著性水平 α 下，关于两个正态总体 ξ,η 的方差 σ_1^2,σ_2^2 常见的假设检验问题有 3 类：

(1) $H_0:\sigma_1^2=\sigma_2^2$，$H_1:\sigma_1^2\neq\sigma_2^2$．（双侧检验）

(2) $H_0:\sigma_1^2=\sigma_2^2$，$H_1:\sigma_1^2>\sigma_2^2$；

$H_0:\sigma_1^2\leqslant\sigma_2^2$，$H_1:\sigma_1^2>\sigma_2^2$. （右侧检验）

(3) $H_0:\sigma_1^2=\sigma_2^2$，$H_1:\sigma_1^2<\sigma_2^2$；

$H_0:\sigma_1^2\geqslant\sigma_2^2$，$H_1:\sigma_1^2<\sigma_2^2$. （左侧检验）

下面来推导问题(1)的检验法则．

由于 S_1^{*2},S_2^{*2} 分别是 σ_1^2,σ_2^2 的 UMVUE，因此，当 H_0 为真时，比值 $\dfrac{S_1^{*2}}{S_2^{*2}}$ 应该接近 1；若比值 $\dfrac{S_1^{*2}}{S_2^{*2}}$ 接近 0 或比 1 大得多，就应该认为在假定 H_0 为真时出现了小概率事件，从而应该拒绝 H_0，于是取

$$P\left\{\frac{S_1^{*2}}{S_2^{*2}} \leqslant k_1 \mid H_0 \text{ 为真}\right\} + P\left\{\frac{S_1^{*2}}{S_2^{*2}} \geqslant k_2 \mid H_0 \text{ 为真}\right\} = \alpha,$$

其中，$k_1 < k_2$，且 k_1 和 k_2 为适当两个正常数，取

$$P\left\{\frac{S_1^{*2}}{S_2^{*2}} \leqslant k_1 \mid H_0 \text{ 为真}\right\} = P\left\{\frac{S_1^{*2}}{S_2^{*2}} \geqslant k_2 \mid H_0 \text{ 为真}\right\} = \frac{\alpha}{2}.$$

根据推论 1.4.7，有

$$F = \frac{S_1^{*2}}{S_2^{*2}} \cdot \frac{\sigma_2^2}{\sigma_1^2} \sim F(n_1 - 1, n_2 - 1).$$

当 H_0 为真时，便有 $F = \frac{S_1^{*2}}{S_2^{*2}} \sim F(n_1 - 1, n_2 - 1)$. 再由 F 分布的分位数，可得

$$P\left\{\frac{S_1^{*2}}{S_2^{*2}} \leqslant F_{1-\alpha/2}(n_1-1, n_2-1)\right\} = P\left\{\frac{S_1^{*2}}{S_2^{*2}} \geqslant F_{\alpha/2}(n_1-1, n_2-1)\right\} = \frac{\alpha}{2},$$

$$P\left(\left\{\frac{S_1^{*2}}{S_2^{*2}} \leqslant F_{1-\alpha/2}(n_1-1, n_2-1)\right\} + \left\{\frac{S_1^{*2}}{S_2^{*2}} \geqslant F_{\alpha/2}(n_1-1, n_2-1)\right\}\right) = \alpha.$$

这表明检验的拒绝域为

$$X_0 = \left\{(x_1, x_2, \cdots, x_{n_1}; y_1, y_2, \cdots, y_{n_2}): \frac{S_1^{*2}}{S_2^{*2}} \leqslant F_{1-\alpha/2}(n_1-1, n_2-1) \text{ 或} \right.$$

$$\left. \frac{S_1^{*2}}{S_2^{*2}} \geqslant F_{\alpha/2}(n_1-1, n_2-1)\right\}.$$

或者说，假设检验问题(1)的检验法则为：

若 $\frac{S_1^{*2}}{S_2^{*2}} \leqslant F_{1-\alpha/2}(n_1-1, n_2-1)$ 或 $\frac{S_1^{*2}}{S_2^{*2}} \geqslant F_{\alpha/2}(n_1-1, n_2-1)$，则拒绝 H_0；

若 $F_{1-\alpha/2}(n_1-1, n_2-1) < \frac{S_1^{*2}}{S_2^{*2}} < F_{\alpha/2}(n_1-1, n_2-1)$，则接受 H_0.

其他问题的检验法则见表 3-4，读者自己可推导.

表 3-4 两正态总体方差检验法则

	H_0	H_1	μ_1, μ_2 为已知	μ_1, μ_2 为未知
			在显著性水平 α 下拒绝 H_0，若	
I	$\sigma_1^2 = \sigma_2^2$	$\sigma_1^2 \neq \sigma_2^2$	$\dfrac{\dfrac{1}{n_1}\sum_{i=1}^{n_1}(x_i-\mu_1)^2}{\dfrac{1}{n_2}\sum_{i=1}^{n_2}(y_i-\mu_2)^2} \geqslant F_{\alpha/2}(n_1, n_2)$ 或 $\dfrac{\dfrac{1}{n_1}\sum_{i=1}^{n_1}(x_i-\mu_1)^2}{\dfrac{1}{n_2}\sum_{i=1}^{n_2}(y_i-\mu_2)^2} \leqslant F_{1-\alpha/2}(n_1, n_2)$	$\dfrac{S_1^{*2}}{S_2^{*2}} \geqslant F_{\alpha/2}(n_1-1, n_2-1)$ 或 $\dfrac{S_1^{*2}}{S_2^{*2}} \leqslant F_{1-\alpha/2}(n_1-1, n_2-1)$

续表 3-4

	H_0	H_1	μ_1,μ_2 为已知	μ_1,μ_2 为未知
			在显著性水平 α 下拒绝 H_0,若	
Ⅱ	$\sigma_1^2=\sigma_2^2$	$\sigma_1^2>\sigma_2^2$	$\dfrac{\dfrac{1}{n_1}\sum\limits_{i=1}^{n_1}(x_i-\mu_1)^2}{\dfrac{1}{n_2}\sum\limits_{i=1}^{n_2}(y_i-\mu_2)^2}\geqslant F_\alpha(n_1,n_2)$	$\dfrac{S_1^{*2}}{S_2^{*2}}\geqslant F_\alpha(n_1-1,n_2-1)$
Ⅲ	$\sigma_1^2\leqslant\sigma_2^2$	$\sigma_1^2>\sigma_2^2$		
Ⅳ	$\sigma_1^2=\sigma_2^2$	$\sigma_1^2<\sigma_2^2$	$\dfrac{\dfrac{1}{n_1}\sum\limits_{i=1}^{n_1}(x_i-\mu_1)^2}{\dfrac{1}{n_2}\sum\limits_{i=1}^{n_2}(y_i-\mu_2)^2}\leqslant F_{1-\alpha}(n_1,n_2)$	$\dfrac{S_1^{*2}}{S_2^{*2}}\leqslant F_{1-\alpha}(n_1-1,n_2-1)$
Ⅴ	$\sigma_1^2\geqslant\sigma_2^2$	$\sigma_1^2<\sigma_2^2$		

附注:(1)在抽取样本时,若无特殊限制,可取样本容量 $n_1=n_2=n$.这样,计算简单些.

(2)对于表 3-4 的 Ⅰ 项,当 μ_1,μ_2 为未知时,在获得两个样本值后,先计算两个修正样本方差,值大者记为 S_1^{*2},值小者记为 S_2^{*2}.其好处是 $F=(S_1^{*2}/S_2^{*2})>1$,而不会与 0 接近.此时双侧检验(μ_1,μ_2 均未知)的检验法则成为:

若 $\dfrac{S_1^{*2}}{S_2^{*2}}\geqslant F_{\alpha/2}(n_1-1,n_2-1)$,则拒绝 H_0;若 $\dfrac{S_1^{*2}}{S_2^{*2}}<F_{\alpha/2}(n_1-1,n_2-1)$,则接受 H_0.

对于表 3-4 的 Ⅰ 项,当 μ_1,μ_2 为已知时,处理方法将会简便些.

3.3.4 μ_1,μ_2 为已知时,方差的假设检验

此时,所采用的检验变量为

$$\dfrac{\dfrac{1}{n_1\sigma_1^2}\sum\limits_{i=1}^{n_1}(\xi_i-\mu_1)^2}{\dfrac{1}{n_2\sigma_2^2}\sum\limits_{i=1}^{n_2}(\eta_i-\mu_2)^2}=F\sim F(n_1,n_2).$$

检验的其余步骤、方法与 μ_1,μ_2 为未知的情形完全类似.在此不重复,只把检验法则列在表 3-4 中.在应用中 μ_1,μ_2 为一致的情形比较少见.

两个正态总体方差的假设检验,不论 μ_1,μ_2 是已知还是未知,检验统计量都是 F 变量.因此,这种检验方法称为 F 检验法.

例 3.3.3 冶炼某种金属有两种方法,为了检验用这两种方法生产的产品中所含杂质的波动性是否有明显差异,各取一个样本,得数据(含杂质的百分数)如下.

甲:26.9,22.8,25.7,23.0,22.3,24.2,26.1,26.4,27.2,30.2,24.5,29.5,25.1;

乙:22.6,22.5,20.6,23.5,24.3,21.9,20.6,23.2,23.4.

由经验知道,产品的杂质含量服从正态分布,取 $\alpha=0.05$.

解 设甲、乙两种冶炼方法所生产的产品的杂质含量分别记为 ξ,η.假定 $\xi\sim N(\mu_1,\sigma_1^2),\eta\sim N(\mu_2,\sigma_2^2)$,则检验杂质含量的波动性的大小,也就是比较总体方差的大小,故问

题化为 μ_1, μ_2 为未知,在显著性水平 $\alpha=0.05$ 下,检验假设

$$H_0: \sigma_1^2 = \sigma_2^2; \quad H_1: \sigma_1^2 \neq \sigma_2^2.$$

检验法则:

若 $\dfrac{S_1^{*2}}{S_2^{*2}} \leqslant F_{1-\alpha/2}(n_1-1, n_2-1)$ 或 $\dfrac{S_1^{*2}}{S_2^{*2}} \geqslant F_{\alpha/2}(n_1-1, n_2-1)$,则拒绝 H_0.

先求出各方法的样本均值及修正样本方差

$$n_1 = 13, \bar{x} = 25.68, S_1^{*2} = 5.862;$$
$$n_2 = 9, \bar{y} = 22.51, S_2^{*2} = 1.641.$$

得

$$\frac{S_1^{*2}}{S_2^{*2}} = \frac{5.862}{1.641} = 3.572 > 1.$$

查 F 分布表,得

$$F_{\alpha/2}(n_1-1, n_2-1) = F_{0.025}(12, 8) = 4.21.$$

因为

$$\frac{S_1^{*2}}{S_2^{*2}} = 3.572 < 4.21 = F_{\alpha/2}(n_1-1, n_2-1),$$

根据表 3-4 的附注(2),应接受 H_0,即认为用甲、乙两种冶炼方法所生产的产品杂质含量的波动性无明显差异.

由于 $S_1^{*2} > S_2^{*2}$,可考虑作单侧检验: $H_0: \sigma_1^2 = \sigma_2^2$; $H_1: \sigma_1^2 > \sigma_2^2$.

检验法则:

若 $\dfrac{S_1^{*2}}{S_2^{*2}} \geqslant F_\alpha(n_1-1, n_2-1)$,则拒绝 H_0.

查 F 分布表(仍取 $\alpha=0.05$)得 $F_\alpha(n_1-1, n_2-1) = F_{0.05}(12, 8) = 3.28$.

因为

$$\frac{S_1^{*2}}{S_2^{*2}} = 3.572 > 3.28 = F_\alpha(n_1-1, n_2-1).$$

故拒绝 H_0. 即认为甲种方法生产的产品的杂质含量的波动性比较大.

两种解法都正确,但结论相反,对于重要的实际问题,可进一步做试验,增大样本容量 n_1 与 n_2,然后再进行检验.

参考程序如下:

x<-c(26.9,22.8,25.7,23.0,22.3,24.2,26.1,26.4,27.2,30.2,24.5,29.5,25.1)

y<-c (22.6,22.5,20.6,23.5,24.3,21.9,20.6,23.2,23.4)

var.test (x, y, alternative= "two .sided")

var.test (x, y, alternative= "greater")

注:var.test( )为 F 检验程序,一般形式为 var.test (x, y, ratio=1, alternative=c("two.sided","less","greater"),conf.level＝0.95,⋯). 选项"ratio＝1"代表原假设,选项"alternative"可选择双边检验和上侧或下侧单边检验.

到此,正态总体参数的假设检验已经讨论完毕,为了便于记忆,现概括一下检验问题与所用的检验方法的关系.

正态总体检验的类别：

(1) 总体均值检验 $\begin{cases} Z \text{ 检验法(方差为已知)}, \\ T \text{ 检验法(方差为未知)}; \end{cases}$

(2) 总体方差检验 $\begin{cases} \chi^2 \text{ 检验法(对一个总体)}, \\ F \text{ 检验法(对两个总体)}. \end{cases}$

3.4 非正态总体均值的假设检验

前面讨论的假设检验都是在总体服从正态分布的假定之下进行的,绝大部分对样本容量 n 没有任何限制,但在实际应用中,有时会遇到总体不服从正态分布甚至总体分布的情况都不知道,此时,检验总体参数的统计量的精确分布,通常很难找到或者很复杂不便于使用,但借助于 $n \to \infty$ 时统计量的极限分布,可以对总体参数作近似检验. 这种检验所用的样本必须是大样本,但没有一个标准可用来衡量样本容量,因为这与所采用的统计量趋于它的极限分布的快慢有关. 一般地说, n 越大近似检验效果越好,而实用上一般要求 $n \geqslant 30$, 大于 50 或 100 的效果会更好.

设 $(\xi_1, \xi_2, \cdots, \xi_n)$ 为总体 ξ 的一个样本, $(x_1, x_2, \cdots, x_n)$ 为样本观测值; $(\eta_1, \eta_2, \cdots, \eta_{n_2})$ 为另一总体 η 的一个样本, $(y_1, y_2, \cdots, y_{n_2})$ 为样本观测值. 假定两样本相互独立(讨论两总体时,通常让总体 ξ 的容量 n 换为 n_1). 其他记号如 $\bar{\xi}, \bar{\eta}, \bar{x}, \bar{y}, S_1^2, S_2^2, S_1^{*2}, S_2^{*2}$ 等统计量及其观测值的记号同前文叙述,在使用时往往不再说明.

3.4.1 方差已知时,一个总体的均值的假设检验

设 ξ 为任意一个总体,方差 $D[\xi]$ 为已知,且 $0 < D[\xi] < +\infty$, 在显著性水平 α 下,关于总体均值 $E[\xi]$ 的常见假设检验问题有 3 类：

(1) $H_0: E[\xi] = \mu_0$, $H_1: E[\xi] \neq \mu_0$. (双侧检验)

(2) $H_0: E[\xi] = \mu_0$, $H_1: E[\xi] > \mu_0$;
    $H_0: E[\xi] \leqslant \mu_0$, $H_1: E[\xi] > \mu_0$. (右侧检验)

(3) $H_0: E[\xi] = \mu_0$, $H_1: E[\xi] < \mu_0$;
    $H_0: E[\xi] \geqslant \mu_0$, $H_1: E[\xi] < \mu_0$. (左侧检验)

其中, μ_0 为已知常数.

根据定理 1.4.5, 有

$$\frac{\bar{\xi}-E[\xi]}{\sqrt{D[\xi]/n}} \Rightarrow N(0,1) \ (n \to \infty).$$

用统计量 $\dfrac{\bar{\xi}-E[\xi]}{\sqrt{D[\xi]/n}}$ 作近似的 Z 检验，类似 3.3.2 节的方差为已知时的方法，对一个正态总体均值的假设作检验，可得到上面列出的各个假设检验问题的近似检验法则，与表 3-1 中方差为已知的那一栏的法则类似，以问题(1)为例作一些阐述.

在检验问题(1)中，当 H_0 为真，且 n 充分大时，近似地有

$$P\left\{\frac{|\bar{\xi}-\mu_0|}{\sqrt{D[\xi]/n}} \geqslant z_{\alpha/2}\right\} = \alpha.$$

即得检验的拒绝域为 $X_0 = \left\{(x_1, x_2, \cdots, x_n); \dfrac{|\bar{x}-\mu_0|}{\sqrt{D[\xi]/n}} \geqslant z_{\alpha/2}\right\}$.

于是，假设检验问题(1)的检验法则：

若 $\dfrac{|\bar{x}-\mu_0|}{\sqrt{D[\xi]/n}} \geqslant z_{\alpha/2}$，则拒绝 H_0，即认为总体均值 $E[\xi]$ 与 H_0 给定的 μ_0 有显著差异；

若 $\dfrac{|\bar{x}-\mu_0|}{\sqrt{D[\xi]/n}} < z_{\alpha/2}$，则接受 H_0，即认为总体均值 $E[\xi]$ 与 H_0 给定的 μ_0 无显著差异.

3.4.2 方差未知时，一个总体的均值的假设检验

设 ξ 为任意分布的一个总体，方差 $D[\xi]$ 未知且大于 0. 在显著性水平 α 下，关于总体均值 $E[\xi]$ 的常见假设检验问题与方差 $D[\xi]$ 为已知时的相同，此时，所用的检验统计量为 $\dfrac{\bar{\xi}-E[\xi]}{S/\sqrt{n}}$. 根据定理 2.2.5，有

$$\frac{\bar{\xi}-E[\xi]}{S/\sqrt{n}} \Rightarrow N(0,1).$$

该检验法也是近似的 Z 检验法，此时常见的各假设检验问题的检验法则，只需把已知情形的方差 $D[\xi]$ 换为 S^2 或 S^{*2} 即可，例如，$D[\xi]$ 为未知时的右侧检验，其检验法则：

若 $\dfrac{\bar{x}-\mu_0}{S/\sqrt{n}} \geqslant z_\alpha$，则拒绝 H_0；

若 $\dfrac{\bar{x}-\mu_0}{S/\sqrt{n}} < z_\alpha$，则接受 H_0.

把 S 换为 S^* 结论不变，若方差 $D[\xi]$ 未知，结论依然正确需样本容量足够大，如 $n \geqslant 100$.

例 3.4.1 设总体 ξ 服从 $0-1$ 分布，$\xi \sim B(1, p)$，$(\xi_1, \xi_2, \cdots, \xi_n)$ 为 ξ 的样本（$n \geqslant 30$）. 在显著性水平 α 下，检验假设

$$H_0: p = p_0; \quad H_1: p < p_0.$$

其中 $p_0(0<p_0<1)$ 为已知常数.

解 由 $\xi \sim B(1,p)$，得 $E[\xi]=p$，$D[\xi]=p(1-p)$.
当样本容量 $n \to \infty$ 时，有渐近性质：
$$\frac{\bar{\xi}-E[\xi]}{\sqrt{D[\xi]/n}} \Rightarrow N(0,1).$$

于是，当 H_0 为真且 n 充分大时，近似有
$$P\left\{\frac{\bar{\xi}-p_0}{\sqrt{p_0(1-p_0)/n}} \leqslant z_{1-\alpha}\right\}=\alpha.$$

故得检验法则：

若 $\dfrac{\bar{x}-p_0}{\sqrt{p_0(1-p_0)/n}} \leqslant z_{1-\alpha}$，则拒绝 H_0；

若 $\dfrac{\bar{x}-p_0}{\sqrt{p_0(1-p_0)/n}} > z_{1-\alpha}$，则接受 H_0.

即对于 0-1 分布的总体 $B(1,p)$，当原假设是简单假设，即 $p=p_0$ 时，总体方差满足 $D[\xi]=p_0(1-p_0)$，但当 H_0 为复合假设时（此时 $D[\xi] \neq p_0(1-p_0)$），则不能这样处理.

例如，
$$H_0: p \geqslant p_0; \quad H_1: p < p_0.$$

其中 p_0 为已知常数 $(0<p_0<1)$，注意到当 $\xi \sim B(1,p)$ 时，有 $S^2=\bar{\xi}(1-\bar{\xi})$，我们有以下检验法则：

若 $\dfrac{\bar{x}-p_0}{\sqrt{\bar{x}(1-\bar{x})/n}} \leqslant z_{1-\alpha}$，则拒绝 H_0；

若 $\dfrac{\bar{x}-p_0}{\sqrt{\bar{x}(1-\bar{x})/n}} > z_{1-\alpha}$，则接受 H_0.

类似点估计，0-1 分布中参数 p 的假设检验等价于某事件发生概率为 p 的检验问题.

例 3.4.2 某厂生产一批产品，质量检查规定：次品率 $p \leqslant 0.05$，则这批产品可以出厂，否则不能出厂，现从这批产品中抽查 400 件产品，发现有 32 件是次品，问：在显著性水平 $\alpha=0.02$ 下，这批产品能否出厂？

解 定义产品质量指标函数
$$\xi = \begin{cases} 0, & \text{产品为正品,} \\ 1, & \text{产品为次品.} \end{cases}$$

易知 $\xi \sim B(1,p)$，这里参数 p 代表产品的次品率. 在显著性水平 $\alpha=0.02$ 下，问题转化为检验假设
$$H_0: p \leqslant p_0=0.05; \quad H_1: p > p_0=0.05.$$

设 $(\xi_1, \xi_2, \cdots, \xi_{400})$ 是样本，$(x_1, x_2, \cdots, x_{400})$ 为样本观察值. 则检验法则：

若 $\dfrac{\bar{x} - p_0}{\sqrt{\bar{x}(1-\bar{x})/n}} \geqslant z_\alpha$，则拒绝 H_0，否则接受 H_0.

令

$$\xi_i = \begin{cases} 0, & \text{第 } i \text{ 次抽得的产品为正品,} \\ 1, & \text{第 } i \text{ 次抽得的产品为次品,} \end{cases} \quad (i=1,2,\cdots,400).$$

由题意，有 $\bar{x} = \dfrac{32}{400} = 0.08$.

$$\frac{\bar{x} - p_0}{\sqrt{\bar{x}(1-\bar{x})/n}} = \frac{0.08 - 0.05}{\sqrt{0.08(1-0.08)/400}} = 2.212.$$

查标准正态分位数表，得 $z_\alpha = z_{0.02} = 2.05$，因

$$\frac{\bar{x} - p_0}{\sqrt{\bar{x}(1-\bar{x})/n}} = 2.212 > 2.05.$$

故拒绝 H_0. 即认为这批产品的次品率超过 0.05，因而不能出厂.

注意，如果本例是抽查 100 件产品，发现有 8 件次品，其他条件不变，则

$$\frac{\bar{x} - p_0}{\sqrt{\bar{x}(1-\bar{x})/n}} = \frac{0.08 - 0.05}{\sqrt{0.08(1-0.08)/100}} = 1.106,$$

再与 $z_\alpha = z_{0.02} = 2.05$ 相比较，结论是接受 H_0，即认为这批产品的次品率不超过 0.05，因而产品可以出厂. 当然，样本容量较大，结论更可靠.

例 3.4.3 某电器零件的平均电阻一直保持在 2.64Ω，改变加工工艺后，测得 100 个零件的平均电阻为 2.62Ω. 如改变工艺前后电阻的标准差（根方差）保持在 0.06Ω，问新工艺对此零件的电阻有无显著影响（$\alpha = 0.01$）？

解 设新工艺生产的零件的电阻为 ξ，依题意，无论 ξ 服从什么分布，但知 $D[\xi] = 0.06^2$. 问题可化为在显著性水平 $\alpha = 0.01$ 下，检验假设

$$H_0: E[\xi] = 2.64; \quad H_1: E[\xi] < 2.64.$$

检验法则：

若 $\dfrac{\bar{x} - \mu_0}{\sqrt{D[\xi]/n}} \leqslant z_{1-\alpha}$，则拒绝 H_0.

因 $\bar{x} = 2.62$，查分位数表得 $z_{1-\alpha} = -z_{0.01} = -2.33$. 而

$$\frac{\bar{x} - \mu_0}{\sqrt{D[\xi]/n}} = \frac{2.62 - 2.64}{\sqrt{0.06^2/100}} = -3.33 < -2.33,$$

故拒绝 H_0. 即认为新工艺生产的零件的（平均）电阻比旧工艺生产的零件的（平均）电阻小，或者说新工艺对此零件的电阻有显著影响.

3.4.3 方差已知时，两个总体的均值差的假设检验

设两个总体 ξ 与 η，对应的方差 $D[\xi]$ 与 $D[\eta]$ 非零且已知，给定显著性水平 α，关于两总体的均值差 $E[\xi]-E[\eta]$ 检验，常见假设如下.

(1) $H_0: E[\xi]-E[\eta]=\delta$, $H_1: E[\xi]-E[\eta]\neq\delta$. (双侧检验)

(2) $H_0: E[\xi]-E[\eta]=\delta$, $H_1: E[\xi]-E[\eta]>\delta$;
$H_0: E[\xi]-E[\eta]\leqslant\delta$; $H_1: E[\xi]-E[\eta]>\delta$. (右侧检验)

(3) $H_0: E[\xi]-E[\eta]=\delta$, $H_1: E[\xi]-E[\eta]<\delta$;
$H_0: E[\xi]-E[\eta]\geqslant\delta$, $H_1: E[\xi]-E[\eta]<\delta$. (左侧检验)

其中 δ 为已知常数，在应用上最常遇见的是 $\delta=0$.

根据中心极限定理，当 $\min\{n_1, n_2\}\to\infty$ 时，有

$$\frac{(\bar{\xi}-\bar{\eta})-(E[\xi]-E[\eta])}{\sqrt{\dfrac{D[\xi]}{n_1}+\dfrac{D[\eta]}{n_2}}}\Rightarrow N(0,1).$$

以 $\dfrac{(\bar{\xi}-\bar{\eta})-(E[\xi]-E[\eta])}{\sqrt{\dfrac{D[\xi]}{n_1}+\dfrac{D[\eta]}{n_2}}}$ 对上面列出的各假设检验问题作近似的 Z 检验，得到的检验法类似于表 3-3 中 σ_1^2, σ_2^2 为已知的那一栏. 上面列出问题(3)(左侧检验)的检验法则：

若 $\dfrac{(\bar{x}-\bar{\eta})-\delta}{\sqrt{\dfrac{D[\xi]}{n_1}+\dfrac{D[\eta]}{n_2}}}\leqslant z_{1-\alpha}$，则拒绝 H_0;

若 $\dfrac{(\bar{x}-\bar{\eta})-\delta}{\sqrt{\dfrac{D[\xi]}{n_1}+\dfrac{D[\eta]}{n_2}}}>z_{1-\alpha}$，则接受 H_0.

3.4.4 方差未知时，两个总体的均值差的假设检验

设 ξ, η 为两个总体，$D[\xi]$ 与 $D[\eta]$ 皆未知且非零、有限，在给定显著性水平 α 下，关于两总体均值差 $E[\xi]-E[\eta]$ 常见的假设检验问题，与 $D[\xi], D[\eta]$ 已知时的常见情形相同，此时进行检验的理论依据依然是中心极限定理，即当 $n\to\infty$ 时，

$$\frac{(\bar{\xi}-\bar{\eta})-(E[\xi]-E[\eta])}{\sqrt{\dfrac{S_1^2}{n_1}+\dfrac{S_2^2}{n_2}}}\Rightarrow N(0,1).$$

这里 $n=\min\{n_1, n_2\}$. 因而 $\dfrac{(\bar{\xi}-\bar{\eta})-(E[\xi]-E[\eta])}{\sqrt{\dfrac{S_1^2}{n_1}+\dfrac{S_2^2}{n_2}}}$ 可以当作对正态性总体的统计量检验，近似 Z 检验，其检验法则与表 3-3 中 σ_1^2, σ_2^2 为已知的那一栏类似，只需把那一栏的

σ_1^2, σ_2^2 分别换为 S_1^2, S_2^2. 便得到现在所讨论问题的检验法则.

3.5 分布拟合检验

前面主要讨论的是参数假设检验问题,往往是在总体分布的数学表达式为已知的前提条件下,对总体均值与方差进行假设检验. 但在实际问题中,有时不能预先知道总体所服从的分布,而需要根据样本值 $(x_1, x_2, \cdots, x_n)$ 来判断总体 ξ 是否服从某种指定的分布. 这个问题的一般提法是,在给定的显著性水平 α 下,假设

$$H_0: F_\xi = F_0; \quad H_1: F_\xi \neq F_0.$$

作显著性检验. 其中分布函数 F_0 为已知,且具有显示表达式. 这种检验通常称为分布的拟合优度检验,简称为分布拟合检验,它是非参数检验中较为重要的一种.

在实际问题中,分布函数 F_0 是怎样提出来的呢?这往往与专业知识和实践经验有关. 在数学上,可由样本值 $(x_1, x_2, \cdots, x_n)$ 作经验分布密度 p_n 的图形(直方图),从中看出总体 ξ 可能服从的分布,也可以从学过的概率论中几种常用概率分布的物理模型得到启发.

关于分布拟合检验,先介绍两种常见的方法:皮尔逊(Pearson)的 χ^2 拟合检验与柯尔莫戈洛夫(Колмогóров)的 D_n 拟合检验法;再介绍一类秩检验法.

3.5.1 χ^2 拟合检验法

χ^2 拟合检验法的基本思想:把作为总体的随机变量 ξ 的值域划分为互不相交的 k 个区间 $A_1 = [a_0, a_1), A_2 = [a_1, a_2), \cdots, A_k = [a_{k-1}, a_k)$,这些区间的长度可以不相等;设 $(x_1, x_2, \cdots, x_n)$ 是 ξ 的容量为 n 的样本观测值,v_i 为样本观测值落入区间 A_i 的频数,则 $\sum_{i=1}^{k} v_i = n$;随机变量 ξ 落到区间 A_i 的事件仍然用 A_i 表示,把 $(x_1, x_2, \cdots, x_n)$ 作为一次 n 重独立试验的结果,那么在这 n 重独立试验中,事件 A_i 发生的频率为 $\dfrac{v_i}{n}$. 当 $H_0: F_\xi = F_0$ 为真时,事件 A_i 发生概率 p_i 为

$$p_i = P\{a_{i-1} \leqslant \xi < a_i\} = F_0(a_i) - F_0(a_{i-1}).$$

根据伯努利大数定律,当 H_0 为真时,对任意 $\varepsilon > 0$ 都有

$$\lim_{n \to \infty} P\left\{\left|\frac{v_i}{n} - p_i\right| < \varepsilon\right\} = 1 \ (i = 1, 2, \cdots, k).$$

即当 H_0 为真且 n 足够大时,事件 $\left\{\left|\dfrac{v_i}{n} - p_i\right| < \varepsilon\right\}$ 几乎必然发生,从而 $\sum_{i=1}^{k}\left(\dfrac{v_i}{n} - p_i\right)^2$ 仍然应该比较小,若 $\sum_{i=1}^{k}\left(\dfrac{v_i}{n} - p_i\right)^2$ 比较大,很自然会认为 H_0 不真. 根据这种想法,皮尔逊构造了一个检验统计量:

$$\chi^2 = \sum_{i=1}^{k}\left(\frac{v_i}{n} - p_i\right)^2 \cdot \frac{n}{p_i} = \sum_{i=1}^{k}\frac{(v_i - np_i)^2}{np_i} = \sum_{i=1}^{k}\frac{v_i^2}{np_i} - n.$$

这个统计量称为皮尔逊统计量. 它能较好地反映频率与概率之间的差异, 在样本值 $(x_1, x_2, \cdots, x_n)$ 下, 若 χ^2 的观测值过大就拒绝 H_0. 为此, 介绍这个统计量的渐近分布.

定理 3.5.1(皮尔逊-费舍定理) 设 $F_0(\cdot; \theta_1, \theta_2, \cdots, \theta_r)$ 为总体的真实分布函数, 其中 $\theta_1, \theta_2, \cdots, \theta_r$ 为未知的 r 个参数. 在 $F_0(\cdot; \theta_1, \theta_2, \cdots, \theta_r)$ 中用 $\theta_1, \theta_2, \cdots, \theta_r$ 的极大似然估计量 $\hat{\theta}_i, i = 1, 2, \cdots, r$ 代替, 有 $F_0(\cdot; \hat{\theta}_1, \hat{\theta}_2, \cdots, \hat{\theta}_r)$, 令

$$\hat{p}_i = F_0(a_i; \hat{\theta}_1, \hat{\theta}_2, \cdots, \hat{\theta}_r) - F_0(a_{i-1}; \hat{\theta}_1, \hat{\theta}_2, \cdots, \hat{\theta}_r) \quad (i = 1, 2, \cdots, k).$$

则当样本容量 $n \to \infty$ 时, 有

$$\chi^2 = \sum_{i=1}^{k}\frac{(v_i - n\hat{p}_i)^2}{n\hat{p}_i} \Rightarrow \chi^2(k - r - 1).$$

其中记号 v_i, k 如前所述. 如果不含有未知参数(即分布函数为 $F_0(x)$), 则 $\hat{p}_i$ 应记作 p_i, 定理仍成立.

定理的证明见参考文献[2]第 298 页和第 302~305 页之间.

根据这个定理, 可得到在显著性水平 α 下, 假设

$$H_0: F_\xi = F_0, \quad H_1: F_\xi \neq F_0$$

的检验法则: 对于样本值 $(x_1, x_2, \cdots, x_n)$(要求 $n \geq 50$), 求出 χ^2 的观测值.

若 $\chi^2 = \sum_{i=1}^{k}\frac{(v_i - n\hat{p}_i)^2}{n\hat{p}_i} \geq \chi^2_\alpha(k - r - 1)$, 则拒绝 H_0;

若 $\chi^2 = \sum_{i=1}^{k}\frac{(v_i - n\hat{p}_i)^2}{n\hat{p}_i} < \chi^2_\alpha(k - r - 1)$, 则接受 H_0.

综上所述, 皮尔逊的 χ^2 拟合检验法的步骤为:

(1) 用极大似然估计法求出 $F_0(x; \theta_1, \theta_2, \cdots, \theta_r)$ 的所有未知参数的估计值 $\hat{\theta}_1, \hat{\theta}_2, \cdots, \hat{\theta}_r$.

(2) 把总体 ξ 的值域划分为 k 个互不相交的区间 $[a_{i-1}, a_i)$ $(i = 1, \cdots, k; a_0, a_k$ 可以分别取 $-\infty, +\infty)$. 若样本值已经是分组观测数据, 则可参考其分点, 将各组作适当的合并. k 的大小没有严格规定, 但 k 太小会使检验太粗糙, 而 k 太大又会增大随机误差. 通常样本容量 n 大些, k 可稍大些, 但一般有 $5 \leq k \leq 16$. 其中每个区间通常包含不少于 5 个数据, 数据个数小于 5 的区间并入相邻的区间.

(3) 假定 H_0 成立下, 计算各区间上的理论概率 $\hat{p}_i$ 及理论频数 $n\hat{p}_i$, 其中

$$\hat{p}_i = F_0(\alpha_i; \hat{\theta}_1, \hat{\theta}_2, \cdots, \hat{\theta}_r) - F_0(\alpha_{i-1}; \hat{\theta}_1, \hat{\theta}_2, \cdots, \hat{\theta}_r) \quad (i = 1, 2, \cdots, k).$$

(4) 根据样本观测值 $(x_1, x_2, \cdots, x_n)$, 算出落在区间 $[\alpha_{i-1}, \alpha_i)$ 中的实际频数 v_i, 再计算统计量 χ^2 的观测值

$$\chi^2 = \sum_{i=1}^{k} \frac{(v_i - n\hat{p}_i)^2}{n\hat{p}_i} = \sum_{i=1}^{k} \frac{v_i^2}{n\hat{p}_i} - n.$$

(5) 根据所给的显著性水平 α，查 χ^2 分布表，得 $\chi_\alpha^2(k-r-1)$，其中 r 是 F_0 的未知参数的个数.

(6) 若 $\chi^2 \geq \chi_\alpha^2(k-r-1)$，则拒绝 H_0；若 $\chi^2 < \chi_\alpha^2(k-r-1)$，则接受 H_0.

皮尔逊的 χ^2 拟合检验法应用很广泛，无论事先分布 $F(\cdot;\theta_1,\theta_2,\cdots,\theta_r)$ 是连续型还是离散型，都可用这种方法检验，但要求样本容量 $n \geq 50$.

例 3.5.1 7 台自动机床在相同条件下，独立完成相同的工序. 在一段时间内统计 7 台机床故障数的资料如下：

机床代号	1	2	3	4	5	6	7
故障频数	2	10	11	8	13	19	7

试问故障的发生是否与机床本身质量有关 ($\alpha = 0.05$)？

解 设随机变量 ξ 是出现故障的机床代号，所以 ξ 的一切可能值的集合为 $\{1,2,\cdots,7\}$. 这里要检验的问题是故障的发生与机床本身质量有无关系. 我们可提出如下的假设.

H_0：故障的发生与机床本身质量无关.

所谓故障的发生与机床本身质量无关是说每次故障的发生都是由随机因素导致的，而各台机床处于相同条件下，所以故障的发生对每台机床是等可能的. 用 p_i 表示第 i 台机床发生故障的概率，那么上面的假设可以改成

$$H_0: p_i = P\{\xi = i\} = \frac{1}{7}; \quad H_1: p_i \text{ 不全为 } \frac{1}{7} \ (i = 1, 2, \cdots, 7).$$

这实际上是检验离散型随机变量 ξ 是否服从均匀分布（不含任何未知参数，即 $\gamma = 0$）.

总共记录到的故障次数 $n = 70$，即样本容量，而事件 $A_i = \{\xi = i\}$ $(i = 1, \cdots, 7)$.

为了算出统计量 χ^2 的值，把需要进行的计算列于下表.

机床代号	实际故障频数 v_i	理论故障概率 p_i	理论故障频数 np_i	$v_i - np_i$	$\dfrac{(v_i - np_i)^2}{np_i}$
1	2	1/7	10	−8	6.4
2	10	1/7	10	0	0
3	11	1/7	10	1	0.1
4	8	1/7	10	−2	0.4
5	13	1/7	10	3	0.9
6	19	1/7	10	9	8.1
7	7	1/7	10	−3	0.9
$\sum$	70	1	70	—	16.8

从上面的计算得出 χ^2 的观测值为 16.8，查 χ^2 分布表，得
$$\chi_\alpha^2(k-r-1)=\chi_{0.05}^2(7-0-1)=12.6.$$

因为 $\chi^2=16.8>12.6=\chi_\alpha^2(k-r-1)$，所以拒绝 H_0，即接受 H_1，认为故障的发生并非与机床无关(每台机床的故障不是等可能)，而是与机床本身质量有关.

例 3.5.1 表明：ξ 为离散型时，若 ξ 取值 x_i 为有限，可把每一个 x_i 作为一组 A_i，也可适当地将若干个 x_i 并为一组；若 ξ 取无限个值 x_i，则一定要并成有限组(k 组).

参考程序如下：
x<-c(2,10,11,8,13,19,7)
pd<-c(1/7,1/7,1/7,1/7,1/7,1/7,1/7)
chisq.test(x,p=pd)

注：chisq.test()为 χ^2 检验程序.既可做皮尔逊的 χ^2 拟合检验,也可做独立性检验(参见例 3.5.4 的参考程序).

例 3.5.2 下表是上海 1875—1955 年的 81 年间，根据其中 63 年观察记录到的一年中(5月到9月)下暴雨次数的整理资料.

一年中暴雨次数 i/次	0	1	2	3	4	5	6	7	8	≥9
实际年数 v_i/年	4	8	14	19	10	4	2	1	1	0

试检验一年中下暴雨的次数 ξ 是否服从泊松分布($\alpha=0.05$).

解 现在的问题是在显著性水平 $\alpha=0.05$ 下要检验 H_0：ξ 服从 $P(\lambda)$. 依题意，有
$$\sum_{i=1}^{10} v_i = n = 63.$$

先计算出在假定 H_0 为真时，λ 的极大似然估计值为
$$\hat\lambda = \bar x = \frac{1}{63}(0\times 4 + 1\times 8 + \cdots + 7\times 1 + 8\times 1 + 9\times 0)$$
$$= \frac{180}{63} \approx 2.857\ 1.$$

得次数 ξ 是服从参数为 2.857 1 的泊松分布，由公式
$$\hat p_i = P\{\xi=i\} = \frac{(2.857\ 1)^i}{i!} e^{-2.857\ 1} \quad (i=0,1,2,\cdots,6).$$

算得($i\geqslant 6$ 作为一组)：
$$\hat p_0 = 0.057\ 4,\ \hat p_1 = 0.164\ 1,\ \hat p_2 = 0.234\ 4,$$
$$\hat p_3 = 0.223\ 3,\ \hat p_4 = 0.159\ 5,\ \hat p_5 = 0.091\ 1,$$
$$\hat p_6 = \sum_{i=6}^{\infty} \frac{(2.857\ 1)^i}{i!} e^{-2.857\ 1} = 1 - \sum_{i=0}^{5} \hat p_i = 0.070\ 2.$$

χ^2 的观测值列表计算如下：

i	v_i	$\hat{p}_i$	$63\hat{p}_i$	$\dfrac{(v_i - n\hat{p}_i)^2}{n\hat{p}_i}$
0	4	0.057 4	3.62	0.039 9
1	8	0.164 1	10.34	0.529 6
2	14	0.234 4	14.77	0.040 1
3	19	0.223 3	14.07	1.727 4
4	10	0.159 5	10.05	0.000 2
5	4	0.091 1	5.74	0.527 5
6, 7, 8, ≥9	2, 1, 1, 0 (=4)	0.070 2	4.42	0.039 9
$\sum$	63	1.000 0	63.01	2.904 6

检验统计量 χ^2 的观测值为

$$\chi^2 = \sum_{i=0}^{6} \frac{(v_i - 63\hat{p}_i)^2}{63\hat{p}_i} = 2.906\,4.$$

查 χ^2 分布表,得

$$\chi_\alpha^2(k-r-1) = \chi_{0.05}^2(7-1-1) = 11.07;$$
$$\chi^2 = 2.904\,6 < 11.07 = \chi_{0.05}^2(5).$$

根据 χ^2 拟合检验法则,应接受原假设 H_0,即认为 ξ 服从参数为 2.857 1 的泊松分布.

参考程序如下:

x<-array(0,dim=c(9))
for(i in 1:9){x[i]=i-1}
f<-c(4,8,14,19,10,4,2,1,1)
xx=rep(x, f);n=length(xx);lambda=mean(xx)
pd<-array(0,dim=c(7))
pd[1]=ppois(0, lambda)
for(i in 2:6){pd[i]=ppois(i-1,lambda)-ppois(i-2,lambda)}
p7=0;for(i in 1:6){p7=p7+pd[i]);pd[7]=1-p7
r=1;m=dim(pd);ff<-c(4,8,14,19,10,4,4)
ff.chi<-sum((ff-n*pd)^2/(n*pd))
ff.p<-1-pchisq(ff.chi,m-r-1)
cat('chisq=', ff.chi, 'df=', m-r-1, 'p-value=', ff.p,row. names = '','\ n')

例 3.5.3 某工厂生产一种 220 伏 25 瓦的白炽灯泡,其光通量(单位:流明)用 ξ 表示,ξ 为一随机变数,假设 ξ 是服从正态 $N(a,\sigma^2)$,试问这个假设是否正确,现在从总体 ξ 中抽取容量 $n=120$ 的子样(对于有限总体,即个体是有限的情形,一定要用有放回抽样方式,随机地独立抽取子样),进行观察得光通量 ξ 的 120 个观察值,亦即随机地抽取 120 个灯泡测得其光通量的数据如下表:

120 个白炽灯泡光通量测试数据(单位:流明)

216	203	197	208	206	209	206	208	202	203
206	213	218	207	208	202	194	203	213	211
193	213	208	208	204	206	204	206	208	209
213	203	206	206	196	201	208	207	213	208
210	208	211	211	214	220	211	203	216	224
211	209	218	214	219	211	208	221	211	218
218	190	219	211	208	199	214	207	207	214
206	217	214	201	212	213	211	212	216	206
210	216	204	221	208	209	214	214	199	204
211	201	216	211	209	208	209	202	211	207
202	205	206	216	206	213	206	207	200	198
200	202	203	208	216	206	222	213	209	219

应用皮尔逊 χ^2 检验:

$$H_0: F(x)=F_0(x);$$
$$H_1: F(x)\neq F_0(x).$$

其中 $F_0(x)=\int_{-\infty}^{x}\frac{1}{\sqrt{2\pi}\sigma}e^{-(u-a)^2/2\sigma^2}du$,这里 a 及 σ 都是未知参数,$F(x)$ 为光通量服从的分布,利用表中的数据,由上式计算统计量 χ^2 的观察值,判断 H_0 是否成立.关键在于计算 np_i,其中

$$p_i=F_0(y_i)-F_0(y_{i-1})\ (i=1,\cdots,m).$$

易知对于正态分布总体,a 和 σ^2 的极大似然估计量分别为

$$\hat{a}=\bar{\xi},\ \hat{\sigma}^2=\frac{1}{n}\sum_{i=1}^{n}(\xi_i-\bar{\xi})^2.$$

现在用表中的数据 x_i 求出 $\bar{\xi}$ 及 S_n^2 的观察值 $\bar{x}$ 及 s^2,作为 a 及 σ^2 的估计值.即

编号	$[y_{i-1}, y_i)$	v_i	np_i
1	$(-\infty, 198.5)$	6	6.1
2	$[198.5, 201.5)$	7	8.7
3	$[201.5, 204.5)$	14	14.5
4	$[204.5, 207.5)$	20	19.7
5	$[207.5, 210.5)$	23	21.8
6	$[210.5, 213.5)$	22	19.7
7	$[213.5, 216.5)$	14	14.5
8	$[216.5, 219.5)$	8	8.8
9	$[219.5, \infty)$	6	6.1

计算得
$$\hat{a} = \bar{x} \approx 209,$$
$$\hat{\sigma}^2 = s^2 \approx 42.27,$$
$$\hat{\sigma} \approx 6.5.$$

因此 $F_0(x)$ 为正态 $N(209, 42.27)$ 的分布函数，进一步可算得

$$\begin{aligned}
\hat{p}_1 &= F_0(198.5) - F_0(-\infty) \\
&= P\{-\infty < \xi < 198.5\} \\
&= P\left\{-\infty < \frac{\xi - 209}{6.5} < -1.62\right\} \\
&= \Phi(-1.62) - \Phi(-\infty) \\
&= 1 - \Phi(1.62) \\
&= 1 - 0.94738 = 0.05262.
\end{aligned}$$

$$\begin{aligned}
\hat{p}_2 &= F_0(201.5) - F_0(198.5) \\
&= P\{198.5 \leqslant \xi < 201.5\} \\
&= P\left\{-1.62 \leqslant \frac{\xi - 209}{6.5} < -1.15\right\} \\
&= \Phi(-1.15) - \Phi(-1.62) \\
&= \Phi(1.62) - \Phi(1.15) \\
&= 0.947 - 0.874 = 0.073.
\end{aligned}$$

这里 $\Phi(x)$ 为标准正态 $N(0,1)$ 的分布函数，类似于 $\hat{p}_1$ 及 $\hat{p}_2$ 的算法，可逐一计算 $\hat{p}_3$，$\cdots$，$\hat{p}_9$ 各值，如下表所示：

编号	v_i	v_i^2	$v_i^2/n\hat{p}_i$
$\hat{p}_1$	6	36	5.701
2	7	49	5.568
3	14	196	13.517
4	20	400	20.305
5	23	529	24.266
6	22	484	24.568
7	14	196	13.448
8	8	64	7.273
9	6	36	5.701

因而统计量 χ^2 的观察值为

$$\chi^2 = \sum_{i=1}^{9} \frac{v_i^2}{n\hat{p}_i} - n \approx 0.347.$$

给定显著性水平 $\alpha=0.05$，由于自由度为 $9-1-2=6$，查得临界值为 $\chi^2_{0.05}(6)=12.59$，由于 $0.347<12.59$，所以不否定 H_0，在实际工作中可认为光通量 ξ 服从正态 $N(209,42.27)$。

参考程序如下：

data.qwcd<-read.csv('E:/mydatalib/qwcd.csv',head=T,sep=',')

n=length(data.qwcd);r=2

a<-table(cut(data.qwcd,br=c(-Inf,1.355,1.385,1.415,1.445,1.475,Inf)))

p<-pnorm(c(-Inf,1.355,1.385,1.415,1.445,1.475,Inf),

mean(data.qwcd),sqrt(var(data.qwed)*(n-1)/n))

p.hat<-array(0,dim=c(6))

p.hat[1]=p[2]

for(i in 2:6) {p.hat[i]=p[i+1]-p[i]}

m=length(a)

a.chi<-sum((a-n*p.hat)^2/(n*p.hat))

a.p<-pchisq(a.chi,df=m-r-1,lower.tail=FALSE)

cat('chisq=',a.chi,'dr=',m-r-1,'p- value=',a.p,row. names="",'\ n')

注 1：本程序的 read.csv() 读取位于 E 盘子目录 mydatalib 下的 excel 文件 qwcd.csv。

注 2：本程序计算的结果与例中叙述的结果稍有不同，因为例中计算时用的是组中值。

3.5.2 两个总体相等性检验

上节讨论了一个总体分布函数 F 的拟合检验,但在许多实际问题中,经常还会要求比较两个总体的分布函数是否相等的问题. 设 F_1 与 F_2 分别为总体 ξ 与 η 的分布函数,检验假设

$$H_0: F_1 = F_2.$$

如果 F_1 与 F_2 是同一种分布函数(如同为 0-1 分布、同为指数分布等),该问题可以归结为两个总体参数(如数字特征等)是否相等的参数假设检验问题. 但如果对 F_1 与 F_2 完全未知,我们就只能用非参数方法进行检验. 本节介绍其中三种检验方法.

1. 斯米尔诺夫检验法

设 ξ 与 η 是分别具有连续分布函数 F_1 与 F_2 的两个总体,从中分别抽取两个独立的样本 $(\xi_1, \xi_2, \cdots, \xi_{n_1})$ 与 $(\eta_1, \eta_2, \cdots, \eta_{n_2})$,在显著性水平 α 下,要检验假设

$$H_0: F_1(x) = F_2(x), \quad -\infty < x < +\infty.$$

用 F_{1n_1} 与 F_{2n_2} 分别表示两样本的经验分布函数,用它们构造检验统计量:

$$D_n = \sup_{-\infty < x < +\infty} | F_{1n_1}(x) - F_{2n_2}(x) |.$$

定理 3.5.2(柯尔莫戈洛夫-斯米尔诺夫定理) 当 H_0 为真且样本容量 n_1 和 n_2 分别趋向于 ∞ 时,有

$$\lim_{n_1, n_2 \to \infty} P\left\{ \sqrt{\frac{n_1 n_2}{n_1 + n_2}} D_n < \lambda \right\} = K(\lambda).$$

其中

$$K(\lambda) = \begin{cases} \sum_{k=-\infty}^{+\infty} (-1)^k \exp\{-2k^2 \lambda^2\}, & \text{当 } \lambda > 0, \\ 0, & \text{当 } \lambda \leqslant 0. \end{cases}$$

根据定理 3.5.2,可得如下检验法则(近似):

若 $D_n \geqslant D_{n,\alpha}$,则拒绝 H_0,认为 $F_1 \neq F_2$;

若 $D_n < D_{n,\alpha}$,则接受 H_0,认为 $F_1 = F_2$.

这里 $D_{n,\alpha}$ 的值可以通过查柯尔莫戈洛夫相关上分位数表得到,n 的计算公式如下:

$$n = \left[\frac{n_1 n_2}{n_1 + n_2} \right],$$

即 n 是不超过 $\dfrac{n_1 n_2}{n_1 + n_2}$ 的最大整数. 而计算 D_n 的观测值用公式

$$D_n = \max_{1 \leqslant i \leqslant k} | F_{1n_1}(x_i) - F_{2n_2}(x_i) |,$$

其中,k 为划分总体值域的区间个数,x 为第 i 个区间的组中值.

例 3.5.4 某自动车床加工一种零件,一位工人刚接班时,抽取 $n_1 = 150$ 个零件作为

第一个样本,在自动车床工作了 4 小时后,他又抽 $n_2=100$ 个零件作为第二个样本. 测定每个零件的尺寸与标准尺寸的偏差(单位:μm)范围,如下表第一、第三、第四列所示.

偏差范围$[a_{i-1},a_i)$	组中值	组频数		经验分布函数		$\|F_{1n_1}(x)-F_{2n_2}(x)\|$
		v_{1i}	v_{2i}	$F_{1n_1}(x)$	$F_{2n_2}(x)$	
$[-12.5,-7.5)$	-10	10	0	0.000	0.000	0.000
$[-7.5,-2.5)$	-5	27	7	0.067	0.000	0.067
$[-2.5,2.5)$	0	43	17	0.247	0.070	0.177
$[2.5,7.5)$	5	38	30	0.533	0.240	0.293
$[7.5,12.5)$	10	23	29	0.787	0.540	0.247
$[12.5,17.5)$	15	8	15	0.940	0.830	0.110
$[17.5,22.5)$	20	1	1	0.993	0.980	0.013
$[22.5,27.5)$	25	0	1	1.000	0.990	0.010

试问在显著性水平 $\alpha=0.05$ 下,能否认为这批零件尺寸的分布相同?

解 由上表最后一列算得检验统计量 D_n 的观测值为

$$D_n = \max |F_{1n_1}(x) - F_{2n_2}(x)| = 0.293,$$

$$n = \left[\frac{n_1 n_2}{n_1 + n_2}\right] = \left[\frac{150 \times 100}{150 + 100}\right] = 60.$$

查柯尔莫戈洛夫分布相关的上分位数表,可得 $D_{n,\alpha} = D_{60,0.05} = 0.172\ 31$. 由于 $D_n = 0.293 > 0.172\ 31 = D_{n,\alpha}$,根据柯尔莫戈洛夫检验法,应拒绝 H_0,即认为这两批零件尺寸分布不相同. 也就是说,自动车床加工零件的精度随着时间的推移发生了变化,应该定时检查自动车床并加以适当的调整.

参考程序如下:

```
z<-c(-10,-5,0,5,10,15,20,25)
f1<-c(10,27,43,38,23,8,1,0)
f2<-c(0,7,17,30,29,15,1,1)
x<-rep(z,f1);y<-rep(z,f2)
ks.test(x,y)
```

2. 符号检验法

设 ξ、η 是分别具有分布函数 F_1、F_2 的两个连续型总体,现从两总体中各抽取容量都为 n 的样本 $(\xi_1,\xi_2,\cdots,\xi_n)$ 和 $(\eta_1,\eta_2,\cdots,\eta_n)$,且两样本独立. 在显著性水平 α 下,检验假设

$$H_0: F_1(x) = F_2(x), \quad -\infty < x < +\infty,$$

对于 ξ_i, η_i,有

$$P\{\xi_i = \eta_i\} + P\{\xi_i > \eta_i\} + P\{\xi_i < \eta_i\} = 1.$$

ξ_i, η_i 是独立同分布的连续型随机变量, 当 H_0 为真时, 于是有

$$P\{\xi_i = \eta_i\} = \iint_{x=y} p_\xi(x) p_\eta(y) \mathrm{d}x\, \mathrm{d}y = 0;$$

$$P\{\xi_i > \eta_i\} = P\{\xi_i < \eta_i\} = \frac{1}{2}.$$

(也可通过计算:$P\{\xi_i > \eta_i\} = \iint_{x>y} p_\xi(x) p_\eta(y) \mathrm{d}x\, \mathrm{d}y = \frac{1}{2}$)

因此,不失一般性可假定 $x_i \ne y_i, (i = 1, 2, \cdots, n)$.

定义二元函数

$$z = f(x, y) = \begin{cases} 1, & \text{当 } x > y, \\ 0, & \text{当 } x < y. \end{cases}$$

则随机变量的函数 $\zeta_i = f(\xi_i, \eta_i) \sim B(1, \frac{1}{2})$.

由于两样本的独立性,可知当 H_0 为真时,$\zeta_1, \zeta_2, \cdots, \zeta_n$ 相互独立,且均服从分布 $B(1, \frac{1}{2})$. 由于分布 $B(1, \frac{1}{2})$ 有可加性,因此 $\sum_{i=1}^{n} \zeta_i \sim B(n, \frac{1}{2})$. 进一步有

$$E\left[\sum_{i=1}^{n} \zeta_i\right] = \frac{n}{2}, \quad D\left[\sum_{i=1}^{n} \zeta_i\right] = \frac{n}{4}.$$

为了便于研究,规定:

$\{\xi_i > \eta_i\}$ 记为 "$+$",而 "$+$" 的个数记为 n_+;

$\{\xi_i < \eta_i\}$ 记为 "$-$",而 "$-$" 的个数记为 n_-.

根据样本分布,易知 $P\{\xi_i = \eta_i\} = 0$,因此,可认为 $n_+ + n_- = n$.

对于样本值来说,个别 $x_i = y_i$ 的情况也可能出现,此时,把这些值从样本值中剔除,相应样本容量 n 减少.

当 H_0 为真时,$n_+ = \sum_{i=1}^{n} \zeta_i \sim B(n, \frac{1}{2})$;同样可知 $n_- \sim B(n, \frac{1}{2})$. 因此,当 H_0 为真时,n_+ 与 n_- 以很大的概率取 $n/2$ 附近的整数值,如果 $\min(n_+, n_-)$ 比 $n/2$ 小得多就应该拒绝 H_0,故选取统计量

$$S = \min(n_+, n_-).$$

对于 n 和给定的显著性水平 α,查相关符号检验表,可得 S 所对应分布的上分位数,于是有符号检验的法则:

若 $S = \min(n_+, n_-) \leqslant S_\alpha$,则拒绝 H_0,即认为 F_1 与 F_2 有显著的差异;

若 $S = \min(n_+, n_-) > S_\alpha$,则接受 $H_0: F_1 = F_2$.

例 3.5.5 为了分析某种气体的 CO_2 含量的百分数,取了这种气体的 20 个样品,每个样品由 A、B 两人分别进行分析,得数据如下表:

A	14.7	15.0	15.2	14.8	15.5	14.6	14.9	14.8	15.1	15.0
B	14.6	15.1	15.4	14.7	15.2	14.7	14.8	14.6	15.2	15.0
符号	+	−	−	+	+	−	+	+	−	0
A	14.7	14.8	14.7	15.0	14.9	14.9	15.2	14.7	15.4	15.3
B	14.6	14.6	14.8	15.3	14.7	14.6	14.8	14.9	15.2	15.0
符号	+	+	−	−	+	+	+	−	+	+

问 A、B 两人分析有无显著差异？显著性水平取 $\alpha=0.05$.

解 本问题是在显著性水平 $\alpha=0.05$ 下，检验假设
$$H_0: F_1=F_2; \quad H_1: F_1 \neq F_2.$$

由上表可知：$n_+=12, n_-=7$，于是有 $n_+ + n_- = n = 19$. 查符号检验表，$n=19, \alpha=0.05$ 对应的临界值 $S_\alpha=4$，而 $S=\min(n_+, n_-)=7$，有
$$S=\min(n_+, n_-)=7>4=S_\alpha,$$
故应该接受 $H_0: F_1=F_2$，即认为 A、B 两人分析的结果无显著差异.

参考程序如下：

A<-c(14.7,15.0,15.2,14.8,15.5,14.6,14.9,14.8,15.1,15.0,14.7,14.8,14.7,15.0,14.9,14.9,15.2,14.7,15.4,15.3)

B<-c(14.6,15.1,15.4,14.7,15.2,14.7,14.8,14.6,15.2,15.0,14.6,14.6,14.8,15.3,14.7,14.6,14.8,14.9,15.2,15.0)

binom.test(sum(A<B), length(A))

注：binom.test( ) 为二项分布假设的精确检验. 一般形式为 binom.test(x,n, p=0.5,alternative=c("two. sided","less","greater"), conf.level=0.95.

符号检验法还可用于其他检验，举例说明如下：

例 3.5.6 从生产线上随机抽取 10 根纤维做强力测验，得数据如下：
$$140.6, 146.2, 150.3, 144.4, 128.1, 139.7, 134.1, 124.3, 147.9, 143.0.$$
问纤维强力的中位数是否为 140 单位？显著性水平为 $\alpha=0.05$.

解 在显著性水平 $\alpha=0.05$ 下，检验假设
$$H_0: m=140; \quad H_1: m \neq 140.$$

作差数 $x_i - 140$，得
$$0.6, 6.2, 10.3, 4.4, -11.9, -0.3, -5.9, -15.9, 7.9, 3.0.$$
和
$$n_+=6, n_-=4, n_+ + n_- = 10.$$

查符号检验表，得 $n=10, \alpha=0.05$，进一步得 $S_\alpha=1$，且
$$S=\min(n_+, n_-)=4>1=S_\alpha,$$

故应该接受 H_0，认为纤维中位数是 140 单位.

参考程序如下：

x<-c(140.6,146.2,150.3,144.4,128.1,139.7,134.1,124.3,147.9,143.0)

binom.test(sum(x>140),length(x))

符号检验法的最大优点是简单、直观，并且不要求知道被检验量所服从的分布；缺点是精确程度较差，没有充分利用样本所提供的信息，而且要求数据配搭成对. 下面介绍的秩和检验法在一定程度上弥补了上述缺陷.

3. 秩和检验法

设 ξ 与 η 为两个连续型总体，各有分布函数 F_1 与 F_2，现从中分别抽取两个独立的样本 $(\xi_1,\xi_2,\cdots,\xi_{n_1})$ 与 $(\eta_1,\eta_2,\cdots,\eta_{n_2})$. 在显著性水平 α 下，检验假设

$$H_0: F_1(x)=F_2(x), \quad -\infty<x<+\infty.$$

下面用秩和为统计量进行检验.

定义 3.5.1 设 $(\xi_1,\xi_2,\cdots,\xi_n)$ 是抽自连续型总体 ξ 的一个样本，$(x_1,x_2,\cdots,x_n)$ 是样本观测值，将 $(x_1,x_2,\cdots,x_n)$ 按数值由小到大排列成序，使得

$$x_{(1)}<x_{(2)}<\cdots<x_{(n)}$$

如果 $x_i=x_{(k)}$，则称 ξ_i 的秩为 k，记作 $R_i=k$ $(i=1,2,\cdots,n)$. 即 ξ_i 的秩就是按观测值由小到大排列成序后 x_i 所占位置的次序号数，在重复抽样中，R_i 将取不同数值，是一个随机变量.

两个样本的秩和检验法的步骤和思想：

(1) 把两个样本观测值 $(x_1,x_2,\cdots,x_{n_1})$ 与 $(y_1,y_2,\cdots,y_{n_2})$ 混合，再按由小到大的次序排列，便可得到 $m+n$ 个秩，把 ξ_i 的秩记为 R_i，把 η_i 的秩记为 S_i. 以得到的秩代替原来的样本，于是得到两个样本：

$$R_1,R_2,\cdots,R_{n_1}; \quad S_1,S_2,\cdots,S_{n_2}.$$

(2) 比较两个样本容量的大小，选出其中较小的. 如果 $n_1=n_2$，则任选一个. 不失一般性，假定 $n_1 \leqslant n_2$，取容量为 n_1 的那个样本，把这些样本的秩加起来得秩和：

$$T=\sum_{i=1}^{n_1}R_i.$$

若 $(R_1,R_2,\cdots,R_{n_1})$ 取值为 $(1,2,\cdots,n_1)$，则秩和 $T=\dfrac{n_1(n_1+1)}{2}$；

若 $(R_1,R_2,\cdots,R_{n_1})$ 取值为 $(n_2+1,n_2+2,\cdots,n_2+n_1)$，则秩和

$$T=\frac{n_1(n_1+2n_2+1)}{2}=\frac{n_1(n_1+1)}{2}+n_1n_2.$$

由此可知，秩和 T 是一个离散型随机变量，取值范围为

$$\left\{\frac{1}{2}n_1(n_1+1), \ \frac{1}{2}n_1(n_1+1)+1,\cdots,\ \frac{1}{2}n_1(n_1+1)+n_1n_2\right\}.$$

下面用秩和 T 这个统计量来检验原假设 $H_0:F_1=F_2$.

因为当 $H_0:F_1=F_2$ 为真时,两个总体 ξ 与 η 实际上是同一个总体,因此,第一个样本的秩一定随机地均匀分散在 n_1+n_2 个自然数中,而不会过度集中在较小的或较大的数中,从而知道秩和 T 不会太靠近取值范围的两端值.若太靠近取值范围两端的值,就应该认为出现小概率事件,即
$$P\{T\leqslant T_1\}+P\{T\geqslant T_2\}=\alpha.$$
通常,取两个常数 T_1,T_2 满足
$$P\{T\leqslant T_1\}=P\{T\geqslant T_2\}=\frac{\alpha}{2}.$$
对于给定的 α,要确定 T_1,T_2,需要知道 T 的分布.

(3) 由于混合样本的秩是按混合后的观察值由小到大排列成序后所占的位置的次序号数,$T=\sum_{i=1}^{n_1}R_i$ 取决于 $R_1,R_2,\cdots,R_{n_1}$,从 $1,2,\cdots,n_1+n_2$ 这些数中任取 n_1 个数做出组合,这样组合共有 $C_{n_1+n_2}^{n_1}$ 种. 当 H_0 为真时,$(\xi_1,\xi_2,\cdots,\xi_{n_1})$,$(\eta_1,\eta_2,\cdots,\eta_{n_2})$ 是 n_1+n_2 个独立且同分布的随机变量.它们中的每一个都处于相同的地位,因此,$R_1,R_2,\cdots,R_{n_1}$ 取 $1,2,\cdots,n_1+n_2$ 这些数中的所有可能的组合数 $C_{n_1+n_2}^{n_1}$ 中的任何一个都有相等的可能性,即它们的概率都等于 $\dfrac{1}{C_{n_1+n_2}^{n_1}}$. 于是,当原假设 H_0 为真时,对于秩和 $T=\sum_{i=1}^{n_1}R_i$ 取其值范围中的任何一个正整数 t,都有
$$P\{T=t\}=\frac{K_t}{C_{n_1+n_2}^{n_1}}=\frac{n_1!\ n_2!}{(n_1+n_2)!}K_t.$$
其中 K_t 为满足条件 $\sum_{i=1}^{n_1}R_i=\sum_{i=1}^{n_1}R_{(i)}=t$ 的不同向量 $(R_{(1)},R_{(2)},\cdots,R_{(n_1)})$ 的个数,这里秩需要满足关系 $R_{(1)}<R_{(2)}<\cdots<R_{(n_1)}$.

(4) 设 T 的分布已经求得,满足
$$P\{T\leqslant T_1\}=P\{T\geqslant T_2\}=\frac{\alpha}{2}$$
的 T_1,T_2 就不难得到,于是便有检验假设 H_0 的检验法则:

若 $T\leqslant T_1$ 或 $T\geqslant T_2$,则拒绝 H_0;若 $T_1<T<T_2$,则接受 H_0.

这种检验法称为秩和检验法. 给定 α 时,可查相关表得到 T_1,T_2.

例 3.5.7 用甲、乙两种材料的灯丝制成的灯泡,对其进行寿命(单位:小时)试验,得:

甲材料生产的灯泡寿命	1610	1700	1680	1650	1750	1800	1720
乙材料生产的灯泡寿命	1700	1640	1640	1580	1600		

问：甲、乙两种材料对灯泡寿命的影响有无显著的差异？显著性水平为 $\alpha=0.05$.

解 设甲、乙两种材料的灯丝制成的灯泡寿命分别为 ξ, μ，问题转化为在显著性水平 $\alpha=0.05$ 下，检验假设

$$H_0: F_\xi(x)=F_\eta(x), -\infty<x<+\infty.$$

把题中的试验数据混合，再按从小到大的次序排成下表：

秩	1	2	3	4	5	6	7	8	9	10	11	12
甲			1610			1650	1680		1700	1720	1750	1800
乙	1580	1600		1640	1640				1700			

上表中第一行的秩表示混合后的数据从小到大排列的序数. 数据 1700 甲、乙都有，排在 8、9 两个序位，其秩按平均秩取为 $\frac{8+9}{2}=8.5$.

按前面的规定，T 是样本容量小的那一组数据的秩和，由上表可得

$$T=1+2+4+5+8.5=20.5(乙组的秩和).$$

按规定 $n_1 \leqslant n_2$，故有 $n_1=5, n_2=7$. 现给定 $\alpha=0.05$，查秩和检验表，得临界值

$$T_1=22, T_2=43.$$

因为 $T=20.5<22=T_1$，故应该拒绝 H_0，即认为甲、乙两种材料的灯丝制成的灯泡寿命有显著差别. 由所给数据求出各自的平均值，可知用甲种材料的灯丝所做灯泡的寿命比乙种材料做的灯泡的寿命要长.

参考程序如下：

x<-c(1610,1700,1680,1650,1750,1800,1720)

y<-c(1700,1640,1640,1580,1600)

wilcox.test(x,y,alternative="two.sided",exact=FALSE,corret=FALSE)

注：wilcox.test() 为单或双样本威尔科克森秩和检验. 一般形式为 wilcox.test (x,y=NULL,alternative=c("two.sided","less","greater"),mu=0,paired=FALSE,exact=NULL,correct=TRUE,conf.int=FALSE,conf.level=0.95,…)

一般地，秩和检验表只列到 $n_1, n_2 \leqslant 10$ 的情形，大于 10 时，可利用统计量 T 的渐近分布去计算其临界值，基于文献[2]的第 578 页和第 624 页，可以证明如下结论.

定理 3.5.3 设 $F_1=F_2$，当 n_1 和 n_2 都趋于 $+\infty$ 时，有

$$T^*=\frac{T-\frac{1}{2}(n_1(n_1+n_2+1))}{\sqrt{\frac{1}{12}n_1 n_2(n_1+n_2+1)}} \Rightarrow N(0,1).$$

在 n_1, n_2 均大于 7 时，T^* 的分布近似标准正态分布已十分精确，故在 n_1, n_2 较大时，取 T^* 为检验统计量，此时的检验法则如下表所示（其中 F_1 的样本容量 $n_1 \leqslant n_2$）.

H_0	H_1	在 α 水平下拒绝 H_0,若
$F_1=F_2$	$F_1\neq F_2$	$|T^*|\geqslant z_{\alpha/2}$
$F_1\leqslant F_2$	$F_1>F_2$	$T^*\geqslant z_\alpha$
$F_1\geqslant F_2$	$F_1<F_2$	$T^*\leqslant -z_\alpha$

例 3.5.8 有甲、乙两台机床加工同样的产品. 从这两台机床加工的产品中随机地抽取若干产品,测得产品直径为(单位:mm):

甲:18.1,17.7,17.2,19.1,17.0,17.5,17.8,18.7;

乙:18.3,19.0,18.9,17.3,16.9,18.4,17.6,18.6,18.0.

试问甲、乙两台机床加工的产品的直径的分布有无差异?显著性水平为 $\alpha=0.10$.

解 本题要求检验

$$H_0: F_1=F_2;\ H_1: F_1\neq F_2.$$

其中 F_1、F_2 分别为甲、乙两台机床加工的产品的直径的分布函数.

将两组观测值混合在一起,并按由小到大的次序排列,得下表:

秩	1	2	3	4	5	6	7	8	9	10	11	12
甲		17.0	17.2		17.5		17.7	17.8		18.1		
乙	16.9			17.3		17.6			18.0		18.3	18.4
秩	13	14	15	16	17
甲		18.7			19.1
乙	18.6		18.9	19.0	

取 $n_1=8$, $n_2=9$,求对应于甲机床的秩和

$$T=2+3+5+7+8+10+14+17=66,$$

$$T^*=\frac{T-n_1(n_1+n_2+1)/2}{\sqrt{n_1 n_2(n_1+n_2+1)/12}}=\frac{66-72}{6\sqrt{3}}=-0.58.$$

查标准正态分布表,得 $z_{\alpha/2}=z_{0.05}=1.64$.

由于 $|T^*|=0.58<1.64=z_{\alpha/2}$,根据大样本的秩和检验法,应该接受 H_0,即认为这两台机床加工的产品直径的分布相同,从而直径平均值与方差当然也相同.

本例的 n_1, n_2 均小于 10,故可以用小样本秩和检验法进行检验.检验结论与前者一致,请读者完成.

参考程序如下:

x<-c(18.1,17.7,17.2,19.1,17.0,17.5,17.8,18.7)

y<-c(18.3,19.0,18.9,17.3,16.9,18.4,17.6,18.6,18.0)

wilcox.test(x,y,alternative="two.sided",exact=FALSE,correct=FALSE)

相对于符号检验来说,秩和检验法的精度高.

3.5.3 独立性检验

χ^2 统计量的极限分布除了用作分布函数的拟合检验外,还能用于列联表的独立性检验.

随机试验的结果常常可用两个(或更多)不同的指标或特性来分类,例如,随机抽样调查 1000 人,可按性别和是否色盲两个特性分类,并整理成下表:

	男	女	合计
正常	442	514	956
色盲	38	6	44
合计	480	520	1000

这张表称为 2×2 列联表,这张列联表可用来研究性别与色盲这两个特性是否独立,若要进一步研究它们和遗传之间是否独立,就需要把每个人再根据第三个特性(即父母皆色盲;父色盲但母正常;父正常但母色盲;父母皆正常)进一步分类,得三向 $2\times 2\times 4$ 列联表,依此类推,还可以根据第四个特性进一步分类,得到四向列联表.本书只讨论二向 $s\times t$ 列联表.

一般地,假定有一个二维总体 (ξ,η),或者研究对象有两个指标(或特性)(ξ,η). 我们如何知道两个随机变量 ξ 与 η 是否相互独立?

将 ξ 与 η 的值域分别划分为 s 个与 t 个互不相交的区间 $A_1,A_2,\cdots,A_s$ 与 $B_1,B_2,\cdots,B_t$,从二维总体中抽取容量为 n 的样本 $(\xi_1,\eta_1),(\xi_2,\eta_2),\cdots,(\xi_n,\eta_n)$,相应样本值为 $(x_1,y_1),(x_2,y_2),\cdots,(x_n,y_n)$. 用 v_{ij} 表示样本值中 ξ 落于 A_i 且 η 落于 B_j 的个数(频数),$i=1,2,\cdots,s$;$j=1,2,\cdots,t$. 那么我们就得到一张对样本值进行分类的二向 $s\times t$ 列联表(Ⅰ):

	B_1	B_2	$\cdots$	B_t	合计
A_1	v_{11}	v_{12}	$\cdots$	v_{1t}	$v_1._{}$
A_2	v_{21}	v_{22}	$\cdots$	v_{2t}	$v_2._{}$
$\vdots$	$\vdots$	$\vdots$	$\ddots$	$\vdots$	$\vdots$
A_s	v_{s1}	v_{s2}	$\cdots$	v_{st}	$v_s._{}$
合计	$v._{1}$	$v._{2}$	$\cdots$	$v._{t}$	n

其中

$$v_i._{}=\sum_{j=1}^t v_{ij}; \quad v._{j}=\sum_{i=1}^s v_{ij}.$$

显然,有

$$n=\sum_{i=1}^s\sum_{j=1}^t v_{ij}=\sum_{j=1}^t v._{j}=\sum_{i=1}^s v_i._{}.$$

给定显著性水平 α，检验假设

$$H_0: \xi \text{ 与 } \eta \text{ 相互独立}; \quad H_1: \xi \text{ 与 } \eta \text{ 不独立}.$$

设 $p_{ij} = P\{\xi \in A_i, \eta \in B_j\}$，则

$$p_{i\cdot} = P\{\xi \in A_i\}, \quad p_{\cdot j} = P\{\eta \in B_j\},$$

其中 $i=1,2,\cdots,s$；$j=1,2,\cdots,t$. 从而假设 H_0 与 H_1 等价于如下检验

$$H_0: p_{ij} = p_{i\cdot} \cdot p_{\cdot j}, \text{ 对所有的}(i,j) \text{ 都成立};$$

$$H_1: p_{ij} \neq p_{i\cdot} \cdot p_{\cdot j}, \text{ 至少对某个}(i,j) \text{ 成立}.$$

这里 p_{ij} 为未知，且满足 $p_{i\cdot} = \sum\limits_{j=1}^{t} p_{ij} = P\{\xi \in A_i\}$ 和 $p_{\cdot j} = \sum\limits_{i=1}^{s} p_{ij} = P\{\xi \in B_j\}$.

当 H_0 为真时，有 $p_{ij} = p_{i\cdot} \cdot p_{\cdot j}$，其中 $p_{i\cdot}$ 和 $p_{\cdot j}$ 是 $(s+t)$ 个未知参数，但因 $\sum\limits_{i=1}^{s} p_{i\cdot} = \sum\limits_{j=1}^{t} p_{\cdot j} = 1$，故其中仅有 $(s+t-2)$ 个独立的未知参数，这说明 p_{ij} 的值实质上是由 $(s+t-2)$ 个未知参数的值决定的. 由于 $p_{i\cdot}$ 和 $p_{\cdot j}$ 的极大似然估计分别为

$$\hat{p}_{i\cdot} = v_{i\cdot}/n, \quad \hat{p}_{\cdot j} = v_{\cdot j}/n,$$

则皮尔逊拟合优度检验定理可推广为

$$\chi^2 = \sum_{i=1}^{s} \sum_{j=1}^{t} \frac{(v_{ij} - n\hat{p}_{i\cdot}\hat{p}_{\cdot j})^2}{n\hat{p}_{i\cdot}\hat{p}_{\cdot j}} \sim \chi^2(k-r-1),$$

其中 χ^2 分布的自由度 $k-r-1 = st-(s+t-2)-1 = (s-1)(t-1)$.

因此，由样本值算得 χ^2 统计量的观测值 χ^2，而列联表的独立性检验的检验法为

若 $\chi^2 \geqslant \chi_\alpha^2((s-1)(t-1))$，则拒绝 H_0，即认为 ξ 与 η 不独立；

若 $\chi^2 < \chi_\alpha^2((s-1)(t-1))$，则接受 H_0，即认为 ξ 与 η 相互独立.

为了计算方便，我们往往在上述那张 $s \times t$ 列联表的基础上再选一张 $s \times t$ 列联表（Ⅱ）：

	B_1	B_2	$\cdots$	B_t	合计
A_1	$n\hat{p}_{11}$	$n\hat{p}_{12}$	$\cdots$	$n\hat{p}_{1t}$	$v_{1\cdot}$
A_2	$n\hat{p}_{21}$	$n\hat{p}_{22}$	$\cdots$	$n\hat{p}_{2t}$	$v_{2\cdot}$
$\vdots$	$\vdots$	$\vdots$	$\ddots$	$\vdots$	$\vdots$
A_s	$n\hat{p}_{s1}$	$n\hat{p}_{s2}$	$\cdots$	$n\hat{p}_{st}$	$v_{s\cdot}$
合计	$v_{\cdot 1}$	$v_{\cdot 2}$	$\cdots$	$v_{\cdot t}$	n

其中，

$$n\hat{p}_{ij} = n\hat{p}_{i\cdot}\hat{p}_{\cdot j} = n \cdot \frac{v_{i\cdot}}{n} \cdot \frac{v_{\cdot j}}{n} = \frac{1}{n} v_{i\cdot} v_{\cdot j}.$$

由这两张 $s \times t$ 列联表就能很方便地计算出 χ^2 统计量的观测值

$$\chi^2 = \sum_{i=1}^{s} \sum_{j=1}^{t} \frac{(v_{ij} - n\hat{p}_{ij})^2}{n\hat{p}_{ij}}.$$

例 3.5.9 关于色盲与性别关系问题,本节开头提到,现检验假设(取 $\alpha=0.01$)
$$H_0:\text{色盲和性别是相互独立的}.$$

解 为了计算 χ^2 的观测值,根据 $s \times t$ 列联表(Ⅱ)再构造一张 2×2 列联表,如下:

	男	女	合计
正常	458.88	497.12	956
色盲	21.12	22.88	44
合计	480	520	1000

于是有
$$\chi^2 = (442-458.88)^2/458.88 + (38-21.12)^2/21.12 + $$
$$(514-497.12)^2/497.12 + (6-22.88)^2/22.88$$
$$= 25.5548.$$

查 χ^2 分布表,得
$$\chi_\alpha^2((s-1)(t-1)) = \chi_{0.01}^2(1 \times 1) = 6.64.$$

因为 $\chi^2 = 25.5548 > 6.64 = \chi_{0.01}^2(1)$,根据列联表的独立性检验法则,应该拒绝 H_0。由于 $\alpha=0.01$ 都拒绝 H_0,表明色盲与性别的关系非常密切.

注意:对于 2×2 列联表,用公式
$$\chi^2 = \frac{n(v_{11}v_{22} - v_{12}v_{21})^2}{(v_1. \, v_2. \, v_{.1} \, v_{.2})}$$

计算检验统计量的观测值,计算简便些.

参考程序如下:

x<-c(442,514,38,6)

dim(x)<-c(2,2)

chisq.test(x)

用列联表检验独立性,例 3.6.6 属按类计数得变量,而以下例子属于连续变化变量.

例 3.5.10 随机抽样调查 200 名中学生一学年的两次期中与两次期末的数学总分与语文总分的情况,情况如列联表(Ⅰ)所示,在给定显著性水平 $\alpha=0.01$ 下,检验假设
$$H_0: \xi \text{ 与 } \eta \text{ 相互独立}.$$
其中,ξ 与 η 分别表示数学总分和语文总分,它们的值域均为 $[0,400]$.

解 首先根据列联表(Ⅰ)以及 $s \times t$ 列联表(Ⅱ)构造出本题的列联表(Ⅱ).

根据列联表(Ⅰ)与(Ⅱ)计算 χ^2 统计量的观测值如下:
$$\chi^2 = (16-7.175)^2/7.175 + (19-13.540)^2/13.540 + \cdots + $$
$$(17-11.520)^2/11.520 + (9-4.000)^2/4.000$$
$$= 45.6.$$

例 3.5.10 的列联表(Ⅰ)

		数学总分(x)				合计
		$x<240$	$240\leq x<320$	$320\leq x<360$	$360\leq x$	
语文总分(y)	$y<240$	16	12	6	1	35
	$240\leq y<320$	19	31	13	5	68
	$320\leq y<360$	5	26	24	17	72
	$360\leq y$	1	6	9	9	25
	合计	41	75	52	32	200

例 3.5.10 的列联表(Ⅱ)

		数学总分(x)				合计
		$x<240$	$240\leq x<320$	$320\leq x<360$	$360\leq x$	
语文总分(y)	$y<240$	7.175	13.125	9.100	5.600	35
	$240\leq y<320$	13.940	25.500	17.680	10.880	68
	$320\leq y<360$	14.760	27.000	18.720	11.520	72
	$360\leq y$	5.125	9.375	6.500	4.000	25
	合计	41	75	52	32	200

查 χ^2 分布表,得
$$\chi_\alpha^2((s-1)(t-1))=\chi_{0.01}^2((4-1)(4-1))=\chi_{0.01}^2(9)=21.67.$$

由于 $\chi^2=45.6>21.67=\chi_{0.01}^2(9)$,根据列联表的独立性检验法则,应该拒绝 H_0. 即认为数学总分与语文总分之间有着非常密切的关系.

参考程序如下:

x<-c(16,12,6,1,19,31,13,5,5,26,24,17,1,6,9,9)
dim(x)<-c(4,4)
chisq.test(x)

注:执行本程序会出现警告信息:"Chi-squared 近似算法有可能不准",这是因为 R 软件要求每组观测频数不低于5.

顺便指出,若 (ξ,η) 服从 $N(\mu_1,\mu_2;\sigma_1^2,\sigma_2^2;r)$,其中 5 个参数均未知,由于 ξ,η 独立等价于相关系数 $r=0$,故检验 $H_0:\xi$ 与 η 相互独立等价于检验 $H_0:r=0$. 由矩估计

$$\hat{r}=\frac{\sum_{i=1}^n(\xi_i-\bar{\xi})(\eta_i-\bar{\eta})}{\sqrt{\sum_{i=1}^n(\xi_i-\bar{\xi})^2\cdot\sum_{i=1}^n(\eta_i-\bar{\eta})^2}}.$$

从样本值算得 $\hat{r}$ 的观测值,检验正态变量 ξ,η 独立性的检验法则为

若 $|\hat{r}| \geqslant r_\alpha$,则拒绝 H_0,认为 ξ,η 不独立,且有 $\eta = a + b\xi$,$(a,b$ 为常数$)$;

若 $|\hat{r}| < r_\alpha$,则接受 H_0,认为 ξ,η 独立.

1. 设某厂一台机器生产纽扣,据经验,纽扣直径服从 $N(\mu,\sigma^2)$,$\sigma = 5.2$. 为检验这台机器生产是否正常,抽取容量 $n = 100$ 的样本,并由此算得样本均值 $\bar{x} = 26.56$,问该机器生产的纽扣的平均直径为 $\mu = 26$,这个结论是否成立?(取显著性水平 $\alpha = 0.1$)

2. 有一种电子元件,要求其使用寿命不得低于 1000 小时,现抽 25 件,测得其均值为 950 小时,已知该种元件寿命服从正态分布,且已知 $\sigma = 100$,问在 $\alpha = 0.05$ 下,这批元件是否合格?

3. 设正态总体的方差 σ^2 为已知,均值 μ 只可能取 μ_0 或 $\mu_1(>\mu_0)$ 二者之一,$\bar{x}$ 为总体容量为 n 的样本平均值,在给定的水平 α 下,检验假设

H_0:其直径 $\mu = \mu_0$;H_1:其直径 $\mu = \mu_1(>\mu_0)$.

犯第一、第二类错误的概率分别为 α,β:

$$\alpha = P\{\bar{\xi} - \mu_0 \geqslant K \mid \mu = \mu_0\}, \quad \beta = P\{\bar{\xi} - \mu_0 < K \mid \mu = \mu_1\}.$$

试验证 $\beta = \Phi\left(u_{1-\alpha} - \dfrac{\mu_1 - \mu_0}{\sigma/\sqrt{n}}\right)$,并由此导出关系式

$$u_\alpha + u_\beta = \dfrac{\mu_1 - \mu_0}{\sigma/\sqrt{n}} \text{ 及 } n = (u_\alpha + u_\beta)^2 \dfrac{\sigma^2}{(\mu_1 - \mu_0)^2}.$$

又问:(1) 若 n 固定,当 α 减少时 β 的值怎样变化?(2) 若 n 固定,当 β 减少时 α 的值怎样变化?并写出 $\sigma = 0.12$,$\mu_1 - \mu_0 = 0.02$(标准差的 $1/6$),$\alpha = 0.05$,$\beta = 0.025$ 时的样本容量 n 至少等于多少?

4. 为了检验两台测量材料中含某种金属含量的光谱仪的质量有无显著性差异(即两台仪器有无系统误差),对该金属含量不同的 9 种材料样本进行测量,得到 9 对观察值如下:

$x_i/\%$	0.20	0.30	0.40	0.50	0.60	0.70	0.80	0.90	1.00
$y_i/\%$	0.10	0.21	0.52	0.32	0.78	0.59	0.68	0.77	0.89

设两总体 ξ,η 有 $\xi \sim N(\mu_1,\sigma_1^2)$,$\eta \sim N(\mu_2,\sigma_2^2)$,且它们的样本相互独立. 试根据这些数据来确定这两台仪器的质量有无显著性差异($\alpha = 0.01$)?

5. 已知用某种钢生产的钢筋强度服从正态分布. 长期以来,其抗拉强度平均为 52.00 kg/mm^2,现改变炼钢的配方,利用新法炼了 7 炉钢,从这 7 炉钢生产的钢筋中每炉抽一根,测得其强度(单位:kg/mm^2)分别为

52.45 48.51 56.02 51.53 49.02 53.38 54.04.

问用新法炼钢生产的钢筋,其强度的均值是否有明显提高($\alpha = 0.05$)?

6. 按照规定,每 100g 的罐头番茄汁的维生素 C 的含量不得少于 21mg. 现从某厂生产的一批罐头中抽取 17 个,测得维生素 C 的含量(单位:mg)如下:

16 22 21 20 23 21 19 15 13 23 17 20 29 18 22 16 25.

已知维生素C的含量服从正态分布,试以 $\alpha=0.025$ 的检验水平检验该批罐头的维生素C的含量是否合格.

7. 根据以往长期经验知某产品的一个指标的尺寸服从正态分布,且规定其方差不得超过 $\sigma_0^2=0.1$,为检验自动机床的工作精度,现抽出25件产品,测得数据如下:

产品某指标的尺寸 x_i	3.0	3.5	3.8	4.4	4.5
频数 n_i	2	6	9	7	1

在显著性水平0.05下,检验机床是否具有所要求的精度.

8. 某香烟生产厂向化验室送去两批烟叶,要化验尼古丁的含量,各抽重量相同的5例化验,得尼古丁含量(单位:mg)为

        A:24 27 26 21 24;

        B:27 28 23 31 26.

设化验数据服从正态分布,A批烟叶的方差为5,B批烟叶的方差为8,在 $\alpha=0.05$ 下,检验两种烟叶的尼古丁平均含量是否相同?

9. 从两处煤矿各取若干个样品,得其含灰率为(百分数)

        甲:24.3 20.8 23.7 21.3 17.4;

        乙:18.2 16.9 20.2 16.7.

问甲、乙两矿煤的平均含灰率有无显著性差异?取 $\alpha=0.05$,设含灰率服从正态分布且 $\sigma_1^2=\sigma_2^2$.

10. 甲、乙两种稻种,分别种在10块试验田中,每块田中甲、乙稻种各种一半,假定两种作物产量之差服从正态分布,现获10块田中的产量如下所示(单位:kg).问两种稻种产量是否有显著性差异($\alpha=0.05$)?

        甲:140 137 136 140 145 148 140 135 144 141;

        乙:135 118 115 140 128 131 130 115 131 125.

11. 甲、乙两台机床生产同一型号的滚珠,由过去的经验知道,这两台机床生产的滚珠直径服从正态分布,其期望值均等于设计值.现从甲机床中抽出8个滚球,乙机床中抽出9个滚球,测得滚珠的直径如下(单位:mm).

        甲:15.0 14.5 15.2 15.5 14.8 15.1 15.2 14.8;

        乙:15.2 15.0 14.8 15.2 15.0 15.0 14.8 15.1 14.8.

问乙机床的加工精度是否比甲机床的高($\alpha=0.05$)?

12. 10个病人服用两种安眠药后所增加的(或减少的)睡眠时间(小时)如下.

        甲:1.4 -1.5 4.0 -2.5 4.5 5.5 -2 1.5 0.5 5.5;

        乙:1.9 0.8 3.0 0.5 3.0 2.5 -0.5 2.5 2.0 2.5.

假定病人服安眠药后增加(或减少)的睡眠时间服从正态分布,试在 $\alpha=0.10$ 下检验第二种安眠药是否较第一种的效果更稳定.

13. 在一实验中,每隔一定时间观察一次由某种铀所放射到达计数器上的 α 粒子数 ξ,共观察了100次,得结果如下表所示:

i	0	1	2	3	4	5	6	7	8	9	10	11	$\sum$
v_i	1	5	16	17	26	11	9	9	2	1	2	1	100

其中 v_i 是观察到有 i 个 α 粒子的次数,从理论上来考虑知 ξ 应服从泊松分布:

$$P\{\xi=i\}=\frac{\lambda^i}{i!}\mathrm{e}^{-\lambda}(i=0,1,2,\cdots).$$

问这理论考虑是否符合实际($\alpha=0.05$)?

14. 研究混凝土抗压强度的分布,200 件混凝土制件的抗压强度以分组的形式列出,如下表:

压强区间/(kg·cm^{-2})	频数 f_i
190~200	10
200~210	26
210~220	56
220~230	64
230~240	30
240~250	14

$n=\sum f_i=200$,要求在给定的显著性水平 $\alpha=0.05$ 下检验原假设

$$H_0:F\in\{N(\mu,\sigma^2)\}.$$

其中 $F(x)$ 为抗压强度的分布函数.

15. 甲、乙两名工人在同一台机床上加工相同规格的主轴,从两人所加工的主轴中分别随机抽取 7 个,然后测量它们的外径(单位:mm),得数据如下:

甲	20.5	19.8	19.7	20.4	20.1	20.0	19.0
乙	19.7	20.8	20.5	19.8	19.4	20.6	19.2

试用斯米尔诺夫检验法检验这两位工人加工的主轴外径是否服从相同的分布($\alpha=0.20$)?

16. 甲、乙两个车间生产同一种产品,要比较这种产品的某项指标波动的情况,连续 15 天从这两个车间取得反映波动大小的数据如下表:

甲	1.13	1.26	1.16	1.41	0.86	1.39	1.21	1.22	1.20	0.62	1.18	1.34	1.57
乙	1.21	1.31	0.99	1.59	1.41	1.48	1.31	1.12	1.60	1.38	1.60	1.84	1.95

在 $\alpha=0.05$ 下,用符号检验法检验假设"这两车间所生产的产品的该项指标的波动性情况的分布重合".

4 回归分析

在客观世界中的变量普遍存在确定性和非确定性两种关系.确定性关系是指变量之间的关系,可用函数关系来表达.非确定性关系即相关关系,例如,气候、土壤、水利、种子和耕作技术等条件基本相同时,某种农作物的亩产量 Y 与施肥量 x 有一定的关系,但是施肥量相同,亩产量不一定相同;人的血压 Y 与年龄 x 的关系,一般来说,人的年龄愈大血压就愈高,但是年龄相同者,血压未必相同;纺织厂纺出来的细纱,强力 Y 与原棉的纤维长度 x_1、纤维细度 x_2、纤维强力 x_3 有关系,但是 x_1,x_2,x_3 取相同的一组数值时,细纱的强力 Y 却可能取不同数值.回归分析是研究这类关联性的一种数学工具,可以根据一个变量数值去估计另一个变量数值的情况.

4.1 一元线性回归模型

4.1.1 一元线性回归

设 x 与 Y 有关联关系,当自变量取 $x=x_0$ 时,因变量 Y 并不取固定值与其对应,而是以一个依赖 x_0 的随机变量 Y_0 与 x_0 对应,如果要用函数关系近似 x 与 Y 之间的关系,自然想到以 $E[Y_0]$ 作为 Y 与 $x=x_0$ 相对应的值,对任意 x,以 $E[Y]$ 作为与 x 相对应的 Y 值,记 $\varepsilon = Y - E[Y]$,则 $E[\varepsilon]=0$. 一般情况 $E[Y]$ 是 x 的函数,记为 $\tilde{y}=E[Y]$,称为 Y 对 x 的回归函数,简称回归方程(或理论回归方程),x 称为回归变量或回归因子,特别地,若随机变量 Y 与可控变量 x 满足

$$\begin{cases} Y = a + bx + \varepsilon, \\ \varepsilon \sim N(0, \sigma^2), \end{cases} \quad (4-1)$$

其中 a,b,σ^2 为常数,则称 Y 与 x 之间存在线性相关关系,式(4-1)称为一元正态线性回归模型,简称一元线性回归或一元线性模型,其回归函数记为

$$\tilde{y} = E[Y] = a + bx,$$

称为 Y 对 x 的线性回归,a 称为回归常数,b 称为回归系数,统称回归系数.

在式(4-1)中,通常设 a,b,σ^2 是不依赖于 x 的未知参数,给出若干次独立试验,通过样本数据对系数 a,b,σ^2 进行估计.

易知 $Y \sim N(a+bx, \sigma^2)$,在 x 的不同取值为 $x_1, x_2, \cdots, x_n$ 处,作独立随机试验,得到

样本 $(x_1,Y_1),(x_2,Y_2),\cdots,(x_n,Y_n)$. 即

$$\begin{cases} Y_1 = a + bx_1 + \varepsilon_1, \\ Y_2 = a + bx_2 + \varepsilon_2, \\ \quad\vdots \\ Y_n = a + bx_n + \varepsilon_n, \\ \varepsilon_1,\varepsilon_2,\cdots,\varepsilon_n \text{ 相互独立,均服从 } N(0,\sigma^2). \end{cases} \quad (4-2)$$

与式(4-1)一样,式(4-2)也称为一元线性回归模型或一元线性模型. 由 $\varepsilon_1,\varepsilon_2,\cdots,\varepsilon_n$ 独立性可推出 $Y_1,Y_2,\cdots,Y_n$ 也相互独立,且

$$Y_i \sim N(a+bx_i,\sigma^2), \quad (i=1,2,\cdots,n).$$

$Y_1,Y_2,\cdots,Y_n$ 称为来自 Y 的容量为 n 的一个独立随机样本,简称独立样本,而数据

$$(x_1,y_1),(x_2,y_2),\cdots,(x_n,y_n)$$

称为一个(或一组)样本观测值,利用独立样本及其样本值可得 a,b,σ^2 的估计量及其相应的估计值 $\hat{a},\hat{b},\hat{\sigma}^2$,从而得到回归函数 $\tilde{y}=a+bx$ 的估计

$$\hat{y} = \hat{a} + \hat{b}x,$$

该式称为经验回归方程(简称回归方程),其图像称为经验回归直线,简称回归直线.

最简单的模型是用一元正态线性回归模型来描述 Y 与 x 的关系,对具体问题,把样本值

$$(x_1,y_1),(x_2,y_2),\cdots,(x_n,y_n)$$

作为平面直角坐标系的 n 个点描出来,这 n 个点构成的图像叫作实验的散点图,若散点图的 n 个点近似在一条直线的附近,就可粗略地认为 Y 依赖于 x 的关系适合用一元线性模型来表示,理论上还需要验证模型的正确性. 若散点图的 n 个点不是在近似一条直线附近,则 Y 与 x 之间不满足一元线性模型,但可根据散点图适当地选择一个函数 $\hat{y}=\hat{\mu}(x)$,使得 $(x_1,\hat{y}_1),(x_2,\hat{y}_2),\cdots,(x_n,\hat{y}_n)$ 在一定意义下吻合于观测数据 $(x_1,y_1),(x_2,y_2),\cdots,(x_n,y_n)$,其中 $\hat{y}_i=\hat{\mu}(x_i)(i=1,2,\cdots,n)$.

确定函数 $\hat{y}=\hat{\mu}(x)$ 的方法有多种,最常用的是最小二乘法,即选择函数 $\hat{y}=\hat{\mu}(x)$ 使得偏差 $|y_i-\hat{y}_i|$ 的平方和最小,即

$$\sum_{i=1}^{n}(y_i-\hat{y}_i)^2 = \sum_{i=1}^{n}[(y_i-\hat{\mu}(x_i)]^2 = \min.$$

4.1.2 未知参数的估计

1. 未知参数 a,b 和 σ^2 的点估计

用最小二乘法求线性回归函数 $\tilde{y}=a+bx$ 的估计式 $\hat{y}=\hat{a}+\hat{b}x$,其思路是求

$$Q(a,b) = \sum_{i=1}^{n}[y_i-(a+bx_i)]^2$$

的最小值点 $\hat{a},\hat{b}$,即

$$\sum_{i=1}^{n}[y_i-(\hat{a}+\hat{b}x_i)]^2=\min\sum_{i=1}^{n}[y_i-(a+bx_i)]^2.$$

这里 $(x_i,y_i)(i=1,2,\cdots,n)$ 为样本值,即为数据. 根据微积分知识,令

$$\begin{cases}\dfrac{\partial Q}{\partial a}=-2\sum_{i=1}^{n}(y_i-a-bx_i)=0,\\ \dfrac{\partial Q}{\partial b}=-2\sum_{i=1}^{n}(y_i-a-bx_i)x_i=0,\end{cases}$$

整理后得 a,b 的一个方程组:

$$\begin{cases}na+n\bar{x}b=n\bar{y},\\ n\bar{x}a+\left(\sum_{i=1}^{n}x_i^2\right)b=\sum_{i=1}^{n}x_iy_i.\end{cases}$$

这里 $\bar{x}=\dfrac{1}{n}\sum_{i=1}^{n}x_i,\bar{y}=\dfrac{1}{n}\sum_{i=1}^{n}y_i$. 以上两个关于 a,b 的同解方程组都称为正规方程组.

假设正规方程组的系数行列式

$$\begin{vmatrix}n & n\bar{x}\\ n\bar{x} & \sum x_i^2\end{vmatrix}=n\left(\sum x_i^2-n\bar{x}^2\right)=n\sum(x_i-\bar{x})^2\neq 0,$$

则得到唯一解

$$\begin{cases}\hat{a}=\bar{y}-\hat{b}\bar{x},\\ \hat{b}=\dfrac{\sum x_iy_i-n\bar{x}\bar{y}}{\sum(x_i-\bar{x})^2}=\dfrac{\sum(x_i-\bar{x})(y_i-\bar{y})}{\sum(x_i-\bar{x})^2}=\dfrac{\sum(x_i-\bar{x})y_i}{\sum(x_i-\bar{x})^2}.\end{cases}$$

进而得到经验回归方程

$$\hat{y}=\hat{a}+\hat{b}x,\hat{y}=\bar{y}+\hat{b}(x-\bar{x}).$$

把 $x=x_i$ 代入经验回归方程,得

$$\hat{y}_i=\hat{a}+\hat{b}x_i=\bar{y}+\hat{b}(x_i-\bar{x}).$$

在应用中,此公式可以作为 x 对 Y 作近似估计. 为方便记忆,引进常用记号:

$$\begin{aligned}l_{xx}&=\sum(x_i-\bar{x})^2\\ &=\sum x_i^2-n\bar{x}^2\\ &=\sum(x_i-\bar{x})x_i;\\ l_{xy}&=\sum(x_i-\bar{x})(y_i-\bar{y})\\ &=\sum x_iy_i-n\bar{x}\bar{y}\\ &=\sum(x_i-\bar{x})y_i;\\ l_{yy}&=\sum(y_i-\bar{y})^2\end{aligned}$$

$$= \sum y_i^2 - n\bar{y}^2$$
$$= \sum (y_i - \bar{y})y_i.$$

a,b 估计值可以简写为
$$\begin{cases} \hat{a} = \bar{y} - \hat{b}\bar{x} \\ \hat{b} = \dfrac{l_{xy}}{l_{xx}} \end{cases}.$$

例 4.1.1 测得某种物质在不同温度下吸附另一种物质的质量如下表所示.

$x_i/℃$	1.5	1.8	2.4	3.0	3.5	3.9	4.4	4.8	5.0
y_i/mg	4.8	5.7	7.0	8.3	10.9	12.4	13.1	13.6	15.3

由所给定的样本观测值,如果画出散点图,可以看出 9 个点几乎在一条直线上,因此,可以假设吸附量 Y 与温度 x 具有线性关系:
$$Y = a + bx + \varepsilon, \varepsilon \sim N(0, \sigma^2).$$

求 Y 对 x 的线性回归方程.

解 本例 $n=9$,容易算得:
$$\sum x_i = 30.30, \sum y_i = 91.11, \sum x_i y_i = 345.09, \sum x_i^2 = 115.11,$$
$$\bar{x} = \frac{1}{9}\sum x_i = 3.37, \bar{y} = \frac{1}{9}\sum y_i = 10.12.$$

再由最小二乘估计值公式,得
$$\hat{b} = \frac{l_{xy}}{l_{xx}}$$
$$= \frac{\sum x_i y_i - 9\bar{x}\bar{y}}{\sum x_i^2 - 9\bar{x}^2}$$
$$= \frac{345.09 - 9 \times 3.37 \times 10.12}{115.11 - 9 \times 3.37^2}$$
$$= 2.93$$
$$\hat{a} = \bar{y} - \hat{b}\bar{x}$$
$$= 10.12 - 2.93 \times 3.37$$
$$= 0.26.$$

故所求 Y 对 x 的一元线性回归方程为
$$\hat{y} = 0.26 + 2.93x.$$

从这个方程可以看出,在一定范围内,温度 x 每升高 1℃,大致可增加 2.93mg 的吸附量 Y.

本例的 R 软件参考程序见例 4.1.4 的参考程序.

在 a,b 的最小二乘估计值 $\hat{a},\hat{b}$ 的表达式中,把 y_i 和 $\bar{y}$ 分别换为 Y_i 和 $\bar{Y}=\dfrac{1}{n}\sum_i Y_i$,即得一元线性模型中 a,b 的最小二乘估计量为

$$\hat{a}=\bar{Y}-\hat{b}\bar{x},$$

$$\hat{b}=\frac{l_{xY}}{l_{xx}}=\frac{\sum(x_i-\bar{x})(Y_i-\bar{Y})}{l_{xx}}=\frac{\sum(x_i-\bar{x})Y_i}{l_{xx}}.$$

此时,相应的回归方程及对应的值分别成为统计量:

$$\hat{y}=\hat{a}+\hat{b}x=\bar{Y}+\hat{b}(x-\bar{x});\qquad \hat{y}_i=\bar{Y}+\hat{b}(x_i-\bar{x}).$$

定理 4.1.1 在一元线性回归模型中,$\bar{Y}$ 与 $\hat{b}$ 相互独立.

证 易知

$$\begin{aligned}\operatorname{cov}(\bar{Y},\hat{b})&=\operatorname{cov}\left(\sum\frac{1}{n}Y_i,\sum\frac{(x_i-\bar{x})Y_i}{l_{xx}}\right)\\ &=\sum_{i=1}^{n}\sum_{j=1}^{n}\frac{(x_j-\bar{x})}{nl_{xx}}\operatorname{cov}(Y_i,Y_j)\\ &=\sum_{i=1}^{n}\frac{(x_i-\bar{x})}{nl_{xx}}D[Y_i]\\ &=\frac{\sigma^2}{nl_{xx}}\sum_{i=1}^{n}(x_i-\bar{x})\\ &=0.\end{aligned}$$

即 $\bar{Y}$ 与 $\hat{b}$ 不相关,但它们都是独立正态变量 $Y_1,Y_2,\cdots,Y_n$ 的线性组合,因此,$\bar{Y}$ 与 $\hat{b}$ 均服从正态分布,对两个正态变量来说不相关与相互独立是等价的.

定理 4.1.2 在一元线性回归模型中,最小二乘估计量 $\hat{a},\hat{b}$ 的数学期望与方差分别为

$$E[\hat{b}]=b,\qquad E[\hat{a}]=a;$$

$$D[\hat{b}]=\frac{1}{l_{xx}}\sigma^2,\quad D[\hat{a}]=\left(\frac{1}{n}+\frac{\bar{x}^2}{l_{xx}}\right)\sigma^2.$$

证 易知

$$\begin{aligned}E[\hat{b}]&=E\left[\frac{\sum(x_i-\bar{x})Y_i}{l_{xx}}\right]\\ &=\frac{\sum(x_i-\bar{x})E[Y_i]}{l_{xx}}\\ &=\frac{\sum(x_i-\bar{x})(a+bx_i)}{l_{xx}}\\ &=\frac{a\sum(x_i-\bar{x})+b\sum(x_i-\bar{x})x_i}{l_{xx}}\\ &=b.\end{aligned}$$

$$D[\hat{b}] = D\left[\frac{\sum(x_i - \bar{x})Y_i}{l_{xx}}\right]$$

$$= \frac{\sum(x_i - \bar{x})^2 D[Y_i]}{l_{xx}^2}$$

$$= \frac{\sum(x_i - \bar{x})^2 \sigma^2}{l_{xx}^2}$$

$$= \frac{1}{l_{xx}}\sigma^2,$$

$$E[\hat{a}] = E[\bar{Y} - \hat{b}\bar{x}]$$

$$= E[\bar{Y}] - \bar{x}E[\hat{b}]$$

$$= \frac{1}{n}\sum E[Y_i] - \bar{x}b$$

$$= \frac{1}{n}\sum(a + bx_i) - \bar{x}b$$

$$= a.$$

$$D[\hat{a}] = D[\bar{Y} - \hat{b}\bar{x}]$$

$$= D[\bar{Y}] + \bar{x}^2 D[\hat{b}]$$

$$= \frac{1}{n}\sigma^2 + \frac{\bar{x}^2}{l_{xx}}\sigma^2$$

$$= \left(\frac{1}{n} + \frac{\bar{x}^2}{l_{xx}}\right)\sigma^2.$$

定理 4.1.2 表明最小二乘估计量 $\hat{a}, \hat{b}$ 分别是回归系数 a, b 的无偏估计量,由此可得

$$E[\hat{y}] = E[\hat{a} + \hat{b}x] = a + bx.$$

即一元线性回归方程 $\hat{y} = \hat{a} + \hat{b}x$ 是回归函数 $\tilde{y} = a + bx$ 的无偏估计.

下面论述回归系数 a, b 的最小二乘估计量 $\hat{a}, \hat{b}$ 与极大似然估计量是等价的,事实上,

$$Y_i \sim N(a + bx_i, \sigma^2) \quad (i = 1, 2, \cdots, n).$$

注意到 $Y_1, Y_2, \cdots, Y_n$ 相互独立,所以对应似然函数为

$$L(a, b) = \prod_{i=1}^{n} \frac{1}{\sigma\sqrt{2\pi}} \exp\left\{-\frac{1}{2\sigma^2}(y_i - a - bx_i)^2\right\}$$

$$= \left(\frac{1}{\sigma\sqrt{2\pi}}\right)^n \exp\left\{-\frac{1}{2\sigma^2}\sum_{i=1}^{n}(y_i - a - bx_i)^2\right\}.$$

由此式可知,要使似然函数 L 取最大值,即等价于 a, b 的函数

$$Q(a, b) = \sum_{i=1}^{n}(y_i - a - bx_i)^2$$

取最小值的 a, b. 因此, a, b 的极大似然估计量与其最小二乘估计量 $\hat{a}, \hat{b}$ 分别是相等的.

通过 a, b 的极大似然估计量 $\hat{a}, \hat{b}$, 进一步可求 σ^2 的估计量, 解似然方程:

$$\frac{\partial \ln L}{\partial \sigma^2} = -\frac{n}{2\sigma^2} + \frac{1}{2\sigma^4} \sum_{i=1}^{n} (y_i - \hat{a} - \hat{b} x_i)^2 = 0,$$

得 σ^2 的极大似然估计量为

$$\hat{\sigma}_L^2 = \frac{1}{n} \sum_{i=1}^{n} (y_i - \hat{a} - \hat{b} x_i)^2.$$

记

$$S_e = \sum_{i=1}^{n} (Y_i - \hat{a} - \hat{b} x_i)^2 = \sum_{i=1}^{n} (Y_i - \hat{y}_i)^2,$$

则

$$\frac{1}{n} S_e = \hat{\sigma}_L^2$$

是 σ^2 的极大似然估计量.

定理 4.1.3 在一元线性回归模型中, 有

$$E[S_e] = (n-2)\sigma^2.$$

证 易推得

$$\begin{aligned}
S_e &= \sum [Y_i - \bar{Y} - \hat{b}(x_i - \bar{x})]^2 \\
&= \sum (Y_i - \bar{Y})^2 - 2\hat{b} \sum (x_i - \bar{x})(Y_i - \bar{Y}) + \hat{b}^2 \sum (x_i - \bar{x})^2 \\
&= \sum (Y_i - \bar{Y})^2 - 2\hat{b}\hat{b} l_{xx} + \hat{b}^2 l_{xx} \\
&= \sum (Y_i - \bar{Y})^2 - \hat{b}^2 l_{xx}.
\end{aligned}$$

此式也可记为 $l_{yy} - \hat{b}^2 l_{xx}$. 而

$$\begin{aligned}
E\left[\sum (Y_i - \bar{Y})^2\right] &= \sum [D[Y_i - \bar{Y}] + (E[Y_i - \bar{Y}])^2] \\
&= \sum \left[D\left[(1 - \frac{1}{n})Y_i - \frac{1}{n} \sum_{j \neq i} Y_j \right] + (a + bx_i - a - b\bar{x})^2 \right] \\
&= \sum \left[\frac{(n-1)^2}{n^2} \sigma^2 + \frac{n-1}{n^2} \sigma^2 \right] + \sum b^2 (x_i - \bar{x})^2 \\
&= (n-1)\sigma^2 + b^2 l_{xx},
\end{aligned}$$

原

$$\begin{aligned}
E[\hat{b}^2 l_{xx}] &= l_{xx} E[\hat{b}^2] = l_{xx}(D[\hat{b}] + (E[\hat{b}])^2) \\
&= l_{xx}\left(\frac{1}{l_{xx}} \sigma^2 + b^2\right) \\
&= \sigma^2 + b^2 l_{xx}.
\end{aligned}$$

于是

$$E[S_e] = E\left[\sum (Y - \bar{Y})^2\right] - E[\hat{b}^2 l_{xx}]$$

$$= (n-1)\sigma^2 + b^2 l_{xx} - (\sigma^2 + b^2 l_{xx})$$
$$= (n-2)\sigma^2.$$

定理 4.1.3 表明，σ^2 的极大似然估计量 $\hat{\sigma}_L^2 = \dfrac{1}{n}S_e$ 是有偏估计量，但 $S_e/(n-2)$ 是 σ^2 的无偏估计量，若记 $\hat{\sigma}^{*2} = \dfrac{S_e}{n-2}$，则

$$\hat{\sigma}^{*2} = \frac{1}{n-2}\sum(Y_i - \hat{y}_i)^2 = \frac{1}{n-2}\sum(Y_i - \hat{a} - \hat{b}x_i)^2 = \frac{l_{YY} - \hat{b}^2 l_{xx}}{n-2}.$$

这表明 $\hat{\sigma}^{*2}$ 是未知参数 σ^2 的无偏估计量.

2. 估计量 $\hat{a}, \hat{b}$ 和 $\hat{\sigma}^{*2}$ 的统计分布

前面章节已证明回归系数 a, b 和方差 σ^2 的无偏估计量分别为 $\hat{a}, \hat{b}$ 和 $\hat{\sigma}^{*2}$，为了模型检验，进一步研究估计量 $\hat{a}, \hat{b}$ 和 $\hat{\sigma}^{*2}$ 的统计分布.

定理 4.1.4 在一元线性回归模型中，有

(1) $\hat{b} \sim N(b, \sigma^2/l_{xx})$；

(2) $\hat{a} \sim N\left(a, \left(\dfrac{1}{n} + \dfrac{\bar{x}^2}{l_{xx}}\right)\sigma^2\right)$；

(3) $\hat{y} = \hat{a} + \hat{b}x \sim N\left(a + bx, \left[\dfrac{1}{n} + \dfrac{(x-\bar{x})^2}{l_{xx}}\right]\sigma^2\right)$；

(4) $\dfrac{(n-2)\hat{\sigma}^{*2}}{\sigma^2} = \dfrac{S_e}{\sigma^2} \sim \chi^2(n-2)$；

(5) $\bar{Y}, \hat{b}, \hat{\sigma}^{*2}$ 相互独立.

证 (1) 由 $\hat{b} = \dfrac{1}{l_{xx}}\sum(x_i - \bar{x})Y_i$ 可知 $\hat{b}$ 为相互独立正态随机变量 $Y_1, Y_2, \cdots, Y_n$ 的线性组合，因此 $\hat{b}$ 也服从正态分布，由定理 4.1.2 有

$$E[\hat{b}] = b, \quad D[\hat{b}] = \sigma^2/l_{xx}.$$

进而

$$\hat{b} \sim N(b, \sigma^2/l_{xx}).$$

(2) 与 (3) 的证明类似于 (1) 的证明，(4) 与 (5) 的证明见参见文献[5]第 581 页.

3. 未知参数 a, b 和 σ^2 的区间估计

通过 $\hat{a}, \hat{b}$ 和 $\hat{\sigma}^2$ 的统计分布就容易得到 a, b 和 σ^2 的区间估计.

定理 4.1.5 在一元线性回归模型中，有

$$\frac{\hat{a} - a}{\hat{\sigma}^* \sqrt{\dfrac{1}{n} + \dfrac{\bar{x}^2}{l_{xx}}}} \sim t(n-2), \quad \frac{\hat{b} - b}{\hat{\sigma}^*/\sqrt{l_{xx}}} \sim t(n-2).$$

证 根据定理 4.1.4，得

$$\frac{\hat{a}-a}{\sigma\sqrt{\dfrac{1}{n}+\dfrac{\overline{x}^{2}}{l_{xx}}}} \sim N(0,1), \qquad \frac{\hat{b}-b}{\sigma/\sqrt{l_{xx}}} \sim N(0,1),$$

$$\frac{S_{e}}{\sigma^{2}} = \frac{(n-2)\hat{\sigma}^{*2}}{\sigma^{2}} \sim \chi^{2}(n-2).$$

由定理 4.1.4 的(5)可知,$\hat{a}$ 与 $\hat{\sigma}^{*2}$、$\hat{b}$ 与 $\hat{\sigma}^{*2}$ 分别相互独立. 再由 t 分布的定义,即得

$$\frac{\dfrac{\hat{a}-a}{\sigma\sqrt{\dfrac{1}{n}+\dfrac{\overline{x}^{2}}{l_{xx}}}}}{\sqrt{\dfrac{(n-2)\hat{\sigma}^{*2}}{\sigma^{2}(n-2)}}} = \frac{\hat{a}-a}{\hat{\sigma}^{*}\sqrt{\dfrac{1}{n}+\dfrac{\overline{x}^{2}}{l_{xx}}}} \sim t(n-2),$$

和

$$\frac{\dfrac{\hat{b}-b}{\sigma/\sqrt{l_{xx}}}}{\sqrt{\dfrac{(n-2)\hat{\sigma}^{*2}}{\sigma^{2}(n-2)}}} = \frac{\hat{b}-b}{\hat{\sigma}^{*}/\sqrt{l_{xx}}} \sim t(n-2).$$

定理得证.

由定理 4.1.5 及 t 分布的上分位数,得

$$P\left\{\frac{|\hat{a}-a|}{\hat{\sigma}^{*}\sqrt{\dfrac{1}{n}+\dfrac{\overline{x}^{2}}{l_{xx}}}} < t_{\alpha/2}(n-2)\right\} = 1-\alpha.$$

由此易得回归系数 a 的 $1-\alpha$ 置信区间为 $\left(\hat{a} \pm t_{\alpha/2}(n-2)\hat{\sigma}^{*}\sqrt{\dfrac{1}{n}+\dfrac{\overline{x}^{2}}{l_{xx}}}\right)$.

同理,可得系数 b 的 $1-\alpha$ 置信区间为 $(\hat{b} \pm t_{\alpha/2}(n-2)\hat{\sigma}^{*}/\sqrt{l_{xx}})$.

由 $\dfrac{(n-2)\hat{\sigma}^{*2}}{\sigma^{2}} \sim \chi^{2}(n-2)$,易得方差 σ^{2} 的 $1-\alpha$ 置信区间为

$$\left(\frac{(n-2)\hat{\sigma}^{*2}}{\chi^{2}_{\alpha/2}(n-2)}, \frac{(n-2)\hat{\sigma}^{*2}}{\chi^{2}_{1-\alpha/2}(n-2)}\right) = \left(\frac{S_{e}}{\chi^{2}_{\alpha/2}(n-2)}, \frac{S_{e}}{\chi^{2}_{1-\alpha/2}(n-2)}\right).$$

例 4.1.2 求例 4.1.1 中的回归系数 a,b 的区间估计 ($\alpha=0.05$).

解 易知 $l_{xx} = \sum(x_{i}-\overline{x})^{2} = \sum x_{i}^{2} - n\overline{x}^{2} = 115.11 - 9 \times 3.37^{2} = 13.10$;

$$l_{yy} = \sum(y_{i}-\overline{y})^{2} = \sum y_{i}^{2} - n\overline{y}^{2} = 1\,036.65 - 9 \times 10.12^{2} = 114.52.$$

$\hat{\sigma}^{*2}$ 的观测值为

$$\hat{\sigma}^{*2} = \frac{1}{n-2}(l_{yy} - \hat{b}^{2}l_{xx}) = \frac{1}{n-2}\left(l_{yy} - \frac{l_{xy}^{2}}{l_{xx}}\right)$$

$$= \frac{1}{7}(114.52 - 2.93^{2} \times 13.10) = 0.29;$$

$$\hat{\sigma}^* = 0.54.$$

故 a 的 $1-\alpha=0.95$ 的置信区间为

$$(\hat{a} \pm t_{\alpha/2}(n-2)\hat{\sigma}^* \sqrt{\frac{1}{n}+\frac{\overline{x}^2}{l_{xx}}})$$

$$=(0.26 \pm t_{0.025}(7) \times 0.54 \sqrt{\frac{1}{9}+\frac{3.37^2}{13.10}})$$

$$=(-1.01, 1.52).$$

而 b 的 $1-\alpha=0.95$ 的置信区间为

$$(\hat{b} \pm t_{\alpha/2}(n-2)\hat{\sigma}^* \sqrt{\frac{1}{l_{xx}}}) = (2.93 \pm t_{0.025}(7) \times 0.54 \sqrt{\frac{1}{13.10}})$$

$$=(2.58, 3.28).$$

本例的 R 软件参考程序见例 4.1.4 的参考程序.

4.1.3 线性回归效果的显著性检验

从样本观测值 $(x_1, y_1), (x_2, y_2), \cdots, (x_n, y_n)$ 来判断 Y 与 x 是否存在线性相关性,是非常有意义的. 从统计学角度需要作显著性检验. 具体作法如下:由实验数据构造散点图,判断是否相关,因为 $Y=a+bx+\varepsilon, \varepsilon \sim N(0, \sigma^2)$,当 b 越大,Y 随 x 的变化而变化,其趋势就越明显;当 b 越小,Y 的变化趋势越不明显. 特别当 $b=0$ 时,就认为 Y 与 x 之间不存在线性相关性,于是就认为 Y 与 x 是否满足线性关系就转化为在显著性水平 α 下,检验假设

$$H_0: b=0; \quad H_1: b \neq 0$$

是否成立,若拒绝 H_0,则认为 Y 与 x 之间存在线性关系,所求的线性回归方程有意义;若接受 H_0,则认为 Y 与 x 的关系不能用一元线性模型来表示,所求得的线性回归方程无意义,此时情况较复杂,x 对 Y 独立、无线性关系或者存在其他因素,需作进一步分析.

下面介绍三种常用的检验方法.

1. F 检验法

注意到

$$\sum(y_i - \hat{y}_i)(\hat{y}_i - \overline{y}) = \sum(y_i - \hat{a} - \hat{b}x_i)(\hat{a} + \hat{b}x_i - \overline{y})$$

$$= (\hat{a} - \overline{y}) \sum(y_i - \hat{a} - \hat{b}x_i) + \hat{b} \sum(y_i - \hat{a} - \hat{b}x_i)x_i$$

$$= 0.$$

故有平方和分解:

$$S_T = l_{yy} = \sum(y_i - \hat{y}_i)^2 + \sum(\hat{y}_i - \overline{y})^2$$

$$= \sum(y_i - \hat{y}_i)^2 + \sum(\hat{y}_i - \overline{y})^2 + 2\sum(y_i - \hat{y}_i)(\hat{y}_i - \overline{y})$$

$$= S_e + S_R,$$

这里 $S_e = \sum(y_i - \hat{y}_i)^2$ 和 $S_R = \sum(\hat{y}_i - \bar{y})^2$.

下面对 S_T, S_e 和 S_R 含义作一些说明:

S_T 称为总偏差(离差)平方和,它表示 $y_1, y_2, \cdots, y_n$ 与其平均值 $\bar{y}$ 的偏差 $(y_i - \bar{y})$ 的平方和,S_T 越大则 $y_1, y_2, \cdots, y_n$ 数值波动越大,即越分散.因为 $\hat{y}_i$ 是回归直线 $\hat{y} = \hat{a} + \hat{b}x$ 上横坐标为点 x_i 的纵坐标,注意到

$$\frac{1}{n}\sum \hat{y}_i = \frac{1}{n}\sum(\hat{a} + \hat{b}x_i)$$
$$= \bar{y} - \hat{b}\bar{x} + \hat{b}\bar{x}$$
$$= \bar{y}.$$

所以 $\hat{y}_1, \hat{y}_2, \cdots, \hat{y}_n$ 的平均值也是 $\bar{y}$. 于是 $S_R = \sum(\hat{y}_i - \bar{y})^2$ 描述了 $\hat{y}_1, \hat{y}_2, \cdots, \hat{y}_n$ 的分散程度,又

$$S_R = \sum(\hat{y}_i - \bar{y})^2$$
$$= \sum(\hat{a} + \hat{b}x_i - \bar{y})^2$$
$$= \sum(\bar{y} - \hat{b}\bar{x} + \hat{b}x_i - \bar{y})^2$$
$$= \hat{b}^2 \sum(x_i - \bar{x})^2$$
$$= \hat{b}^2 l_{xx}.$$

这表明 $\hat{y}_1, \hat{y}_2, \cdots, \hat{y}_n$ 的分散性来源于 $x_1, x_2, \cdots, x_n$ 的分散性,且与回归直线的斜率 $\hat{b}$ 的平方成正比,对同一组 $x_1, x_2, \cdots, x_n$,较陡的回归直线,显然会有较大的 S_R 值,我们把描述回归直线 $\hat{y} = \hat{a} + \hat{b}x$ 上纵坐标 $\hat{y}_1, \hat{y}_2, \cdots, \hat{y}_n$ 的分散性的离差(偏差)平方和 S_R 称为回归平方和.

对于 S_e,由于 $S_e = \sum(y_i - \hat{y}_i)^2 = \sum(y_i - \hat{a} - \hat{b}x_i)^2$,它表示观测数据 y_i 与回归直线上对应点 $(x_i, \hat{y}_i)$ 的纵坐标 $\hat{y}_i$ 之差 $(y_i - \hat{y}_i)$ 的平方和,S_e 是扣除了 x 对 Y 的线性影响之外的剩余因素对 $y_1, y_2, \cdots, y_n$ 的分散性的作用,这些剩余因素中包括 x 对 Y 的非线性影响及试验误差等因素,因此 S_e 称为剩余平方和或残差平方和.

$S_T = S_e + S_R$ 通常称为平方和分解公式,这公式表明:引起 $y_1, y_2, \cdots, y_n$ 分散性(即 S_T)的原因可以分解为两部分,其中一部分是由于 x 对 Y 的线性相关性而引起 Y 分散性(即回归平方和 S_R);另一部分是剩余因素引起 Y 的分散性(即剩余平方和 S_e). 总偏差平方和 S_T 给定后,S_R 越大 S_e 就越小,表示 x 对 Y 的线性影响就越显著;S_R 越小 S_e 就越大,表示 x 对 Y 的线性影响就不显著.因此,S_R/S_e 反映了 x 对 Y 的线性影响的显著性.

在 S_T, S_e, S_R 中,把 $y_i, \bar{y}$ 分别换为 $Y_i, \bar{Y}$,则分别成为统计量,它们都是独立样本 $Y_1, Y_2, \cdots, Y_n$ 的函数,关于这些统计量有如下结论:

定理 4.1.6 在一元线性回归模型中,当 $H_0:b=0$ 为真时,有 $\dfrac{S_R}{\sigma^2}\sim\chi^2(1)$,且 S_e 与 S_R 相互独立.

证 当 $H_0:b=0$ 为真时,$\hat{b}\sim N(0,\sigma^2/l_{xx})$,由此得 $\dfrac{\hat{b}\sqrt{l_{xx}}}{\sigma}\sim N(0,1)$.

根据 χ^2 变量的定义,得 $\dfrac{\hat{b}^2 l_{xx}}{\sigma^2}\sim\chi^2(1)$,即 $\dfrac{S_R}{\sigma^2}\sim\chi^2(1)$. 定理 4.1.4 的(5)已经指出 $\bar{Y}$,$\hat{b}$,$\hat{\sigma}^{*2}$ 相互独立,从而

$$S_R=\hat{b}^2 l_{xx},\quad S_e=(n-2)\hat{\sigma}^{*2}$$

也相互独立.

下面来构造 F 统计量,在显著性水平 α 下,检验 Y 与 x 是否存在线性相关性,即检验假设

$$H_0:b=0;\quad H_1:b\ne 0.$$

定理 4.1.4 已指出 $S_e/\sigma^2\sim\chi^2(n-2)$. 于是,当 $H_0:b=0$ 为真时,由定理 4.1.6 及 F 变量的定义,得

$$\frac{S_R/\sigma^2}{S_e/(n-2)\sigma^2}=\frac{(n-2)S_R}{S_e}=F\sim F(1,n-2).$$

当 $H_0:b=0$ 为真时,线性回归效果不显著,$(n-2)S_R/S_e\,(=\hat{b}l_{xx}/\hat{\sigma}^{*2})$ 应该比较小,若 $(n-2)S_R/S_e$ 比较大,就应该拒绝 H_0. 再由上分位数定义,得

$$P\left\{\frac{(n-2)S_R}{S_e}\ge F_\alpha(1,n-2)\right\}=\alpha.$$

对于样本观测值 $(x_1,y_1),(x_2,y_2),\cdots,(x_n,y_n)$,算得 F 的观测值,于是得线性回归效果的显著性的 F 检验法则:

若 $F\ge F_\alpha(1,n-2)$,则拒绝 H_0,此时称为线性回归效果显著,即 Y 与 x 之间存在显著的线性相关性;

若 $F<F_\alpha(1,n-2)$,则接受 H_0,此时称为线性回归效果不显著,即 Y 与 x 之间没有显著的线性相关性.

计算 $F=(n-2)S_R/S_e$ 时,需要用 $S_e=S_T-S_R=l_{yy}-S_R$,这里 $S_R=\hat{b}^2 l_{xx}=l_{xy}^2/l_{xx}$.

2. t 检验法

由定理 4.1.5 知道,

$$t=\frac{\hat{b}-b}{\hat{\sigma}^*/\sqrt{l_{xx}}}\sim t(n-2),$$

于是,当 $H_0:b=0$ 为真时,有

$$P\left\{\frac{|\hat{b}|}{\hat{\sigma}^*/\sqrt{l_{xx}}}\ge t_{\alpha/2}(n-2)\right\}=\alpha.$$

因此，由样本观测值 $(x_1, y_1), (x_2, y_2), \cdots, (x_n, y_n)$ 算得 t 的值为

$$t = \frac{\hat{b}}{\hat{\sigma}^* / \sqrt{l_{xx}}} = \frac{\hat{b}\sqrt{l_{xx}}}{\sqrt{\dfrac{S_e}{n-2}}} = \frac{\hat{b}\sqrt{l_{xx}}}{\sqrt{\dfrac{1}{n-2}(l_{yy} - \hat{b}^2 l_{xx})}},$$

其中 $\hat{b} = \dfrac{l_{xy}}{l_{xx}}$. 于是，线性回归效果显著性检验的 t 检验法则如下：

若 $|t| \geq t_{\alpha/2}(n-2)$，则拒绝 H_0；若 $|t| < t_{\alpha/2}(n-2)$，则接受 H_0.

当 $t \sim t(m)$ 时，有 $t^2 = F \sim F(1, m)$. 据此，不难证明有 $t_{\alpha/2}^2(m) = F_\alpha(1, m)$. 从而此处 F 检验法与 t 检验法是等价的.

例 4.1.3 分别用 t 检验法和 F 检验法，检验例 4.1.1 回归效果是否显著（取 $\alpha = 0.05$）.

解 在例 4.1.1 和例 4.1.2 中已经算得 $l_{xx} = 13.10, l_{yy} = 114.52, \hat{b} = 2.93$.

（1）t 检验法

$$t = \frac{\hat{b}\sqrt{l_{xx}}}{\sqrt{\dfrac{1}{n-2}(l_{yy} - \hat{b}^2 l_{xx})}}$$

$$= \frac{2.93\sqrt{13.10}}{\sqrt{\dfrac{1}{7}(114.52 - 2.93^2 \times 13.10)}}$$

$$= 19.59.$$

查表得

$$t_{\alpha/2}(n-2) = t_{0.025}(7) = 2.36,$$

因而

$$|t| = 19.59 > 2.36 = t_{\alpha/2}(n-2).$$

故根据 t 检验法的法则应该拒绝 H_0，即认为例 4.1.1 的线性回归效果显著.

（2）F 检验法

$$S_R = \hat{b}^2 l_{xx} = 2.93^2 \times 13.10 = 112.47;$$

$$S_e = l_{yy} - S_R = 114.52 - 112.47 = 2.05;$$

$$F = \frac{(n-2)S_R}{S_e} = \frac{(9-2) \times 112.47}{2.05} = 384.23.$$

查表得

$$F_\alpha(1, n-2) = F_{0.05}(1, 7) = 5.59,$$

因此

$$F = 384.23 > 5.59 = F_\alpha(1, n-2).$$

故根据 F 检验的法则应该拒绝 H_0，即认为例 4.1.1 的线性回归效果显著，或者表明例 4.1.1 所得到的线性回归方程是有意义的.

本例 R 软件参考程序见例 4.1.4 的参考程序.

3. r 检验法

为检验 Y 与 x 是否有线性相关性,也可用统计量(称为相关系数)

$$r = \frac{\sum_{i=1}^{n}(x_i - \bar{x})(Y_i - \bar{Y})}{\sqrt{\sum_{i=1}^{n}(x_i - \bar{x})^2 \sum_{i=1}^{n}(Y_i - \bar{Y})^2}}$$

进行检验,r 的观测值仍用 r 表示,即

$$r = \frac{\sum_{i=1}^{n}(x_i - \bar{x})(y_i - \bar{y})}{\sqrt{\sum_{i=1}^{n}(x_i - \bar{x})^2 \sum_{i=1}^{n}(y_i - \bar{y})^2}} = \frac{l_{xy}}{\sqrt{l_{xx} l_{yy}}} = \hat{b}\sqrt{\frac{l_{xx}}{l_{yy}}}.$$

对上式两边平方,得 $r^2 = \hat{b}^2 \frac{l_{xx}}{l_{yy}} = \frac{S_R}{l_{yy}} = 1 - \frac{S_e}{l_{yy}}$,于是得到

$$S_R = r^2 l_{yy}, \quad S_e = l_{yy} - S_R = l_{yy}(1 - r^2).$$

在平方和分解式 $l_{yy} = S_T = S_e + S_R$ 中,显然有 $S_e \geq 0, S_R \geq 0$,故有

$$0 \leq r^2 = \frac{S_R}{l_{yy}} \leq 1,$$

即

$$0 \leq |r| \leq 1.$$

通过以上讨论可知:

(1) 当 $r = 0$ 时,有 $\hat{b} = 0$,此时回归直线 $\hat{y} = \hat{a} + \hat{b}x = \hat{a}$,这说明 Y 与 x 之间不存在线性相关性.

(2) 当 $|r| = 1$ 时,有 $S_R = l_{yy}$,从而得 $S_e = 0$,即 $S_e = \sum_{i=1}^{n}(y_i - \hat{y}_i)^2 = 0$,这表示 n 个点 $(x_1, y_1), (x_2, y_2), \cdots, (x_n, y_n)$ 都在回归直线 $\hat{y} = \hat{a} + \hat{b}x$ 上,此时 Y 与 x 实际上存在确定的线性函数关系.

(3) $0 < |r| < 1$ 为绝大多数的情形,此时 Y 与 x 之间存在着一定的线性相关性.当 l_{yy} 固定时,$|r|$ 越接近 1 则 S_R 越大,S_e 越小则 $\frac{S_R}{S_e}$ 的值也越大,Y 与 x 的线性相关程度也越密切;$|r|$ 越接近 0,则 Y 与 x 的线性相关程度越小.

显然,只要有相关系数 r 的临界值表,则可用它来检验 Y 与 x 的线性相关关系,即可用它来检验假设

$$H_0: b = 0; H_1: b \neq 0.$$

这种检验方法称为 r 检验法,其检验法则为

若 $|r| \geq r_\alpha$,则拒绝 H_0;若 $|r| < r_\alpha$,则接受 H_0.

在例 4.1.3 中，$r^2 = \dfrac{S_R}{l_{yy}} = \dfrac{112.47}{114.52} = 0.98$，$|r| = 0.99$.

对于 $n=9, \alpha=0.05$，查相关系数临界值 r_α 表得
$$r_{0.05} = 0.67 < 0.99 = |r|.$$

根据相关系数 r 检验法则，应该拒绝 H_0，与例 4.1.3 中用 t 检验法和 F 检验法所得结论一致.

r 检验法与 F 检验法也是等价的，因为
$$F = \frac{(n-2)S_R}{S_e} = \frac{(n-2)r^2 l_{yy}}{l_{yy}(1-r^2)} = \frac{(n-2)r^2}{1-r^2},$$

由此易推得 $F \geqslant F_\alpha(1, n-2)$ 等价于
$$|r| \geqslant \sqrt{\frac{1}{1+(n-2)/F_\alpha(1,n-2)}} = r_\alpha.$$

也就是说，F 检验法与 r 检验法的拒绝域是相等的. 对于较大的 n，r 检验可用下述变换方法.

费希尔(Fisher)证明：当 Y 与 x 不相关时，对于较大的 $n(n \geqslant 50)$，随机变量
$$Z = \frac{1}{2} \ln \frac{1+r}{1-r},$$

近似服从正态分布 $N\left(0, \dfrac{1}{n-3}\right)$. 因此，在 $H_0: b=0$ 为真时，当 n 充分大时，近似地有
$$\sqrt{n-3}\, Z \sim N(0,1).$$

从而近似地有
$$P\left\{|\sqrt{n-3}\, Z| \geqslant z_{\alpha/2}\right\} = \alpha,$$

或等价于
$$P\left\{|Z| \geqslant \frac{1}{\sqrt{n-3}} z_{\alpha/2}\right\} = \alpha.$$

于是，得到线性回归模型显著性检验的另一种检验法则（$n \geqslant 50$）：

若 $|Z| \geqslant \dfrac{1}{\sqrt{n-3}} z_{\alpha/2}$，则拒绝 H_0；若 $|Z| < \dfrac{1}{\sqrt{n-3}} z_{\alpha/2}$，则接受 H_0.

4.1.4 利用回归方程进行预测和控制

若检验的结论是拒绝 $H_0: b=0$，则表明模型
$$Y = a + bx + \varepsilon, \quad \varepsilon \sim N(0, \sigma^2),$$

与实际观测结果相符，下一步就是如何利用回归方程 $\hat{y} = \hat{a} + \hat{b}x$ 进行预测和控制的问题. 所谓预测就是对固定的 x 值预测它所对应 Y 的取值；所谓控制就是通过控制 x 的值，以便把 Y 的取值控制在指定范围之内.

1. 预测

考虑一元线性模型(2),设 x_0 是 x 的某个固定值,而 $Y_0 = a + bx_0 + \varepsilon_0$ 是 $x = x_0$ 时对 Y 重复观测的结果,假定 $Y_0, Y_1, \cdots, Y_n$ 是相互独立的随机变量.

1) 点预测

点预测就是根据观测值 $(x_1, y_1), (x_2, y_2), \cdots, (x_n, y_n)$ 来预测 Y_0 的取值,即用

$$\hat{y}_0 = \hat{a} + \hat{b} x_0$$

作为 $Y_0 = a + bx_0 + \varepsilon_0$ 的预测值,于是 $\hat{Y}_0 = \hat{y}_0$. 换句话说,用 Y_0 的数学期望 $E[Y_0] = a + bx_0$ 的点估计 $\hat{y}_0 = \hat{a} + \hat{b} x_0$ 作为 Y_0 的预测值,因为

$$E[\hat{y}_0] = E[\hat{a} + \hat{b} x_0] = a + bx_0 = E[Y_0].$$

我们称这预测是无偏的.

2) 区间预测

点预测是求 $Y_0 = a + bx_0 + \varepsilon_0$ 的估计值. 所谓区间预测就是求 Y_0 的区间估计.

对于给定的 x_0 及置信度 $1 - \alpha (0 < \alpha < 1)$,找到 $\hat{y}_*(x)$ 与 $\hat{y}^*(x)$ 使得当 $x = x_0$ 时,有

$$P\{\hat{y}_*(x_0) < Y_0 < \hat{y}^*(x_0)\} = 1 - \alpha,$$

其中 $\hat{y}_*(x_0)$ 与 $\hat{y}^*(x_0)$ 均依赖于 $Y_1, Y_2, \cdots, Y_n$. 即对于任意给定的 x_0,区间 $(\hat{y}_*(x_0), \hat{y}^*(x_0))$ 就是 Y_0 的 $1 - \alpha$ 预测区间,类似于求置信区间方法求预测区间,为此先证以下定理.

定理 4.1.7 对一元线性回归模型,设 $\varepsilon_0 \sim N(0, \sigma^2)$,当 $x = x_0$ 时, $Y_0 = a + bx_0 + \varepsilon_0$ 且 $Y_0, Y_1, \cdots, Y_n$ 相互独立,则

$$\frac{Y_0 - \hat{y}_0}{\hat{\sigma}^* \sqrt{1 + \frac{1}{n} + \frac{(x_0 - \bar{x})^2}{l_{xx}}}} \sim t(n-2).$$

证 因 $\hat{y}_0 = \hat{a} + \hat{b} x_0 = \bar{Y} + \hat{b}(x_0 - \bar{x})$,又 $\hat{b} = \dfrac{\sum (x_i - \bar{x}) Y_i}{l_{xx}}$,故 $\hat{y}_0$ 是相互独立的正态随机变量序列 $Y_0, Y_1, \cdots, Y_n$ 的线性组合,从而 $\hat{y}_0$ 也是正态随机变量,因 $Y_0, Y_1, \cdots, Y_n$ 相互独立,故 $\hat{y}_0$ 与 Y_0 相互独立,且 $Y_0 - \hat{y}_0$ 是正态分布随机变量,并有

$$E[Y_0 - \hat{y}_0] = E[Y_0] - E[\hat{y}_0]$$
$$= 0,$$
$$D[Y_0 - \hat{y}_0] = \sigma^2 + D[\bar{Y} + \hat{b}(x_0 - \bar{x})]$$
$$= \sigma^2 + D[\bar{Y}] + (x_0 - \bar{x})^2 D[\hat{b}]$$
$$= \sigma^2 + \frac{1}{n} \sigma^2 + \frac{(x_0 - \bar{x})^2}{l_{xx}} \sigma^2$$

$$= \left[1 + \frac{1}{n} + \frac{(x_0 - \bar{x})^2}{l_{xx}}\right]\sigma^2.$$

于是

$$(Y_0 - \hat{y}_0) \sim N\left(0, \left[1 + \frac{1}{n} + \frac{(x_0 - \bar{x})^2}{l_{xx}}\right]\sigma^2\right),$$

且

$$\frac{Y_0 - \hat{y}_0}{\sigma\sqrt{1 + \frac{1}{n} + \frac{(x_0 - \bar{x})^2}{l_{xx}}}} \sim N(0, 1).$$

由定理 4.1.4 知 $\frac{(n-2)\hat{\sigma}^{*2}}{\sigma^2} \sim \chi^2(n-2)$,且 $\bar{Y},\hat{b},\hat{\sigma}^{*2}$ 相互独立,而 $\hat{y}_0 = \bar{Y} + \hat{b}(x_0 - \bar{x})$,故与 $\hat{\sigma}^{*2}$ 相互独立;又 $\hat{\sigma}^{*2} = \frac{S_e}{n-2} = \frac{1}{n-2}\sum(Y_i - \hat{y}_i)^2$,即 $\hat{\sigma}^{*2}$ 是 $Y_1, Y_2, \cdots, Y_n$ 的函数,因此,$Y_0 - \hat{y}_0$ 与 $\hat{\sigma}^{*2}$ 相互独立,根据 t 分布的定义,得

$$\frac{\dfrac{Y_0 - \hat{y}_0}{\sigma\sqrt{1 + \dfrac{1}{n} + \dfrac{(x_0 - \bar{x})^2}{l_{xx}}}}}{\sqrt{\dfrac{(n-2)\hat{\sigma}^{*2}}{\sigma^2(n-2)}}} = \frac{Y_0 - \hat{y}_0}{\hat{\sigma}^*\sqrt{1 + \dfrac{1}{n} + \dfrac{(x_0 - \bar{x})^2}{l_{xx}}}} \sim t(n-2).$$

再根据定理 4.1.7 及 t 分布的上分位数,得

$$P\left\{\frac{|Y_0 - \hat{y}_0|}{\hat{\sigma}^*\sqrt{1 + \frac{1}{n} + \frac{(x_0 - \bar{x})^2}{l_{xx}}}} < t_{\alpha/2}(n-2)\right\} = 1 - \alpha,$$

即

$$P\{\hat{y}_0 - \delta(x_0) < Y_0 < \hat{y}_0 + \delta(x_0)\} = 1 - \alpha,$$

其中

$$\delta(x_0) = \hat{\sigma}^* t_{\alpha/2}(n-2)\sqrt{1 + \frac{1}{n} + \frac{(x_0 - \bar{x})^2}{l_{xx}}}.$$

因 x_0 是任意给定的,故对任意 x 对应的 $Y = a + bx + \varepsilon$ 的 $1-\alpha$ 预测区间为

$$(\hat{y} - \delta(x), \quad \hat{y} + \delta(x)).$$

其中,

$$\hat{y} = \hat{a} + \hat{b}x;$$

$$\delta(x) = \hat{\sigma}^* t_{\alpha/2}(n-2)\sqrt{1 + \frac{1}{n} + \frac{(x - \bar{x})^2}{l_{xx}}}.$$

即为夹在两曲线

$$\hat{y}_*(x) = \hat{y} - \delta(x) = \hat{a} + \hat{b}x - \delta(x)$$

和
$$\hat{y}^*(x) = \hat{y} + \delta(x) = \hat{a} + \hat{b}x + \delta(x)$$

之间的部分,这预测带以概率 $1-\alpha$ 包含 Y 的值,预测精度(即置信区间长度)实际上与 x 有关,x 愈靠近 $\bar{x}$,精度就愈高,$x=\bar{x}$ 时区间最短,精度最高.

特别地,当 n 很大且 x 在 $\bar{x}$ 附近取值时,有

$$t_{\alpha/2}(n-2) \approx z_{\alpha/2}, \quad \sqrt{1 + \frac{1}{n} + \frac{(x-\bar{x})^2}{l_{xx}}} \approx 1.$$

因此
$$\delta(x) = \hat{\sigma}^* t_{\alpha/2}(n-2) \sqrt{1 + \frac{1}{n} + \frac{(x-\bar{x})^2}{l_{xx}}} \approx \hat{\sigma}^* z_{\alpha/2}.$$

于是,Y 的置信度为 $1-\alpha$ 的预测区间近似地为 $(\hat{y} - \hat{\sigma}^* z_{\alpha/2}, \hat{y} + \hat{\sigma}^* z_{\alpha/2})$. 此时的预测带是平行于回归直线的两平行线之间的部分. 在实际应用中,常采用简化形式,即当 $\alpha = 0.05$ 时,$z_{\alpha/2} = z_{0.025} = 1.96 \approx 2$;当 $\alpha = 0.01$ 时,$z_{\alpha/2} = z_{0.005} = 2.58 \approx 3$. 即置信度为 95% 与 99% 的 Y 的预测区间分别近似为

$$(\hat{y} - 2\hat{\sigma}^*, \hat{y} + 2\hat{\sigma}^*) \text{ 与 } (\hat{y} - 3\hat{\sigma}^*, \hat{y} + 3\hat{\sigma}^*).$$

例 4.1.4 在例 4.1.1 中,取 $x_0 = 2$,求 Y_0 的预测值与预测区间(取 $1-\alpha = 0.95$).

解 在例 4.1.1 中已经得到 $\hat{y} = \hat{a} + \hat{b}x = 0.26 + 2.93x$,故当 $x_0 = 2$ 时,Y_0 的预测值 $\hat{y}_0$ 为

$$\hat{y}_0 = \hat{a} + \hat{b}x_0 = 0.26 + 2.93 \times 2 = 6.12.$$

当 $x_0 = 2$ 时,Y_0 的 $1-\alpha = 0.95$ 的预测区间为

$$(\hat{y}_0 - \delta(x_0), \hat{y}_0 + \delta(x_0)),$$

其中
$$\delta(x_0) = \hat{\sigma}^* t_{\alpha/2}(n-2) \sqrt{1 + \frac{1}{n} + \frac{(x_0-\bar{x})^2}{l_{xx}}}.$$

在例 4.1.1 和例 4.1.2 中已经算得 $\bar{x} = 3.37, l_{xx} = 13.10, \hat{\sigma}^* = 0.54$.

查 t 分布表得 $t_{\alpha/2}(n-2) = t_{0.025}(7) = 2.36$. 于是

$$\delta(x_0) = 0.54 \times 2.36 \sqrt{1 + \frac{1}{9} + \frac{(2-3.37)^2}{13.10}}$$
$$= 1.43.$$

故所求 $1-\alpha = 0.95$ 的 Y_0 的预测区间为

$$(6.12 - 1.43, 6.12 + 1.43) = (4.69, 7.55).$$

参考程序(例 4.1.1~例 4.1.4)如下:

```
x<-c(1.5,1.8,2.4,3.0,3.5,3.9,4.4,4.8,5.0)
y<-c(4.8,5.7,7.0,8.3,10.9,12.4,13.1,13.6,15.3)
```

lm(y~x)->slt
summary(slt)
confint(slt)
x0<-data.frame(x=32)
lm.pred<-predict(slt,x0,interval="prediction",level=0.95)
lm.pred

注：lm()为线性模型程序包，它可以完成参数估计(点估计和区间估计)、假设检验(个别系数、部分系数以及整体模型)．本程序中将 lm(y~x)的结果存储于 slt，再用 summary()，confint()和 predict()等函数显示或调用它的一般形式为 lm(formula, data, subset, weights, na.action, method="qar", model=TRUE, x=FALSE, y=FALSE, qr=TRUE, singular.ok=TRUE, contrasts=NULL, offset,…)

2. 控制

利用回归方程 $\hat{y}=\hat{a}+\hat{b}x$，控制回归变量 x 的取值范围，以便把 $Y=a+bx+\varepsilon$ 的取值控制在指定的范围，这就是所谓的控制问题．控制问题可以看成是预测的反问题．

假设把 $Y=a+bx+\varepsilon$ 的值以不小于 $1-\alpha$ 的置信度控制在区间 (y', y'') 内，这里假设 $-\infty < y' < y'' < +\infty$．因 Y 的置信度 $1-\alpha$ 预测区间为

$$(\hat{y}-\delta(x), \hat{y}+\delta(x)),$$

即

$$P\{\hat{y}-\delta(x) < Y < \hat{y}+\delta(x)\} = 1-\alpha.$$

其中

$$\delta(x) = \hat{\sigma}^* t_{\alpha/2}(n-2) \sqrt{1+\frac{1}{n}+\frac{(x-\bar{x})^2}{l_{xx}}}.$$

为使 $P\{y' < Y < y''\} \geq 1-\alpha$，只需满足条件

$$y' \leq \hat{y}-\delta(x) \quad \text{和} \quad \hat{y}+\delta(x) \leq y'',$$

即有

$$y'+\delta(x) \leq \hat{y} \leq y''-\delta(x).$$

定义

$$G(y', y'') = \{x: y'+\delta(x) \leq \hat{y} \leq y''-\delta(x)\}.$$

集合 $G(y', y'')$ 称为回归变量 x 的控制域，为使 $Y=a+b+\varepsilon$ 的取值控制在 (y', y'') 内，只要把 x 控制在 $x \in G(y', y'')$ 即可，但要注意，即使 $x \in G(y', y'')$，仍然有可能出现 $Y \leq y'$ 或 $Y \geq y''$ 的情况，但出现这种情况的概率不大于 α，即

$$P\{Y \leq y'\} + P\{Y \geq y''\} \leq \alpha.$$

若 $y'+\delta(x)=\hat{y}$ 和 $y''-\delta(x)=\hat{y}$ 分别有解 x' 和 x''，即 $y'+\delta(x')=\hat{y}$ 和 $y''-\delta(x'')=\hat{y}$，则 $G(y', y'')=[x', x'']$．一般地，要解出 x', x'' 很复杂，为了简化求解，把样本容量 n

取得较大,从而有 $\delta(x) \approx \hat{\sigma}^* z_{\alpha/2}$. 于是

$$G(y', y'') = \{x : y' + \hat{\sigma}^* z_{\alpha/2} \leqslant \hat{y} \leqslant y'' - \hat{\sigma}^* z_{\alpha/2}\}$$
$$= \{x : y' + \hat{\sigma}^* z_{\alpha/2} \leqslant \hat{a} + \hat{b}x \leqslant y'' - \hat{\sigma}^* z_{\alpha/2}\}$$
$$= \left\{x : \frac{1}{\hat{b}}(y' + \hat{\sigma}^* z_{\alpha/2} - \hat{a}) \leqslant x \leqslant \frac{1}{\hat{b}}(y'' + \hat{\sigma}^* z_{\alpha/2} - \hat{a})\right\}$$
$$= [x', x''],$$

其中 $x' = \frac{1}{\hat{b}}(y' + \hat{\sigma}^* z_{\alpha/2} - \hat{a})$, $x'' = \frac{1}{\hat{b}}(y'' + \hat{\sigma}^* z_{\alpha/2} - \hat{a})$.

例 4.1.5 在某种产品表面进行腐蚀刻线试验,得到腐蚀深度 Y 与腐蚀时间 x 对应的一组数据:

x/s	5	10	15	20	30	40	50	60	70	90	120
$y/\mu\text{m}$	6	10	10	13	16	17	19	23	25	29	46

(1) 预测腐蚀时间为 75s 时,腐蚀深度的范围($1-\alpha=0.95$);
(2) 若要求腐蚀深度在 $10\sim20\mu\text{m}$ 之间,问腐蚀时间应如何控制?

解 先求出回归方程,由 $n=11$ 易算得:

$$\sum x_i = 510, \quad \sum y_i = 214.$$
$$\sum x_i^2 = 36\,750, \quad \sum y_i^2 = 5422, \quad \sum x_i y_i = 13\,910,$$
$$\bar{x} = \frac{1}{11}\sum x_i = \frac{510}{11}, \quad \bar{y} = \frac{1}{11}\sum y_i = \frac{214}{11}.$$

又

$$l_{xx} = \sum x_i^2 - n\bar{x}^2 = 36\,750 - 11\left(\frac{510}{11}\right)^2 = 13\,104.55,$$

$$l_{xy} = \sum x_i y_i - n\bar{x}\bar{y} = 13\,910 - 11 \times \frac{510}{11} \times \frac{214}{11} = 3\,988.18,$$

$$l_{yy} = \sum y_i^2 - n\bar{y}^2 = 5422 - 11\left(\frac{214}{11}\right)^2 = 1\,258.73,$$

$$\hat{b} = \frac{l_{xy}}{l_{xx}} = \frac{3\,988.18}{13\,104.55} = 0.304\,34 \approx 0.304,$$

$$\hat{a} = \bar{y} - \hat{b}\bar{x} = \frac{214}{11} - 0.304 \times \frac{510}{11} = 5.36.$$

故腐蚀深度 Y 对腐蚀时间 x 的回归方程为

$$\hat{y} = 5.36 + 0.304x.$$

(1) 把 $x_0 = 75$ 代入回归直线方程,得

$$\hat{y}_0 = 5.36 + 0.304 \times 75 = 28.16,$$

$$\hat{\sigma}^{*2} = \frac{1}{n-2}\sum(y_i - \hat{y}_i)^2 = \frac{1}{n-2}\left(l_{yy} - \frac{l_{xy}^2}{l_{xx}}\right)$$

$$= \frac{1}{9}\left[1\,258.73 - \frac{(3\,988.18)^2}{13\,104.55}\right] = 4.998\,4,$$

因此 $\hat{\sigma}^* = 2.24$.

进而,腐蚀时间为 75 s 时,腐蚀深度 Y_0 的预测区间为

$$(\hat{y}_0 - \delta(x_0), \hat{y}_0 + \delta(x_0)) = (28.16 - 5.44, 28.16 + 5.44)$$
$$= (22.72, 33.60).$$

即腐蚀时间为 75 s 时,以 0.95 的概率预测腐蚀深度在 22.72~33.60 μm.

(2) 当要求腐蚀深度在 10~20 μm 时,近似地有

$$x' = \frac{1}{\hat{b}}(y' + \hat{\sigma}^* z_{\alpha/2} - \hat{a})$$

$$= \frac{1}{0.304}(10 + 2.24 \times 1.96 - 5.36)$$

$$= 29.71.$$

$$x'' = \frac{1}{\hat{b}}(y'' - \hat{\sigma}^* z_{\alpha/2} - \hat{a})$$

$$= \frac{1}{0.304}(20 - 2.24 \times 1.96 - 5.36)$$

$$= 33.72.$$

即腐蚀时间控制在 29.71~33.72 s 时,就能得到 10~20 μm 的腐蚀程度.

参考程序如下:

```
x<-c(5,10,15,20,30,40,50,60,70,90,120)
y<-c(6,10,10,13,16,17,19,23,25,29,46)
lm(y~x)<-coef(lm(y~x))
alpha=0.05
x0<-data.frame(x=75)
lm.pred<-predict(slt,x0,interval="prediction",level=0.95)
lm.pred
y1=10;y2=20;
x1=(y1+sqrt(deviance(lm(y~x))/(length(x)-2)) * qnorm(1-alpha/2)-xishu[1])/xishu[2]
x2=(y2-sqrt(deviance(lm(y~x))/(length(x)-2)) * qnorm(1-alpha/2)-xishu[1])/xishu[2]
r<-round(c(x1,x2),4)
cat('lwr=',r[1],'upr=',r[2],'\n')
```

注:coef(lm(y~x)) 提取模型 lm(y~x) 的参数,deviance(lm(y~x)) 提取模型 lm(y~x) 的残差平方和.

4.2 多元线性回归

对于线性回归模型,多元比一元应用更广泛,许多非线性问题可以转化为多维线性回归模型,借助于计算机编程可以解决复杂计算问题.

4.2.1 多元线性回归模型

设随机变量 Y 与 m 个可控变量 $x_1, x_2, \cdots, x_m$ 满足关系式

$$\begin{cases} Y = b_0 + b_1 x_1 + b_2 x_2 + \cdots + b_m x_m + \varepsilon, \\ \varepsilon \sim N(0, \sigma^2), \end{cases} \quad (4-3)$$

这里 $b_0, b_1, b_2, \cdots, b_m, \sigma^2$ 均为未知参数,$m > 1$,则称 Y 与 $x_1, x_2, \cdots, x_m$ 之间有线性相关关系,称式(4-3)为 m 元正态线性回归模型,简称 m 元线性回归或 m 元线性模型,对这个模型有

$$E[Y] = b_0 + b_1 x_1 + b_2 x_2 + \cdots + b_m x_m,$$

记 $\tilde{y} = E[Y]$,即

$$\tilde{y} = b_0 + b_1 x_1 + b_2 x_2 + \cdots + b_m x_m.$$

此式称为 Y 对 $x_1, x_2, \cdots, x_m$ 的回归函数或理论回归方程,可控变量 $x_1, x_2, \cdots, x_m$ 也称为回归变量或回归因子(因素),$b_0, b_1, \cdots, b_m$ 称为回归系数(b_0 也称为回归常数).

对不同的值 $(x_1, x_2, \cdots, x_m)$,Y 为服从正态分布 $N(b_0 + b_1 x_1 + b_2 x_2 + \cdots + b_m x_m, \sigma^2)$ 的随机变量,因而得到容量为 n 的样本:

$$(x_{i1}, x_{i2}, \cdots, x_{im}; y_i) \quad (i = 1, 2, \cdots, n),$$

即有如下回归模型

$$\begin{cases} Y_1 = b_0 + b_1 x_{11} + b_2 x_{12} + \cdots + b_m x_{1m} + \varepsilon_1, \\ Y_2 = b_0 + b_1 x_{21} + b_2 x_{22} + \cdots + b_m x_{2m} + \varepsilon_2, \\ \quad \vdots \\ Y_n = b_0 + b_1 x_{n1} + b_2 x_{n2} + \cdots + b_m x_{nm} + \varepsilon_n, \\ \varepsilon_1, \varepsilon_2, \cdots, \varepsilon_n \text{ 相互独立,均服从 } N(0, \sigma^2). \end{cases} \quad (4-4)$$

这里 $b_0, b_1, \cdots, b_m, \sigma^2$ 为未知参数,$n > m > 1$,式(4-4)也称为 m 元正态线性回归模型,简称 m 元线性回归模型. $\varepsilon_1, \varepsilon_2, \cdots, \varepsilon_n$ 可以假定是两两不相关,均值为 0 且方差为 σ^2 的随机变量序列,这里最小二乘法估计法原理与一元情况相似,式(4-4)可以用矩阵表示,即 $\boldsymbol{Y} = \boldsymbol{XB} + \boldsymbol{\varepsilon}$,其中

$$\boldsymbol{X} = \begin{pmatrix} 1 & x_{11} & \cdots & x_{1m} \\ 1 & x_{21} & \cdots & x_{2m} \\ \vdots & \vdots & \ddots & \vdots \\ 1 & x_{n1} & \cdots & x_{nm} \end{pmatrix}, \quad \boldsymbol{Y} = \begin{pmatrix} y_1 \\ y_2 \\ \vdots \\ y_n \end{pmatrix}, \quad \boldsymbol{B} = \begin{pmatrix} b_0 \\ b_1 \\ \vdots \\ b_m \end{pmatrix}, \quad \boldsymbol{\varepsilon} = \begin{pmatrix} \varepsilon_1 \\ \varepsilon_2 \\ \vdots \\ \varepsilon_n \end{pmatrix}.$$

X 称为设计矩阵,$\boldsymbol{\varepsilon}$ 满足 $E(\boldsymbol{\varepsilon})=0$ 和 $\operatorname{cov}(\boldsymbol{\varepsilon},\boldsymbol{\varepsilon})=\sigma^2 I_n$.

使用最小二乘估计法来估计未知参数 B,即使如下损失函数
$$Q(\boldsymbol{B})=(\boldsymbol{Y}-\boldsymbol{XB})^T(\boldsymbol{Y}-\boldsymbol{XB})=\boldsymbol{Y}^T\boldsymbol{Y}-2\boldsymbol{Y}^T\boldsymbol{XB}+\boldsymbol{B}^T\boldsymbol{X}^T\boldsymbol{XB}$$
为最小值时的 $b_0,b_1,b_2,\cdots,b_m$ 的值,求 $\dfrac{\partial Q}{\partial b_0}$、$\dfrac{\partial Q}{\partial b_j}(j=1,2,\cdots,m)$,并令其等于 0,用矩阵语言即
$$\frac{\partial Q}{\partial \boldsymbol{B}}=2(\boldsymbol{X}^T\boldsymbol{XB}-\boldsymbol{X}^T\boldsymbol{Y})=0.$$

此方程称为正规方程组,若矩阵 X 为列满秩,则系数矩阵 $A=\boldsymbol{X}^T\boldsymbol{X}$ 的逆阵 A^{-1} 存在,此时最小二乘估计可表示为
$$\hat{\boldsymbol{B}}=(\boldsymbol{X}^T\boldsymbol{X})^{-1}\boldsymbol{X}^T\boldsymbol{Y}.$$

关于最小二乘估计量 $\hat{b}_0,\hat{b}_1,\cdots,\hat{b}_m$ 的分布,有如下定理:

定理 4.2.1 在 m 元线性回归模型中,
$$\hat{b}_j \sim N(b_j,c_{jj}\sigma^2) \quad (j=1,2,\cdots,m).$$
其中 c_{jj} 为矩阵 $(\boldsymbol{X}^T\boldsymbol{X})^{-1}$ 的对角线上第 j 个元素.

本节各定理的证明参见文献[8]第 164～176 页,此定理表明:回归系数 b_j 的最小二乘估计量 $\hat{b}_j$ 是无偏估计. 进而,$\hat{b}_0$ 也服从正态分布,且 $\hat{b}_0$ 也是 b_0 的无偏估计.

4.2.2 未知参数的估计

在多元线性回归模型中,通常需要估计未知参数,进而研究估计式的统计特性,这里再介绍一种估计式的计算方法. 基于样本观察值
$$(x_{i1},x_{i2},\cdots,x_{im};y_i), \quad i=1,2,\cdots,n.$$
来求未知参数 $b_0,b_1,\cdots,b_m$ 估计式,从而建立经验回归方程:
$$\hat{y}=\hat{b}_0+\hat{b}_1 x_1+\hat{b}_2 x_2+\cdots+\hat{b}_m x_m.$$
记 $Q(b_0,b_1,\cdots,b_m)=\sum(y_i-b_0-b_1 x_{i1}-\cdots-b_m x_{im})^2$. 则 $Q(\hat{b}_0,\hat{b}_1,\cdots,\hat{b}_m)=\min\limits_{b_0,b_1,\cdots,b_m} Q(b_0,b_1,\cdots,b_m)$.

对函数 Q 分别求关于 $b_0,b_1,\cdots,b_m$ 的一阶偏导数,并令其为 0 得
$$\begin{cases}\dfrac{\partial Q}{\partial b_0}=-2\sum(y_i-b_0-b_1 x_{i1}-b_2 x_{i2}-\cdots-b_m x_{im})=0,\\[2mm]\dfrac{\partial Q}{\partial b_1}=-2\sum(y_i-b_0-b_1 x_{i1}-b_2 x_{i2}-\cdots-b_m x_{im})x_{i1}=0,\\[2mm]\qquad\qquad\vdots\\[2mm]\dfrac{\partial Q}{\partial b_m}=-2\sum(y_i-b_0-b_1 x_{i1}-b_2 x_{i2}-\cdots-b_m x_{im})x_{im}=0.\end{cases}$$

整理得正规方程组为

$$\begin{cases} nb_0 + b_1 \sum x_{i1} + \cdots + b_m \sum x_{im} = \sum y_i, \\ b_0 \sum x_{i1} + b_1 \sum x_{i1}^2 + \cdots + b_m \sum x_{i1} x_{im} = \sum y_i x_{i1}, \\ \qquad\qquad\vdots \\ b_0 \sum x_{im} + b_1 \sum x_{im} x_{i1} + \cdots + b_m \sum x_{im}^2 = \sum y_i x_{im}. \end{cases} \quad (4-5)$$

从方程组(4-5)的第一个方程易得

$$\hat{b}_0 = \bar{y} - \hat{b}_1 \bar{x}_1 - \hat{b}_2 \bar{x}_2 - \cdots - \hat{b}_m \bar{x}_m,$$

这里依然记

$$\bar{x}_j = \frac{1}{n} \sum x_{ij} (j=1,2,\cdots,m); \quad \bar{y} = \frac{1}{n} \sum y_i.$$

把 $\hat{b}_0 = \bar{y} - \hat{b}_1 \bar{x}_1 - \hat{b}_2 \bar{x}_2 - \cdots - \hat{b}_m \bar{x}_m$ 代入方程组(4-5)的其他方程,经整理得

$$\begin{cases} l_{11} \hat{b}_1 + l_{12} \hat{b}_2 + \cdots + l_{1m} \hat{b}_m = l_{1y}, \\ l_{21} \hat{b}_1 + l_{22} \hat{b}_2 + \cdots + l_{2m} \hat{b}_m = l_{2y}, \\ \qquad\qquad\vdots \\ l_{m1} \hat{b}_1 + l_{m2} \hat{b}_2 + \cdots + l_{mm} \hat{b}_m = l_{my}. \end{cases} \quad (4-6)$$

此方程称为正规方程组,这里

$$l_{uv} = \sum (x_{iu} - \bar{x}_u)(x_{iv} - \bar{x}_v) = \sum x_{iu} x_{iv} - n \bar{x}_u \bar{x}_v \quad (u,v=1,2,\cdots,m);$$

$$l_{uy} = \sum (x_{iu} - \bar{x}_u)(x_{iy} - \bar{x}_y) = \sum x_{iu} x_{iy} - n \bar{x}_u \bar{x}_y \quad (u=1,2,\cdots,m).$$

在回归分析中,正规方程(4-6)的系数矩阵通常是可逆的,于是方程(4-6)的解为

$$(\hat{b}_1, \hat{b}_2, \cdots, \hat{b}_m)' = \boldsymbol{C} (l_{1y}, l_{2y}, \cdots, l_{my})', \quad (4-7)$$

其中

$$\boldsymbol{C} = \boldsymbol{L}^{-1} = \begin{pmatrix} l_{11} & l_{12} & \cdots & l_{1m} \\ l_{21} & l_{21} & \cdots & l_{21} \\ \vdots & \vdots & \ddots & \vdots \\ l_{m1} & l_{m2} & \cdots & l_{mm} \end{pmatrix}^{-1}.$$

从而得到多元线性回归方程 $\hat{y} = \hat{b}_0 + \hat{b}_1 x_1 + \hat{b}_2 x_2 + \cdots + \hat{b}_m x_m$,或

$$\hat{y} = \bar{y} + \hat{b}_1 (x_1 - \bar{x}_1) + \hat{b}_2 (x_2 - \bar{x}_2) + \cdots + \hat{b}_m (x_m - \bar{x}_m).$$

例 4.2.1 在平炉炼钢中,由于矿石与炉气的氧化作用,铁水的总含碳量在不断降低,一炉钢在冶炼初期总的去碳量 Y 与所加的两种矿石的量 x_1, x_2 及熔化时间 x_3 有关. 经实测某号平炉的49组数据如下表所列.

编号	$\dfrac{x_1}{槽}$	$\dfrac{x_2}{槽}$	$\dfrac{x_3}{5\min}$	$\dfrac{y}{t}$	编号	$\dfrac{x_1}{槽}$	$\dfrac{x_2}{槽}$	$\dfrac{x_3}{5\min}$	$\dfrac{y}{t}$
1	2	18	50	4.330 2	26	9	6	39	2.706 6

续上表

编号	$\frac{x_1}{槽}$	$\frac{x_2}{槽}$	$\frac{x_3}{5\min}$	$\frac{y}{t}$	编号	$\frac{x_1}{槽}$	$\frac{x_2}{槽}$	$\frac{x_3}{5\min}$	$\frac{y}{t}$
2	7	9	40	3.648 5	27	12	5	51	5.631 4
3	5	14	46	4.483 0	28	6	13	41	5.815 2
4	12	3	43	5.546 8	29	12	7	47	5.130 2
5	1	20	64	5.497 0	30	0	24	61	5.391 0
6	3	12	40	3.112 5	31	5	12	37	4.453 3
7	3	17	64	5.118 2	32	4	15	49	4.656 9
8	6	5	39	3.875 9	33	0	20	45	4.515 2
9	7	8	37	4.670 0	34	6	16	42	4.865 0
10	0	23	55	4.953 6	35	4	17	48	5.356 6
11	3	16	60	5.006 0	36	10	4	48	4.609 8
12	0	18	49	5.270 1	37	4	14	36	2.381 5
13	8	4	50	5.377 2	38	5	13	36	3.874 6
14	6	14	51	5.484 9	39	9	8	51	4.591 9
15	0	21	51	4.596 0	40	6	13	54	5.158 8
16	3	14	51	5.664 5	41	5	8	100	5.437 3
17	7	12	56	6.079 5	42	5	11	44	3.996 0
18	16	0	48	3.219 4	43	8	6	63	4.397 0
19	6	16	45	5.807 6	44	2	13	55	4.062 2
20	0	15	52	4.730 6	45	7	8	50	2.290 5
21	9	0	40	4.680 5	46	4	10	45	4.711 5
22	4	6	32	3.127 2	47	3	17	64	5.363 7
23	0	17	47	2.610 4	48	10	5	40	4.531 0
24	9	0	44	3.717 4	49	4	15	72	6.077 1
25	2	16	39	3.894 6					

由经验知 Y 与 x_1, x_2, x_3 之间有线性关系,
$$Y_i = b_0 + b_1 x_{i1} + b_2 x_{i2} + b_3 x_{i3} + \varepsilon_i (i = 1, 2, \cdots, 49).$$
试由给出的数据求出 b_0, b_1, b_2, b_3 的最小二乘估计,并写出回归方程.

解 由方程(4-7)可知,首先要求出各变量 x_i 及 y_i 的均值:

$$\bar{x}_1 = \frac{1}{49}\sum x_{i1} = 5.286, \quad \bar{x}_2 = \frac{1}{49}\sum x_{i2} = 11.796,$$

$$\bar{x}_3 = \frac{1}{49}\sum x_{i3} = 49.204, \quad \bar{y} = \frac{1}{49}\sum y_i = 4.582.$$

然后,要求出各乘积之和 $\sum x_{iu}x_{iv}, \sum x_{iu}y_i, \sum y_i^2$ 的值,并由此进一步求出各 l_{uv}, l_{uy}, l_{yy}:

$$\sum x_{i1}^2 = 2031, \quad l_{11} = \sum x_{i1}^2 - 49\bar{x}_1^2 = 662.000,$$

$$\sum x_{i2}^2 = 8572, \quad l_{22} = \sum x_{i2}^2 - 49\bar{x}_2^2 = 1\,753.959,$$

$$\sum x_{i3}^2 = 124\,879, \quad l_{33} = \sum x_{i3}^2 - 49\bar{x}_3^2 = 6\,247.959,$$

$$\sum x_{i1}x_{i2} = 2137, \quad l_{21} = l_{12} = \sum x_{i1}x_{i2} - 49\bar{x}_1\bar{x}_2 = -918.143,$$

$$\sum x_{i1}x_{i3} = 12\,355, \quad l_{31} = l_{13} = \sum x_{i1}x_{i3} - 49\bar{x}_1\bar{x}_3 = -388.857,$$

$$\sum x_{i2}x_{i3} = 29\,216, \quad l_{32} = l_{23} = \sum x_{i2}x_{i3} - 49\bar{x}_2\bar{x}_3 = 776.041,$$

$$\sum x_{i1}y_i = 1\,180.30, \quad l_{1y} = \sum x_{i1}y_i - 49\bar{x}_1\bar{y} = -6.433,$$

$$\sum x_{i2}y_i = 2\,717.51, \quad l_{2y} = \sum x_{i2}y_i - 49\bar{x}_2\bar{y} = 69.130,$$

$$\sum x_{i3}y_i = 11\,292.72, \quad l_{3y} = \sum x_{i3}y_i - 49\bar{x}_3\bar{y} = 245.571.$$

于是得到正规方程组

$$\begin{cases} 662.000\hat{b}_1 - 918.143\hat{b}_2 - 388.857\,6\hat{b}_3 = -6.433 \\ -918.143\hat{b}_1 + 1\,753.959\hat{b}_2 + 776.041\hat{b}_3 = 69.130 \\ -388.857\hat{b}_1 + 776.041\hat{b}_2 + 6\,247.959\hat{b}_3 = 245.571 \end{cases}.$$

解此方程组得

$$\hat{b}_1 = 0.161, \hat{b}_2 = 0.108, \hat{b}_3 = 0.036.$$

进而

$$\hat{b}_0 = \bar{y} - \hat{b}_1\bar{x}_1 - \hat{b}_2\bar{x}_2 - \hat{b}_3\bar{x}_3 = 0.701.$$

所以得回归方程为

$$\hat{y} = 0.701 + 0.161x_1 + 0.108x_2 + 0.036x_3.$$

此方程的 $\hat{b}_1, \hat{b}_2, \hat{b}_3$ 有明确的含义,例如,$\hat{b}_1 = 0.160$ 表示第一种矿石量每增加 1 个单位,铁水的平均去碳量增加 0.160t;$\hat{b}_3 = 0.036$ 表示冶炼时间每增加 1 个单位时间 (5min),铁水的平均去碳量增加 0.036t.

本例的 R 软件计算程序参见例 4.2.4 的参考程序.

4.2.3 线性回归效果的显著性检验

与一元线性回归相类似,在求回归方程之前必须先解决:Y 与 $x_1, x_2, \cdots, x_m$ 是否存

在线性相关性,即是否满足关系
$$\begin{cases} Y = b_0 + b_1 x_1 + b_2 x_2 + \cdots + b_m x_m + \varepsilon \\ \varepsilon \sim N(0, \sigma^2) \end{cases}.$$

这问题通常认为检验 m 个回归系数 $b_1, b_2, \cdots, b_m$ 是否全为 0,若全为 0,则认为线性关系不显著;若不全为 0,则认为线性关系显著,为此,提出假设
$$H_0: b_1 = b_2 = \cdots = b_m = 0.$$

这就是 m 元线性回归效果的显著性检验.

下面来讨论如何检验假设 H_0. 记
$$\begin{aligned}\hat{y}_i &= \hat{b}_0 + \hat{b}_1 x_{i1} + \hat{b}_2 x_{i2} + \cdots + \hat{b}_m x_{im} \\ &= \bar{y} + \hat{b}_1(x_{i1} - \bar{x}_1) + \hat{b}_2(x_{i2} - \bar{x}_2) + \cdots + \hat{b}_m(x_{im} - \bar{x}_m).\end{aligned}$$

其中 $i = 1, 2, \cdots, n$.

与一元线性回归一样,对数据的偏差平方和进行分解:
$$\begin{aligned}S_T \triangleq l_y &= \sum(y_i - \bar{y})^2 \\ &= \sum(y_i - \hat{y}_i)^2 + \sum(\hat{y}_i - \bar{y})^2 + 2\sum(y_i - \hat{y}_i)(\hat{y}_i - \bar{y}).\end{aligned}$$

以下证明 $\sum(y_i - \hat{y}_i)(\hat{y}_i - \bar{y}) = 0$.

由 $\frac{\partial Q}{\partial b_0} = 0$,得 $\sum(y_i - \hat{b}_0 - \hat{b}_1 x_{i1} - \hat{b}_2 x_{i2} - \cdots - \hat{b}_m x_{im}) = 0$. 即 $\sum(y_i - \hat{y}_i) = 0$.

由 $\frac{\partial Q}{\partial b_j} = 0$,得 $\sum(y_i - \hat{b}_0 - \hat{b}_1 x_{i1} - \hat{b}_2 x_{i2} - \cdots - \hat{b}_m x_{im}) x_{ij} = 0$,其中 $j = 1, 2, \cdots, m$.

此即 $\sum(y_i - \hat{y}_i) x_{ij} = 0$,于是有
$$\begin{aligned}\sum(y_i - \hat{y}_i)(\hat{y}_i - \bar{y}) &= \sum(y_i - \hat{y}_i)\left(\hat{b}_0 + \sum_{j=1}^{m}\hat{b}_j x_{ij} - \bar{y}\right) \\ &= (\hat{b}_0 - \bar{y})\sum(y_i - \hat{y}_i) + \sum_{j=1}^{m}\hat{b}_j \sum(y_i - \hat{y}_i) x_{ij} \\ &= (\hat{b}_0 - \bar{y}) \times 0 + \sum_{j=1}^{m}\hat{b}_j \times 0 \\ &= 0,\end{aligned}$$

所以 $S_T = \sum(y_i - \hat{y}_i)^2 + \sum(\hat{y}_i - \bar{y})^2 = S_e + S_R$,这里 $S_e = \sum(y_i - \hat{y}_i)^2$,$S_R = \sum(\hat{y}_i - \bar{y})^2$.

这个式子称为平方和分解公式.

S_T 称为总偏差平方和,它反映数据 $y_1, y_2, \cdots, y_n$ 的波动性,刻画这些数据的分散程度.

S_e 称为剩余平方和或残差平方和,它主要表示扣除了 $x_1, x_2, \cdots, x_m$ 对 Y 的线性影响之外的剩余因素对 $y_1, y_2, \cdots, y_n$ 的分散性的作用:

$$S_R = \sum (\hat{y}_i - \bar{y})^2$$
$$= \sum \left[\sum_{u=1}^{m} \hat{b}_u (x_{iu} - \bar{x}_u)\right]^2$$
$$= \sum_{i=1}^{n} \sum_{u=1}^{m} \sum_{v=1}^{m} \hat{b}_u \hat{b}_v (x_{iu} - \bar{x}_u)(x_{iv} - \bar{x}_v)$$
$$= \sum_{u=1}^{m} \sum_{v=1}^{m} \hat{b}_u \hat{b}_v \sum_{i=1}^{n} (x_{iu} - \bar{x}_u)(x_{iv} - \bar{x}_v)$$
$$= \sum_{u=1}^{m} \sum_{v=1}^{m} \hat{b}_u \hat{b}_v l_{uv}$$
$$= \sum_{u=1}^{m} \hat{b}_u \sum_{v=1}^{m} \hat{b}_v l_{uv}$$
$$= \sum_{u=1}^{m} \hat{b}_u l_{uy}$$
$$= \sum_{u=1}^{m} \hat{b}_u \sum_{i=1}^{n} (x_{iu} - \bar{x}_u)(y_i - \bar{y}).$$

S_R 称为回归平方和, 易知 $\frac{1}{n}\sum \hat{y}_i = \bar{y}$, 因此 $S_R = \sum (\hat{y}_i - \bar{y})^2$ 反映了 $\hat{y}_1, \hat{y}_2, \cdots, \hat{y}_n$ 的波动程度, 又因为 $\hat{y}_i = \hat{b}_0 + \sum_{j=1}^{m} \hat{b}_j x_{ij}$, 因此又可以说这种波动是通过 $\hat{y}_i$ 与 $x_1, x_2, \cdots, x_m$ 的线性关系而引起的波动, 进而, 表示所有变量 $x_1, x_2, \cdots, x_m$ 对 Y 的总的线性影响.

于是, 通过平方和分解公式, 我们把引起 $y_1, y_2, \cdots, y_n$ 之间波动的两个原因在数值上基本分开了, 像一元线性回归一样, 可以设想用 S_R/S_e 的值来检验假设 H_0. 给定样本值以后, S_R/S_e 较大就应该拒绝 H_0. 为此, 把平方和分解公式中含有的 $y_i, \bar{y}$ 相应换为 $Y_i, \bar{Y}$, 便得到 S_T, S_e, S_R 相应的统计量

$$S_T = \sum (Y_i - \bar{Y})^2; \quad S_e = \sum (Y_i - \hat{y}_i)^2; \quad S_R = \sum (\hat{y}_i - \bar{Y})^2.$$

定理 4.2.2 在 m 元线性回归模型中, 有

(1) $\frac{S_e}{\sigma^2} \sim \chi^2(n-m-1)$ (从而 $E[S_e] = (n-m-1)\sigma^2$), 且 S_e 与 $(\hat{b}_1, \hat{b}_2, \cdots, \hat{b}_m)$ 相互独立;

(2) 当 H_0 为真时, $\frac{S_R}{\sigma^2} \sim \chi^2(m)$ 且 S_R 与 S_e 相互独立.

此定理表明:

$\hat{\sigma}^{*2} = \frac{S_e}{n-m-1}$ 是未知参数 σ^2 的无偏估计, $\hat{\sigma}^* = \sqrt{\frac{S_e}{n-m-1}}$ 称为剩余标准差;

当 H_0 为真时, $\frac{S_R/m}{S_e/(n-m-1)} = F \sim F(m, n-m-1)$.

F 就是来检验假设 H_0 的检验统计量. 假定 H_0 为真时, 若 F 值较大就应拒绝 H_0,

故取
$$P\{F \geqslant F_\alpha(m, n-m-1)\} = \alpha.$$

于是,由样本值算得 F 的观测值 F,对于给定的显著性水平 α,检验的法则为

(1) 若 $F \geqslant F_\alpha(m, n-m-1)$,则拒绝 H_0,称为 Y 对 $x_1, x_2, \cdots, x_m$ 的线性回归效果显著,即认为 Y 与 $x_1, x_2, \cdots, x_m$ 之间有显著的线性相关关系;

(2) 若 $F < F_\alpha(m, n-m-1)$,则接受 H_0,称为 Y 对 $x_1, x_2, \cdots, x_m$ 的线性回归效果不显著,即认为 Y 与 $x_1, x_2, \cdots, x_m$ 之间不存在显著的线性相关关系,但不能认为这些自变量对因变量都没有显著的线性影响,可能由于这些自变量之间相互影响而使得整个回归效果不显著.

在具体计算检验统计量 F 的观测值时,往往依照下面的计算次序:
$$S_T = l_{yy}; \quad S_R = \hat{b}_1 l_{1y} + \hat{b}_2 l_{2y} + \cdots + \hat{b}_m l_{my};$$
$$S_e = S_T - S_R.$$

然后,再计算 F 的观测值 F,即
$$F = \frac{S_R/m}{S_e/(n-m-1)}.$$

例 4.2.2 对例 4.2.1 所求得的回归方程进行检验,即检验假设:
$$H_0: b_1 = b_2 = b_3 = 0$$

解 除了用例 4.2.1 中已经算得的一些数值,还需计算:
$$\sum y_i^2 = 1\,073.592;$$
$$S_r = l_{yy} = \sum y_i^2 - 49\bar{y}^2$$
$$= 44.905;$$
$$S_R = \hat{b}_1 l_{1y} + \hat{b}_2 l_{2y} + \hat{b}_3 l_{3y}$$
$$= 0.161 \times (-6.433) + 0.108 \times 69.130 + 0.036 \times 245.571$$
$$= 15.221;$$
$$S_e = S_T - S_R$$
$$= 29.684.$$

于是,检验统计量 F 的观察值为
$$F = \frac{S_R/3}{S_e/(49-3-1)} = 7.69.$$

若给定显著性水平 $\alpha = 0.01$,查 F 分布表得
$$F_\alpha(m, n-m-1) = F_{0.01}(3, 45) = 4.24.$$

因 $F = 7.69 > 4.24 = F_{0.01}(3, 45)$,故拒绝 H_0,即两种矿石及熔化时间对去碳量的线性影响在 $\alpha = 0.01$ 水平下是显著的,或者说去碳量关于这 3 个变量的线性回归方程在 $\alpha = 0.01$ 水平下有显著意义.

本例的 R 软件计算程序参见例 4.2.4 的参考程序.

4.2.4 各自变量的显著性检验,剔除变量计算

在多元线性回归中,只检验线性回归效果显著性是不够的,还必须搞清楚每一个变量(因素)$x_1, x_2, \cdots, x_m$ 对 Y 的线性影响是不是都是重要的,对那些次要的、影响不显著的变量应该从回归方程中剔除,重新建立只包含影响显著的变量的回归方程,以便更好地进行预测和控制.

如果因素 x_j 对 Y 的线性影响不显著,那么在线性回归模型中应该有 $b_j = 0$. 因此,检验变量 x_j 对 Y 有无显著的线性影响,就相当于检验假设

$$H_{0j} : b_j = 0 \ (j = 1, 2, \cdots, m)$$

是否成立.

下面来研究变量 x_k 对 Y 的线性影响.

从定理 4.2.1 知道,$\hat{b}_k \sim N(b_k, c_{kk}\sigma^2)$,于是有

$$\frac{(\hat{b}_k - b_k)^2}{c_{kk}\sigma^2} \sim \chi^2(1).$$

由定理 4.2.2 知道,$\dfrac{S_e}{\sigma^2} \sim \chi^2(n - m - 1)$,且 S_e 与 $\hat{b}_k$ 独立.

根据 F 变量的定义,得

$$\left. \frac{(\hat{b}_k - b_k)^2}{c_{kk}\sigma^2} \middle/ \frac{S_e}{\sigma^2(n-m-1)} \right. \sim F(1, n-m-1),$$

即

$$\frac{(\hat{b}_k - b_k)^2}{c_{kk}\hat{\sigma}^{*2}} \sim F(1, n-m-1).$$

其中

$$\hat{\sigma}^{*2} = S_e/(n-m-1).$$

特别地,当 $H_{0k} : b_k = 0$ 为真时,有

$$\frac{\hat{b}_k^2}{c_{kk}\hat{\sigma}^{*2}} = F_k \sim F(1, n-m-1).$$

当 H_{0k} 不成立(拒绝 H_{0k})时,F_k 的值相对较大. 因此,在给定显著性水平 α 下,取

$$P\{F_k \geqslant F_\alpha(1, n-m-1)\} = \alpha.$$

对于取定的样本值,算得 F_k 的观测值 F_k,检验法则为

(1) 若 $F_k \geqslant F_\alpha(1, n-m-1)$,则拒绝 H_{0k},称为在显著性水平 α 下,变量(因素)x_k 对 Y 的线性影响显著;

(2) 若 $F_k < F_\alpha(1, n-m-1)$,则接受 H_{0k},称为变量 x_k 对 Y 的线性影响不显著(在显著性水平 α 下).

若存在不显著的变量,取 F_j 中最小者,设 $F_k = \min\limits_{1 \leqslant j \leqslant m}\{F_j\}$,从回归方程中剔除自变量 x_k.

设原回归方程为
$$\hat{y} = \hat{b}_0 + \hat{b}_1 x_1 + \cdots + \hat{b}_{k-1} x_{k-1} + \hat{b}_k x_k + \hat{b}_{k+1} x_{k+1} + \cdots + \hat{b}_m x_m,$$
剔除变量 x_k 后,重新建立的回归方程为
$$\hat{y} = \hat{b}_0^* + \hat{b}_1^* x_1 + \cdots + \hat{b}_{k-1}^* x_{k-1} + \hat{b}_{k+1}^* x_{k+1} + \cdots + \hat{b}_m^* x_m.$$
新回归方程的系数计算公式有
$$\hat{b}_j^* = \hat{b}_j - \frac{c_{kj}}{c_{kk}} \hat{b}_k \quad (j = 1, 2, \cdots, m; j \neq k);$$
$$\hat{b}_0^* = \bar{y} - \sum_{j \neq k} \hat{b}_j^* \bar{x}_j.$$

其中,c_{kj} 为矩阵 $\boldsymbol{C} = \boldsymbol{L}^{-1}$ 的第 k 行第 j 列的元素.

对于新建立的回归方程,必须对每一个余下的变量再次进行检验,直到余下变量全部显著为止.

例 4.2.3 对例 4.2.1 中各个因素(自变量)的显著性进行检验.

解
$$\boldsymbol{L} = \begin{pmatrix} l_{11} & l_{12} & l_{13} \\ l_{21} & l_{22} & l_{23} \\ l_{11} & l_{22} & l_{23} \end{pmatrix} = \begin{pmatrix} 662.000 & -918.143 & -388.857 \\ -918.143 & 1\,753.959 & 776.041 \\ -388.857 & 776.041 & 6\,247.959 \end{pmatrix}.$$

根据线性代数求逆矩阵的知识,可知 $\boldsymbol{L}^{-1} = \boldsymbol{C}$ 的元素为
$$c_{kj} = \frac{\boldsymbol{L}_{kj}^*}{|\boldsymbol{L}|}.$$

其中 $|\boldsymbol{L}|$ 为矩阵 $\boldsymbol{L}$ 的行列式,而 $\boldsymbol{L}_{kj}^*$ 为行列式 $|\boldsymbol{L}|$ 的元素 l_{jk} 的代数余子式.

据此,算得(检验各 H_{0j} 只需算出 c_{jj}) $c_{11} = 0.005\,5, c_{22} = 0.002\,1, c_{33} = 0.001\,7$. 又
$$\hat{\sigma}^{*2} = \frac{S_e}{n - m - 1} = \frac{29.684}{45} = 0.659\,6.$$

检验假设
$$H_{0j} : b_j = 0 \ (j = 1, 2, 3).$$

统计量 F 的观测值为
$$F_1 = \frac{\hat{b}_1^2}{c_{11} \hat{\sigma}^{*2}} = \frac{(0.160\,6)^2}{0.005\,5 \times 0.659\,6} = 7.07;$$

$$F_2 = \frac{\hat{b}_2^2}{c_{22} \hat{\sigma}^{*2}} = \frac{(0.107\,6)^2}{0.002\,1 \times 0.659\,6} = 8.27;$$

$$F_3 = \frac{\hat{b}_3^2}{c_{33} \hat{\sigma}^{*2}} = \frac{(0.035\,9)^2}{0.000\,2 \times 0.659\,6} = 11.56.$$

取 $\alpha = 0.05$,查 F 分布表,得 $F_\alpha(1, n - m - 1) = F_{0.05}(1, 45) \approx 4.05$;
取 $\alpha = 0.01$,查 F 分布表,得 $F_\alpha(1, n - m - 1) = F_{0.01}(1, 45) \approx 7.24$.
由定理 4.2.2 得到的检验法则可知:
$$F_j > 4.05 = F_{0.05}(1, n - m - 1) \ (j = 1, 2, 3).$$

在显著性水平 $\alpha=0.05$ 下,3个因素中的每一个因素对去碳量的线性影响都是显著的.

因为 $F_1=7.07<7.24=F_{0.01}(1,n-m-1)$,但有 $F_2>F_{0.01}(1,n-m-1)$ 及 $F_3>F_{0.01}(1,n-m-1)$,所以,在显著性水平 $\alpha=0.01$ 下,第一种矿石(因素 x_1)对去碳量的线性影响不显著,而另外两个因素中的每一个因素对去碳量的线性影响都仍然是显著的.

检验结果表明,如果取显著性水平 $\alpha=0.01$,则变量 x_1 应从原回归方程

$$\hat{y}=0.701+0.161x_1+0.108x_2+0.036x_3$$

中剔除. 为了建立新的回归方程,需要求出逆矩阵 $\boldsymbol{C}=\boldsymbol{L}^{-1}$. 求得的结果为

$$\boldsymbol{C}=\boldsymbol{L}^{-1}=\begin{pmatrix} 0.005\,515 & 0.002\,894 & -0.000\,016\,23 \\ 0.002\,894 & 0.002\,122 & -0.000\,083\,45 \\ -0.000\,016\,23 & -0.000\,083\,45 & 0.000\,169\,4 \end{pmatrix}.$$

于是新的回归方程的系数为

$$\hat{b}_2^*=\hat{b}_2-\frac{c_{12}}{c_{11}}\hat{b}_1=0.108-\frac{0.002\,894}{0.005\,515}\times 0.161=0.023\,3;$$

$$\hat{b}_3^*=\hat{b}_3-\frac{c_{13}}{c_{11}}\hat{b}_1=0.036-\frac{-0.000\,016\,23}{0.005\,515}\times 0.161=0.036\,4;$$

$$\hat{b}_0^*=\bar{y}-\hat{b}_2^*\bar{x}_2-\hat{b}_3^*\bar{x}_3$$
$$=4.582-0.023\,3\times 11.796-0.036\,4\times 49.204=2.516\,2.$$

由此得到新的回归方程为($\alpha=0.01$)

$$\hat{y}=2.516\,2+0.023\,3x_2+0.036\,4x_3.$$

若当 $\alpha=0.01$ 时,有 $F_k\geqslant F_{0.01}(1,n-m-1)$,则称变量 x_k 对 Y 的线性影响是高度显著(或特别显著)的;若当 $\alpha=0.05$ 时,有

$$F_{0.01}(1,n-m-1)>F_k\geqslant F_{0.05}(1,n-m-1),$$

则称变量 x_k 对 Y 的线性影响是显著的;若当 $\alpha=0.10$ 时,有 $F_k<F_{0.10}(1,n-m-1)$,则称 x_k 对 Y 的线性影响不显著,此时的变量 x_k 通常予以剔除.

本例的 R 软件计算程序参见例 4.2.4 的参考程序.

4.2.5 预测与控制

已知 $x_1,x_2,\cdots,x_m$ 分别取 $x_{01},x_{02},\cdots,x_{0m}$ 时,对应的 Y 为

$$Y_0=b_0+b_1x_{01}+b_2x_{02}+\cdots+b_mx_{0m}+\varepsilon_0,\ \varepsilon_0\sim N(0,\sigma^2).$$

而 Y_0 的预测值(点预测)取为

$$\hat{y}_0=\hat{b}_0+\hat{b}_1x_{01}+\hat{b}_2x_{02}+\cdots+\hat{b}_mx_{0m}.$$

也就是说,以 Y_0 的数学期望

$$E[Y_0]=b_0+b_1x_{01}+b_2x_{02}+\cdots+b_mx_{0m}$$

的点估计 $\hat{y}_0$ 作为 Y_0 的点预测.

可以证明
$$t=\frac{Y_0-\hat{y}_0}{\hat{\sigma}^*\sqrt{1+\frac{1}{n}+\sum_{i=1}^m\sum_{j=1}^m(x_{0i}-\bar{x}_i)(x_{0j}-\bar{x}_i)c_{ij}}}\sim t(n-m-1).$$

其中 $\hat{\sigma}^{*2}=\dfrac{S_e}{n-m-1}$ 为未知参数 σ^2 的无偏估计,c_{ij} 为系数矩阵 $\boldsymbol{L}$ 的逆矩阵 $\boldsymbol{C}=\boldsymbol{L}^{-1}$ 的元素.

对于已给置信度 $1-\alpha$,可求得 Y_0 的 $1-\alpha$ 预测区间为
$$(\hat{y}_0-\delta(x_0),\hat{y}_0+\delta(x_0)),$$
即
$$P\{(\hat{y}_0-\delta(x_0))<Y_0<(\hat{y}_0+\delta(x_0))\}=1-\alpha,$$
其中
$$\delta(x_0)=\hat{\sigma}^* t_{\alpha/2}(n-m-1)\sqrt{1+\frac{1}{n}+\sum_{i=1}^m\sum_{j=1}^m(x_{0i}-\bar{x}_i)(x_{0j}-\bar{x}_j)c_{ij}}.$$

当 n 较大而且 x_{0i} 近似等于 $\bar{x}_i(i=1,2,\cdots,m)$ 时,可以认为 Y_0 的 $1-\alpha$ 预测区间近似为
$$(\hat{y}_0-\hat{\sigma}^* t_{\alpha/2}(n-m-1),\hat{y}_0+\hat{\sigma}^* t_{\alpha/2}(n-m-1)),$$
即
$$P\{\hat{y}_0-\hat{\sigma}^* t_{\alpha/2}(n-m-1)<Y_0<\hat{y}_0+\hat{\sigma}^* t_{\alpha/2}(n-m-1)\}=1-\alpha.$$

同一元线性回归一样,控制问题是预测问题的反问题,若要求 Y 以不小于 $1-\alpha$ 的置信度落在区间 (y',y'') 之内,求 $x_1,x_2,\cdots,x_m$ 的控制区域 $G(y',y'')$,即 $P\{y'<Y<y''\}\geqslant 1-\alpha$.

为了使 $P\{y'<Y<y''\}\geqslant 1-\alpha$.,只要满足条件 $y'\leqslant\hat{y}-\delta(x)$ 和 $\hat{y}+\delta(x)\leqslant y''$,即
$$y'+\delta(x)\leqslant\hat{y}\leqslant y''-\delta(x)$$
(为满足这两个条件,显然需要有 $y''-y'\geqslant 2\delta(x)$).
其中
$$\hat{y}=\hat{b}_0+\hat{b}_1 x_1+\hat{b}_2 x_2+\cdots+\hat{b}_m x_m;$$
$$\delta(x)=\hat{\sigma}^* t_{\alpha/2}(n-m-1)\sqrt{1+\frac{1}{n}+\sum_{i=1}^m\sum_{j=1}^m(x_i-\bar{x}_i)(x_j-\bar{x}_j)c_{ij}}.$$
于是,得到控制区域
$$G(y',y'')=\{(x_1,x_2,\cdots,x_m);y'+\delta(x)\leqslant\hat{y}\leqslant y''-\delta(x)\}$$
$$=\{(x_1,x_2,\cdots,x_m);y'+\delta(x)\leqslant\hat{b}_0+\sum_{j=1}^m\hat{b}_j x_j\leqslant y''-\delta(x)\}.$$

特别地,当控制区域的点 $(x_1,x_2,\cdots,x_m)$ 在点 $(\bar{x}_1,\bar{x}_2,\cdots,\bar{x}_m)$ 的附近且 n 比较大时,近似地有

$$G(y', y'') = \{(x_1, x_2, \cdots, x_m); y' + \hat{\sigma}^* t_{a/2} \leqslant \hat{b}_0 + \sum_{j=1}^{m} \hat{b}_j x_j \leqslant y'' - \hat{\sigma}^* t_{a/2}\}.$$

这里 $t_{a/2}$ 为 $t_{a/2}(n-m-1)$.

利用多元线性回归方程进行控制,一般比较复杂,为简化,通常不必对方程所包含的全部自变量都进行精确控制,特别对那些不易控制的自变量仅需精确地测定其值代入回归方程,然后通过控制那些较易控制的自变量来控制 Y 的取值.

例 4.2.4 在例 4.2.1 中,若取 $(x_{01}, x_{02}, x_{03}) = (5, 10, 50)$,求 Y_0 的点预测与 95% 的区间预测.

解 例 4.2.1 中已得回归方程为
$$\hat{y} = 0.701 + 0.161 x_1 + 0.108 x_2 + 0.036 x_3,$$
于是 Y_0 的点预测值为
$$\hat{y}_0 = 0.701 + 0.161 \times 5 + 0.108 \times 10 + 0.036 \times 50 = 4.375.$$

此例要求出 Y_0 的精确的预测区间不算很繁杂,但由于 $n=49$,可认为比较大,而且点 (x_{01}, x_{02}, x_{03}) 又在点 $(\bar{x}_1, \bar{x}_2, \bar{x}_3)$(这个点在例 4.2.1 中已求出)的附近,故用 Y_0 的近似预测区间代替精确预测区间是合理的,因此计算将变得很简单.

因 $\hat{\sigma}^* = \sqrt{\dfrac{S_e}{n-m-1}} = \sqrt{\dfrac{29.684}{49-3-1}} = 0.81$,查 t 分布表,得
$$t_{a/2}(n-m-1) = t_{0.025}(45) = 2.014\ 1.$$
于是,根据近似预测区间公式,得
$$(\hat{y}_0 - \hat{\sigma}^* t_{a/2}(n-m-1), \hat{y}_0 + \hat{\sigma}^* t_{a/2}(n-m-1))$$
$$= (4.375 - 0.81 \times 2.014, 4.375 + 0.81 \times 2.014)$$
$$= (2.744, 6.007).$$

参考程序(例 4.2.1~例 4.2.4)如下:

ms＝as.data.frame(read.csv("E:/第五章 521.csv",head＝TRUE,sep＝","))
lm.sol<-lm(y~x1+x2+x3, data＝ms)
summary(lm.sol)
new<-data.frame(x1＝5,x2＝10,x3＝50)
lm.pred<-predict(lm.sol,new,interval＝"prediction",level＝0.95)
lm.pred

练 习 题

1. 合成纤维的强度 Y(单位:kg/mm^2)与其拉伸倍数 x 有关,测得试验数据如下:

x_i	2.0	2.5	2.7	3.5	4.0	4.5	5.2	6.3	7.1	8.0	9.0	10.0
y_i	1.3	2.5	2.5	2.7	3.5	4.2	5.0	6.4	6.3	7.0	8.0	8.1

(1) 求 Y 对 x 的回归直线;

(2) 检验回归直线的显著性($\alpha=0.05$);

(3) 求 $x_0=6$ 时,Y_0 的预测值及预测区间(置信度为 0.95).

2. 某建材实验室在做陶粒混凝土强度试验中,考察每立方米混凝土的水泥用量为 x(单位: kg)对 28 天后的混凝土抗压强度 Y(单位:kg/cm^2)的影响,测得数据如下:

x_i	150	160	170	180	190	200	210	220	230	240	250	260
y_i	56.9	58.3	61.6	64.6	68.1	71.3	74.1	77.4	80.2	82.6	86.4	89.7

(1) 求 Y 对 x 的线性回归方程,并求每立方米混凝土中增加 1kg 水泥时,可提高的抗压强度是多少?

(2) 检验线性回归效果的显著性($\alpha=0.05$);

(3) 求回归系数 b 的区间估计($1-\alpha=0.95$);

(4) 求 $x_0=225$kg 时,Y_0 的预测值及预测区间.

3. 假设 x 是一可控变量,Y 是一随机变量,服从正态分布.现在不同的 x 值下,分别对 Y 进行观测,得如下数据:

x	0.25	0.37	0.44	0.55	0.60	0.62	0.68	0.70	0.73
Y	2.57	2.31	2.12	1.92	1.75	1.71	1.60	1.51	1.50
x	0.75	0.82	0.84	0.87	0.88	0.90	0.95	1.00	
Y	1.41	1.33	1.31	1.25	1.20	1.19	1.51	1.00	

(1) 假设 x 和 Y 之间有线性关系,并求 Y 对 x 经验回归方程,并求 $\sigma^2=D[Y]$ 的无偏估计;

(2) 求回归系数 a,b 和 σ^2 的 0.95 置信区间;

(3) 检验 x 和 Y 之间的线性回归方程是否显著($\alpha=0.05$);

(4) 求 Y 的 0.95 预测区间;

(5) 为了把观测值 Y 限制在区间(1.08,1.68),需要把 x 的值限制在何范围之内($\alpha=0.05$)?

4. 某化工厂研究硝化得率 Y 与硝化温度 x_1、硝化液中硝酸浓度 x_2 之间的统计相关关系,进行 10 次试验,得试验数据如下表:

$x_{i1}/℃$	16.5	19.7	15.5	21.4	20.8	16.6	23.1	14.5	21.3	16.4
$x_{i2}/\%$	93.4	90.8	86.7	83.5	92.1	94.9	89.6	88.1	87.3	83.4
$y_i/\%$	90.92	91.13	87.95	88.57	90.44	89.87	91.03	88.03	89.93	85.58

求:Y 对 x_1,x_2 的回归平面方程.

5. 某种商品的需求量为 Y,消费者的平均收入 x_1 以及商品价格 x_2 的统计数据如下表:

x_{i1}	1000	600	1200	500	300	400	1300	1100	1300	300
x_{i2}	5	7	6	6	5	7	5	4	3	9
y_i	100	75	80	70	50	65	90	100	110	60

求:Y 对 x_1,x_2 的回归平面方程.

6. 某公司在 15 个地区的某种商品的销售额 Y(单位:罗,1 罗＝12 打)和各地区人口数 x_1(千人)及平均每户总收入数 x_2(元)的统计资料如下表:

地区	x_{i1}	x_{i2}	y_i	地区	x_{i1}	x_{i2}	y_i
1	274	2450	162	9	195	2137	116
2	180	3254	120	10	53	2560	55
3	375	3802	223	11	430	4020	252
4	205	2838	131	12	372	4427	232
5	86	2347	67	13	236	2660	144
6	265	3782	169	14	157	2088	103
7	98	3008	81	15	370	2605	212
8	330	2450	192				

求:Y 对 x_1,x_2 的回归平面方程,并根据人口数、每户总收入数预测某地区的销售额.

7. 铝合金化学铣切工艺中,为了便于生产操作,需要对腐蚀速度进行控制,因此要考察腐蚀液温度 x_1(℃)、碱浓度 x_2(g/L)、腐蚀液含铝量 x_3(g/L)对腐蚀速度 Y(mm/min)的影响,一共做了 44 次试验,所得数据如下表:

试验号	x_{i1}	x_{i2}	x_{i3}	y_i	试验号	x_{i1}	x_{i2}	x_{i3}	y_i	试验号	x_{i1}	x_{i2}	x_{i3}	y_i
1	73	12	200	0.024 0	16	83	36	200	0.032 5	31	81	27	175	0.029 5
2	73	21	200	0.023 5	17	83	42	200	0.030 5	32	81	27	200	0.031 0
3	75	30	200	0.024 0	18	83	48	200	0.027 0	33	81	27	225	0.031 5
4	75	42	200	0.019 0	19	87	12	200	0.044 0	34	81	27	250	0.032 0
5	75	36	200	0.024 5	20	87	21	200	0.042 5	35	85	35	150	0.034 5
6	75	48	200	0.018 5	21	87	30	200	0.042 5	36	85	35	175	0.035 5
7	79	12	200	0.032 0	22	87	36	200	0.039 0	37	85	35	200	0.037 0
8	79	21	200	0.030 0	23	87	42	200	0.036 0	38	85	35	225	0.039 0
9	79	30	200	0.029 0	24	87	48	200	0.032 5	39	85	35	250	0.040 5
10	79	36	200	0.027 5	25	77	19	150	0.023 0	40	89	43	150	0.037 5
11	79	42	200	0.025 0	26	77	19	175	0.025 0	41	89	43	175	0.038 0
12	79	48	200	0.022 5	27	77	19	200	0.026 5	42	89	43	200	0.040 0
13	83	12	200	0.037 0	28	77	19	225	0.028 5	43	89	43	225	0.043 0
14	83	21	200	0.036 0	29	77	19	250	0.029 0	44	89	43	250	0.045 0
15	83	30	200	0.035 5	30	81	27	150	0.028 5					

(1) 求 Y 对 x_1,x_2,x_3 的线性回归方程;

(2) 对所得到的回归方程进行显著性检验;

(3) 对自变量 x_1,x_2,x_3 的显著性进行检验;

(4) 求 $x_{01}=80℃$，$x_{02}=35g/L$，$x_{03}=200g/L$ 时，腐蚀速度 Y_0 的点预测与 99% 的预测区间.

8. 将 16～30 岁的男女运动员按年龄分成 7 组，把年龄的组中值作为 x，考察年龄大小对"旋转定向"能力的影响，已知的 7 组数据如下：

x(年龄)	17	19	21	23	25	27	29
y(旋转方向)	22.48	26.63	24.2	30.7	26.51	23.00	20.80

从散点图可以看出，用抛物线回归比较好，试求其回归多项式，并求 $\hat{\sigma}$.

9. 某矿脉中 13 个相邻样本点处，某种金属的含量 Y 与样本点对原点的距离 x 有如下实测值：

x	2	3	4	5	7	8	10
y	106.42	108.20	109.58	109.50	110.00	109.93	110.49
x	11	14	15	16	18	19	
y	110.59	110.60	110.90	110.76	111.00	111.20	

分别按 (1) $y=a+b\sqrt{x}$，(2) $y=a+b\ln x$，(3) $y=a+\dfrac{b}{x}$ 建立 Y 对 x 的回归方程，并用相关系数 $R=\sqrt{1-\dfrac{S_e}{l_{yy}}}$ 指出其中哪一种相关性最大.

10. 混凝土的抗压强度 x(kg/cm^2)，把它看作普通变量较易测定，其抗剪强度 Y(kg/cm^2) 不易测定，工程中希望能由 x 计算 Y，以便应用，现在测得一批对应数据如下：

x	141	152	168	182	195	204	223	254	277
y	23.1	24.2	27.2	27.8	28.7	31.4	32.5	34.8	36.2

分别按 (1) $y=a+b\sqrt{x}$，(2) $y=a+b\ln x$，(3) $y=a+x^b$ 建立 Y 对 x 的回归方程，并用相关系数 $R=\sqrt{1-\dfrac{S_e}{l_{yy}}}$ 指出其中哪一种相关性最大.

11. 在彩色显影中，根据以往的经验，形成染料光学密度 Y 与析出银的光学密度 x 之间有下面类型的关系：
$$y = a e^{b/x} \quad (b<0).$$

通过 11 次试验得到下面数据：

x	0.05	0.06	0.07	0.10	0.14	0.20	0.25	0.31	0.38	0.43	0.47
y	0.10	0.14	0.23	0.37	0.59	0.79	1.00	1.12	1.19	1.25	1.29

求未知参数 a,b 的估计值，并求回归方程的残差平方和.

5 方差分析与试验设计

5.1 一个因素的方差分析

方差分析是数理统计的基本方法之一,是工农业生产和科学研究中分析数据的一个重要工具,在气候、水利、土地、肥料、管理等条件相同时,想知道几种不同的水稻优良品种对水稻的单位面积产量(亩产)是否有显著的影响,从中选出对某地区来说最优的水稻品种,这是一个典型的方差分析问题.方差分析实质上仍然是研究自变量(因素)与因变量(随机变量)的相关关系,但它只是要求辨明某个因素对因变量是不是有显著性的影响,这个问题在多元线性回归分析中已有所涉及,但回归分析主要是确定因变量依赖于自变量的定量结论,要得到这一结论需要做较多实验,而且自变量是数量性的因素.方差分析则可通过预定计划方法且只做较少的实验,而且因素也不一定是数量性的,可以是属性因素,如水稻的品种就是属性因素,由于回归分析与方差分析的要求不相同,因此所用方法也不相同.

5.1.1 数学模型

例 5.1.1 (灯丝的配料方案选优)某灯泡厂用四种不同配料方案制成的灯丝生产了四批灯泡.在每批灯泡中随机地抽取 8 个,测得其使用寿命(单位:小时),所得数据如表 5-1 所示.

表 5-1 灯泡使用寿命数据表

使用寿命		灯泡使用寿命							
		1	2	3	4	5	6	7	8
批次	甲	1600	1610	1650	1680	1700	1720	1800	
	乙	1580	1640	1640	1700	1750			
	丙	1460	1550	1600	1620	1640	1740	1660	1820
	丁	1510	1520	1530	1570	1680	1600		

试问:这四种灯丝生产的灯泡其使用寿命有无显著差异?倘若使用寿命无显著差异,则可以从中选一种既经济又方便的配料方案;若有显著差异,则希望选一种较优的配

料方案,以便提高灯泡的使用寿命.

在这个例子里,灯泡使用寿命称为试验结果或试验指标,试验中,除灯丝外其他条件相同,灯丝的配料方案称为因素,四种配料方案称为四个水平,因此,本例称为单因素四水平的试验.

现在用 ξ_1,ξ_2,ξ_3,ξ_4 分别表示这四种灯泡的使用寿命,即四个总体.又假定 ξ_1,ξ_2,ξ_3,ξ_4 相互独立且方差相等,即有

$$\xi_i \sim N(\mu_i,\sigma^2)\ (i=1,2,3,4).$$

现从总体 $\xi_i(i=1,2,3,4)$ 中分别抽取容量为 n_i 的样本

$$\xi_{i1},\xi_{i2},\cdots,\xi_{in_i}.$$

问题归结为检验假设

$$H_0:\mu_1=\mu_2=\mu_3=\mu_4$$

是否成立.

这是一个具有方差齐性的四总体均值的假设检验问题.若采用 4.4 节中的方法,需要每两个成对对总体进行检验,不但烦琐,且犯错误概率较大.方差分析是把所有总体综合考虑,对样本的总偏差平方和进行分解,此方法能解决这个问题,例 5.1.1 的解答在后文给出.

以下将例 5.1.1 的模型推广到一般情形.

在试验中,试验结果也称为试验指标,所考察的、可控制的条件称为因素或因子.为了考察某一个因素对试验指标的影响,往往把影响试验指标的其他因素固定,而把要考察的那个因素严格控制在几个不同状态或等级上进行试验,这样的试验称为单因素试验.处理单因素试验的统计推断问题叫单因素的方差分析(一个因子的方差分析),类似也可定义多因素的方差分析.

把因素的每一个状态或等级称为因素的一个水平,通常用大写的英文字母 A,B,C,…表示不同的因素,而用 $A_1,A_2,\cdots,A_r$ 表示因素 A 的 r 个不同水平.

假定某一项试验中,因素 A 取 r 个不同水平 $A_1,A_2,\cdots,A_r$,在水平 A_i 下进行试验,得到的是一个随机变量

$$\xi_i \sim N(\mu_i,\sigma^2)\ (i=1,2,\cdots,r).$$

并且假定 $\xi_1,\xi_2,\cdots,\xi_r$ 相互独立.现在,在水平 A_i 下做了 n_i 次试验,获得 n_i 个试验结果

$$\xi_{i1},\xi_{i2},\cdots,\xi_{in_i}\ (i=1,2,\cdots,r).$$

把这试验结果看成总体 ξ_i 的容量 n_i 的样本 $(\xi_{i1},\xi_{i2},\cdots,\xi_{in_i})$,其试验结果如表 5-2 所示.

由样本的定义可知

$$\xi_{ij} \sim N(\mu_i,\sigma^2)\ (j=1,2,\cdots,n_i),$$

令

表 5-2 单因素试验结果表

水平	试验结果			
	1	2	$\cdots$	n_i
A_1	ξ_{11}	ξ_{12}	$\cdots$	ξ_{1n_1}
A_2	ξ_{21}	ξ_{22}	$\cdots$	ξ_{2n_2}
$\vdots$	$\vdots$	$\vdots$	$\ddots$	$\vdots$
A_r	ξ_{r1}	ξ_{r2}	$\cdots$	ξ_{rn_r}

$$\varepsilon_{ij} = \xi_{ij} - \mu_i \; (i=1,2,\cdots,r),$$

则 $\varepsilon_{ij} \sim N(0,\sigma^2)$，且 $\varepsilon_{ij}(j=1,2,\cdots,n_i;i=1,2,\cdots,r)$ 相互独立，这些随机变量由重复试验中的随机误差所产生，是不可观测的随机变量，于是可以把 ξ_{ij} 表示为

$$\xi_{ij} = \mu_i + \varepsilon_{ij} \; (j=1,2,\cdots,n_i;i=1,2,\cdots,r).$$

要检验的假设为

$$H_0: \mu_1 = \mu_2 = \cdots = \mu_r.$$

为了方便研究，对 μ_i 形式进行变换，设

$$n = \sum_{i=1}^{r} n_i, \quad \mu = \frac{1}{n}\sum_{i=1}^{r} n_i \mu_i, \quad \alpha_i = \mu_i - \mu \; (i=1,2,\cdots,r),$$

称 μ 为理论总均值，α_i 为因素 A 的第 i 个水平 A_i 对试验结果的效应. 可以看出，μ_i 之间的差异与 α_i 之间的差异是等价的，易验证关系式

$$\sum_{i=1}^{r} n_i \alpha_i = 0.$$

于是，可把 ξ_{ij} 写成效应分解形式

$$\xi_{ij} = \mu + \alpha_i + \varepsilon_{ij} \; (j=1,2,\cdots,n_i;i=1,2,\cdots,r).$$

综上所述，对表 5-2 的试验结果作如下规定：

$$\begin{cases} \xi_{ij} = \mu + \alpha_i + \varepsilon_{ij}, \\ \sum_{i=1}^{r} n_i \alpha_i = 0, \\ \varepsilon_{ij} \text{ iid} \sim N(0,\sigma^2) \; (j=1,2,\cdots,n_i;i=1,2,\cdots,r). \end{cases}$$

称满足以上条件的试验指标为单因素多水平不等重复试验的方差分析统计模型，简称为单因素方差分析模型，这里 $\mu, \alpha_1, \cdots, \alpha_r$ 为未知参数.

对这个模型，首要问题是检验假设

$$H_0: \alpha_1 = \alpha_2 = \cdots = \alpha_r = 0; \quad H_1: \text{至少有一个 } \alpha_i \neq 0$$

或者检验与它等价的假设

$$H_0: \mu_1 = \mu_2 = \cdots = \mu_r; \quad H_1: \text{至少有一个 } \mu_i \neq \mu_j, i \neq j.$$

本章中备择假设 H_1 常常略去不写.

5.1.2 统计分析

1. 假设检验

下面来构造检验假设 $H_0: \alpha_1 = \alpha_2 = \cdots = \alpha_r = 0$ 用的统计量. 首先分析各个 ξ_{ij} 不相等的原因, 即引起 ξ_{ij} 波动(差异)的本质. 两个原因值得分析:其一, 当假设 H_0 成立时, 有 $\xi_{ij} \sim N(\mu, \sigma^2)$, 各个 ξ_{ij} 的波动完全由重复试验中的随机误差引起;其二, 当假设 H_0 不成立时, 依然有 $\xi_{ij} \sim N(\mu_i, \sigma^2)$, 各个 $\xi_{ij}(i=1,2,\cdots,r)$ 的数学期望不同, 当然取值也不会一致. 因此, 我们需用一个量来刻画各个 ξ_{ij} 之间的波动程度, 并且把引起 ξ_{ij} 波动的两个不同原因区分开来, 这就是方差分析的总偏差平方和分解方法, 并由此构造检验用的统计量.

令
$$\bar{\xi}_i = \frac{1}{n_i} \sum_{j=1}^{n_i} \xi_{ij} \quad (i=1,2,\cdots,r),$$

$$S_i^2 = \frac{1}{n_i} \sum_{j=1}^{n_i} (\xi_{ij} - \bar{\xi}_i)^2, \quad S_i^{*2} = \frac{1}{n_i - 1} \sum_{j=1}^{n_i} (\xi_{ij} - \bar{\xi}_i)^2 \quad (i=1,2,\cdots,r),$$

$\bar{\xi}_i, S_i^2$ 分别称为第 i 个总体的样本均值与样本方差. 令

$$\bar{\xi} = \frac{1}{n} \sum_{i=1}^{r} \sum_{j=1}^{n_i} \xi_{ij} = \frac{1}{n} \sum_{i=1}^{r} n_i \bar{\xi}_i,$$

$$S^2 = \frac{1}{n} \sum_{i=1}^{r} \sum_{j=1}^{n_i} (\xi_{ij} - \bar{\xi})^2,$$

式中: $n = \sum_{i=1}^{r} n_i$, 而 $\bar{\xi}, S^2$ 分别称为全体样本的均值和方差, 简称样本总均值与样本总方差. 记

$$S_T = nS^2 = \sum_{i=1}^{r} \sum_{j=1}^{n_i} (\xi_{ij} - \bar{\xi})^2 = \sum_{i=1}^{r} \sum_{j=1}^{n_i} \xi_{ij}^2 - n\bar{\xi}^2,$$

称 S_T 为总偏差平方和(简称总平方和), S_T 的大小反映了全部数据 ξ_{ij} 的波动程度的大小. 记

$$S_e = \sum_{i=1}^{r} \sum_{j=1}^{n_i} (\xi_{ij} - \bar{\xi}_i)^2 = \sum_{i=1}^{r} n_i S_i^2 = \sum_{i=1}^{r} (n_i - 1) S_i^{*2},$$

称 S_e 为试验误差平方和或组内偏差平方和(简称组内平方和), S_e 反映了由于随机误差的作用而在数据 ξ_{ij} 中引起的波动, S_e 的大小反映了重复试验中随机误差的大小. 记

$$S_A = \sum_{i=1}^{r} \sum_{j=1}^{n_i} (\bar{\xi}_i - \bar{\xi})^2 = \sum_{i=1}^{r} n_i (\bar{\xi}_i - \bar{\xi})^2 = \sum_{i=1}^{r} n_i \bar{\xi}_i^2 - n\bar{\xi}^2,$$

称 S_A 为因素 A 的偏差平方和或组间偏差平方和(简称组间平方和), S_A 主要反映了由于因素 A 的各个水平的不同作用在数据 ξ_{ij} 中引起的波动, S_A 的大小主要反映了由于因素 A 的各个水平所对应的总体均值 $\mu_i(i=1,2,\cdots,r)$ 之间的差异程度.

定理 5.1.1 （平方和分解定理）在单因素方差分析模型中，总偏差平方和有如下恒等式：
$$S_T = S_e + S_A.$$

证
$$\begin{aligned} S_T &= \sum_{i=1}^{r}\sum_{j=1}^{n_i}(\xi_{ij}-\bar{\xi})^2 = \sum_{i=1}^{r}\sum_{j=1}^{n_i}[(\xi_{ij}-\bar{\xi}_i)+(\bar{\xi}_i-\bar{\xi})]^2 \\ &= \sum_{i=1}^{r}\sum_{j=1}^{n_i}(\xi_{ij}-\bar{\xi}_i)^2 + 2\sum_{i=1}^{r}\sum_{j=1}^{n_i}(\xi_{ij}-\bar{\xi}_i)(\bar{\xi}_i-\bar{\xi}) + \sum_{i=1}^{r}\sum_{j=1}^{n_i}(\bar{\xi}_i-\bar{\xi})^2 \\ &= S_e + 2\sum_{i=1}^{r}\sum_{j=1}^{n_i}(\xi_{ij}-\bar{\xi}_i)(\bar{\xi}_i-\bar{\xi}) + S_A, \end{aligned}$$

而
$$\begin{aligned} \sum_{i=1}^{r}\sum_{j=1}^{n_i}(\xi_{ij}-\bar{\xi}_i)(\bar{\xi}_i-\bar{\xi}) &= \sum_{i=1}^{r}\left[(\bar{\xi}_i-\bar{\xi})\sum_{j=1}^{n_i}(\xi_{ij}-\bar{\xi}_i)\right] \\ &= \sum_{i=1}^{r}(\bar{\xi}_i-\bar{\xi})(n_i\bar{\xi}_i - n_i\bar{\xi}_i) = 0. \end{aligned}$$

于是有
$$S_T = S_e + S_A.$$

定理 5.1.1 的意义是将试验中的总偏差平方和分解为试验随机误差的平方和与因素 A 的偏差平方和.

下面的定理加深理解 S_T, S_e 的意义.

定理 5.1.2 在单因素的方差分析模型中，有
$$E[S_A] = (r-1)\sigma^2 + \sum_{i=1}^{r}n_i\alpha_i^2;$$
$$E[S_e] = (n-r)\sigma^2.$$

证 由模型定义可知
$$\xi_{ij} \sim N(\mu_i, \sigma^2), \text{且 } \xi_{ij}(j=1,2,\cdots,n_i; i=1,2,\cdots,r)$$
相互独立，由此易得
$$\bar{\xi}_i \sim N(\mu_i, \frac{\sigma^2}{n_i}) \ (i=1,2,\cdots,r), \ \bar{\xi} \sim N(\mu, \frac{\sigma^2}{n}).$$

又
$$S_A = \sum_{i=1}^{r}n_i(\bar{\xi}_i-\bar{\xi})^2 = \sum_{i=1}^{r}n_i\bar{\xi}_i^2 - n\bar{\xi}^2.$$

故
$$\begin{aligned} E[S_A] &= \sum_{i=1}^{r}n_i E[(\bar{\xi}_i)^2] - nE[\bar{\xi}^2] \\ &= \sum_{i=1}^{r}n_i[D[\bar{\xi}_i]+(E[\bar{\xi}_i])^2] - n[D[\bar{\xi}]+(E[\bar{\xi}])^2] \end{aligned}$$

$$= \sum_{i=1}^{r} n_i \left(\frac{\sigma^2}{n_i} + \mu_i^2 \right) - n \left(\frac{\sigma^2}{n} + \mu^2 \right)$$

$$= (r-1)\sigma^2 + \sum_{i=1}^{r} n_i (\mu_i - \mu)^2$$

$$= (r-1)\sigma^2 + \sum_{i=1}^{r} n_i \alpha_i^2.$$

同时

$$E[S_e] = E\left[\sum_{i=1}^{r} \sum_{j=1}^{n_i} (\xi_{ij} - \bar{\xi}_i)^2 \right] = E\left[\sum_{i=1}^{r} \sum_{j=1}^{n_i} \xi_{ij}^2 - \sum_{i=1}^{r} n_i \bar{\xi}_i^2 \right].$$

类似于求 $E[S_A]$ 的方法，易得到

$$E[S_e] = (n-r)\sigma^2.$$

此定理表明统计量 $\hat{\sigma}^2 = \dfrac{S_e}{n-r}$ 是 σ^2 的无偏估计量.

定理 5.1.3 在单因素方差分析模型中，有

$$\frac{S_e}{\sigma^2} \sim \chi^2(n-r),$$

且 S_e 与 $\bar{\xi}_i (i=1,2,\cdots,r)$ 中的每一个变量都相互独立，进而与 $\bar{\xi}$ 也相互独立.

证 由于 $\xi_{ij} \sim N(\mu_i, \sigma^2)$ $(j=1,2,\cdots,n_i; i=1,2,\cdots,r)$，根据定理 1.4.4，得

$$\frac{n_i S_i^2}{\sigma^2} = \frac{1}{\sigma^2} \sum_{j=1}^{n_i} (\xi_{ij} - \bar{\xi}_i)^2 \sim \chi^2(n_i - 1),$$

且 S_i^2 与 $\bar{\xi}_i (i=1,2,\cdots,r)$ 相互独立，

又因 $\xi_{ij}(j=1,2,\cdots,n_i; i=1,2,\cdots,r)$ 相互独立，利用 χ^2 分布的可加性，得

$$\frac{S_e}{\sigma^2} = \frac{1}{\sigma^2} \sum_{i=1}^{r} \sum_{j=1}^{n_i} (\xi_{ij} - \bar{\xi}_i)^2 \sim \chi^2 \left(\sum_{i=1}^{r} (n_i - 1) \right) = \chi^2(n-r).$$

再根据随机变量函数相互独立的充分条件可得 S_e 与 $\bar{\xi}$ 也相互独立.

注意：本定理的证明没有涉及到假设 H_0，因此，无论假设是否成立，定理 5.1.3 都是正确的. 又 $E[\chi^2(m)] = m$，即得 $E[S_e] = (n-r)\sigma^2$.

定理 5.1.4 在单因素方差分析模型中，当假设 H_0 成立时，则有

(1) $\dfrac{S_A}{\sigma^2} \sim \chi^2(r-1)$；

(2) 且 S_e 与 S_A 相互独立，因而 $F = \dfrac{S_A/(r-1)}{S_e/(n-r)} \sim F(r-1, n-r)$.

证 当 $H_0: \alpha_1 = \alpha_2 = \cdots = \alpha_r = 0$ 成立时，有

$$\xi_{ij} \sim N(\mu, \sigma^2) \quad (j=1,2,\cdots,n_i; i=1,2,\cdots,r),$$

故 $\dfrac{\xi_{ij} - \mu}{\sigma} \sim N(0,1)$，且 $\dfrac{\xi_{ij} - \mu}{\sigma} (j=1,2,\cdots,n_i; i=1,2,\cdots,r)$ 相互独立.

类似定理 5.1.1 的证法, 不难有如下分解式:

$$\sum_{i=1}^{r}\sum_{j=1}^{n_i}(\xi_{ij}-\mu)^2 = \sum_{i=1}^{r}\sum_{j=1}^{n_i}[(\xi_{ij}-\bar{\xi}_i)+(\bar{\xi}_i-\bar{\xi})+(\bar{\xi}-\mu)]^2$$

$$= \sum_{i=1}^{r}\sum_{j=1}^{n_i}(\xi_{ij}-\bar{\xi}_i)^2+\sum_{i=1}^{r}\sum_{j=1}^{n_i}(\bar{\xi}_i-\bar{\xi})^2+\sum_{i=1}^{r}\sum_{j=1}^{n_i}(\bar{\xi}-\mu)^2$$

$$= \sum_{i=1}^{r}\sum_{j=1}^{n_i}(\xi_{ij}-\bar{\xi}_i)^2+\sum_{i=1}^{r}\sum_{j=1}^{n_i}(\bar{\xi}_i-\bar{\xi})^2+n(\bar{\xi}-\mu)^2$$

$$= S_e + S_A + n(\bar{\xi}-\mu)^2.$$

上式两边同除以 σ^2, 得

$$\sum_{i=1}^{r}\sum_{j=1}^{n_i}(\frac{\xi_{ij}-\mu}{\sigma})^2 = \frac{S_e}{\sigma^2}+\frac{S_A}{\sigma^2}+n(\frac{\bar{\xi}-\mu}{\sigma})^2.$$

当 H_0 成立时, 分解式左端是 n 个相互独立的标准正态变量的平方和. 据 χ^2 变量定义, 得

$$\sum_{i=1}^{r}\sum_{j=1}^{n_i}(\frac{\xi_{ij}-\mu}{\sigma})^2 \sim \chi^2(n).$$

在定理 5.1.3 已证得 $\frac{S_e}{\sigma^2}\sim\chi^2(n-r)$, 所以 $\frac{S_e}{\sigma^2}$ 的秩为 $n-r$.

对于 $\frac{S_A}{\sigma^2}=\sum_{i=1}^{r}n_i\left(\frac{\bar{\xi}_i-\bar{\xi}}{\sigma}\right)^2$ 共有 r 项平方和, 因存在一个线性约束的方程

$$\sum_{i=1}^{r}\sqrt{n_i}\left[\sqrt{n_i}\left(\frac{\bar{\xi}_i-\bar{\xi}}{\sigma}\right)\right]=0.$$

故 $\frac{S_A}{\sigma^2}$ 的秩不超过 $r-1$. 又 $\xi_{ij}\sim N(\mu,\sigma^2)$ 和 $\bar{\xi}\sim N(\mu,\frac{\sigma^2}{n})$. 于是 $\frac{\bar{\xi}-\mu}{\sigma/\sqrt{n}}\sim N(0,1)$. 根据 χ^2 分布的定义, 可知 $n\left(\frac{\bar{\xi}-\mu}{\sigma}\right)^2\sim\chi^2(1)$, 即 $n(\frac{\bar{\xi}-\mu}{\sigma})^2$ 的秩为 1.

注意到上述分解式的右端存在秩关系: $(n-r)+(r-1)+1=n$, 使用克赫伦分解定理, 即得当 H_0 成立时, 有

$$\frac{S_e}{\sigma^2}\sim\chi^2(n-r),\quad \frac{S_A}{\sigma^2}\sim\chi^2(r-1),$$

且 S_e 与 S_A 相互独立. 又由 F 分布的定义, 得

$$F=\frac{S_A/(r-1)}{S_e/(n-r)}\sim F(r-1,n-r).$$

在应用上, 有时也采用记号 $\bar{S}_A=\frac{S_A}{r-1}, \bar{S}_e=\frac{S_e}{n-r}$.

此时, $\bar{S}_A$ 称为因素 A 的总偏差均方和, $\bar{S}_e$ 称为总误差均方和.

根据定理 5.1.4, 可以构造检验统计量

$$F = \frac{S_A/(r-1)}{S_e/(n-r)} = \frac{\overline{S}_A}{\overline{S}_e}.$$

当 H_0 成立时,有 $F \sim F(r-1, n-r)$. 当 H_0 不成立时,由定理 5.1.2 易得

$$E\left[\frac{S_A}{r-1}\right] > E\left[\frac{S_e}{n-r}\right].$$

即是说,当 H_0 不成立时,原 $\frac{S_A/(r-1)}{S_e/(n-r)}$ 有大于 1 的趋势. 因此 H_0 为真时,小概率事件应取在 F 值大的一侧,即

$$P\{F \geqslant F_\alpha(r-1, n-r)\} = \alpha.$$

故在给定显著性水平 α 下,检验假设

$$H_0: \alpha_1 = \alpha_2 = \cdots = \alpha_r = 0 \quad \text{或等价于} \quad H_0: \mu_1 = \mu_2 = \cdots = \mu_r$$

的法则为:

若 $F \geqslant F_\alpha(r-1, n-r)$,则拒绝 H_0,即认为因素 A 对试验结果有显著影响;

若 $F < F_\alpha(r-1, n-r)$,则接受 H_0,即认为因素 A 对试验结果无显著影响.

把上述统计分析过程归纳为方差分析表,如下表 5-3 所示.

表 5-3 单因素方差分析表

方差来源	平方和 S	自由度 f	均方和 $\overline{S}$	F 值	显著性
因素 A	$S_A = \sum_{i=1}^{r} n_i(\bar{\xi}_i - \bar{\xi})^2 = S_T - S_e$	$r-1$	$\dfrac{S_A}{r-1}$	$F = \dfrac{\overline{S}_A}{\overline{S}_e}$	—
误差 e	$S_e = \sum_{i=1}^{r}\sum_{j=1}^{n_i}(\xi_{ij} - \bar{\xi}_i)^2 = \sum_{i=1}^{r} n_i S_i^2$	$n-r$	$\dfrac{S_e}{n-r}$		
总和	$S_T = \sum_{i=1}^{r}\sum_{j=1}^{n_i}(\xi_{ij} - \bar{\xi})^2$	$n-1$	—	—	—

在方差分析表中,习惯作如下规定:若取 $\alpha = 0.01$ 时拒绝 H_0,即 $F \geqslant F_{0.01}(r-1, n-r)$,则称因素 A 的影响高度显著,并记为"* *";若取 $\alpha = 0.05$ 时拒绝 H_0,但取 $\alpha = 0.01$ 时不拒绝 H_0,即

$$F_{0.01}(r-1, n-r) > F \geqslant F_{0.05}(r-1, n-r),$$

则称因素 A 的影响显著,并记为"*";若取 $\alpha = 0.10$ 时,拒绝 H_0,但取 $\alpha = 0.05$ 时,不能拒绝 H_0,即

$$F_{0.05}(r-1, n-r) > F \geqslant F_{0.10}(r-1, n-r),$$

则称因素 A 有一点影响,记作"(*)";若取 $\alpha = 0.10$ 时,不拒绝 H_0,即

$$F < F_{0.10}(r-1, n-r),$$

则称因素 A 无显著影响,即认为因素 A 各水平的效应为 0.

对因素进行了显著性检验以后,有时需要对未知参数作点估计,易推出以下结论.

定理 5.1.5 在单因素的方差分析模型中，有

$\hat{\mu} = \bar{\xi}$ 是 μ 的无偏估计量；

$\hat{\mu}_i = \bar{\xi}_i$ 是 μ_i 的无偏估计量；

$\hat{\alpha}_i = \bar{\xi}_i - \bar{\xi}$ 是 α_i 的无偏估计量；

$\hat{\sigma}^2 = S_e/(n-r)$ 是 σ^2 的无偏估计量.

例 5.1.2（续例 5.1.1） 从例 5.1.1 的数据易算得表 5-4.

表 5-4 例 5.1.1 的计算表

灯丝	使用寿命/小时							$\bar{\xi}_i$	$n_i S_i^2$
甲	1600	1610	1650	1680	1700	1720	1800	1680	28 600
乙	1580	1640	1640	1700	1750			1662	16 880
丙	1460	1550	1600	1620	1640	1740	1660	1820	1 636.25	85 184.50
丁	1510	1520	1530	1570	1680	1600		1 568.33	20 683.30

$$r = 4, \quad n = \sum_{i=1}^{r} n_i = 26.$$

利用计算器或者 R 语言，易算得 $\bar{\xi}_i, n_i S_i^2 (i=1,2,\cdots,r)$ 的各个值，列于表 5-4，于是得

$$S_e = \sum_{i=1}^{4} n_i S_i^2 = 151\,350.80$$

同样，易算得 $\bar{\xi}_i = 1\,637.31, S_T = 195\,711.54$. 于是得

$$S_A = S_T - S_e \approx 195\,711.54 - 151\,350.80 = 44\,360.74,$$

$$F = \frac{S_A/(r-1)}{S_e/(n-r)} = \frac{44\,360.74/3}{151\,350.80/22} = 2.15.$$

给定显著性水平 $\alpha = 0.10$，查 F 分布表，得

$$F_\alpha(r-1, n-r) = F_{0.10}(3, 22) = 2.35.$$

因为 $F = 2.15 < 2.35 = F_{0.10}(3,22)$，所以接受原假设 $H_0: \alpha_1 = \alpha_2 = \alpha_3 = \alpha_4 = 0$. 即因素 A（灯丝材料）对灯泡寿命无显著影响，认为灯泡平均寿命不因灯丝的材料不同而有差异.

上述计算结果整理成表 5-5 所示的方差分析表.

表 5-5 例 5.1.1 的方差分析表

方差来源	平方和 S	自由度 f	均方和 $\bar{S}$	F 值	显著性
因素影响	44 360.74	3	14 786.91	2.15	无显著影响
误差 e	151 350.80	22	6 879.58	—	—
总和	195 711.54	25	—	—	—

在这个问题中,4个总体均值的点估计分别是

$$\hat{\mu}_1=\bar{\xi}_1=1680; \hat{\mu}_2=\bar{\xi}_2=1662; \hat{\mu}_3=\bar{\xi}_3=1\,636.25; \hat{\mu}_4=\bar{\xi}_4=1\,568.33.$$

如果不做方差分析,只根据 4 个样本均值不同会得出甲种灯泡使用寿命最长的错误结论;因为经过方差分析,发现在使用寿命上 4 种灯丝制成的灯泡没有显著差别.因此,灯泡厂在选择灯丝材料时就可从其他方面去考虑,如在 4 种灯丝材料中选择使灯泡成本较低的材料等.

参考程序如下:

```
a1<-c(1600,1610,1650,1680,1700,1720,1800); n1<-length(a1)
a2<-c(1580,1640,1640,1700,1750); n2<-length(a2)
a3<-c(1460,1550,1600,1620,1640,1740,1660,1820); n3<-length(a3)
a4<-c(1510,1520,1530,1570,1680,1600); n4<-length(a4)
a<-c(a1, a2, a3, a4); aL<-c(n1, n2, n3, n4)
A<-factor(rep(1:4,aL)); data.frame(a,A)->data1shapiro.test(a[A==1])
shapiro.test(a[A==1])
shapiro.test(a[A==2])
shapiro.test(a[A==3])
shapiro.test(a[A==4])
bartlett.test(a~A,data1)
aov.data1<-aov(a~A, data1)
sig<-summary(aov.data1)
sig
```

注:本程序是为一般正交试验数据的方差分析而写的.先将 4 个水平数据合并为一个观测值向量,再通过 factor() 指明某些数据来自某水平,然后以 data.frame 形式存储于 data1. 4 个 shapiro.test() 语句分别检验各水平数据是否来自正态总体,bartlett.test() 检验 4 个水平数据的方差齐性,aov()为方差分析程序,它的一般形式为 aov(formula,data=NULL,projections=FALSE,qr=TRUE, contrasts =NULL,…).

2. 参数的区间估计

若原假设 H_0 被否定,则因素的各水平效应 α_i 之间有显著差异,从而要选出效应最大的水平(称为优水平).在确定了因素的优水平后,进一步通过试验指标的观测值(即 ξ_{ij} 的观测值)预测优水平所对应的总体的均值 μ_i,这就不仅要求出 μ_i 的点估计,还要求出 μ_i 的区间估计.

易知 $\xi_i \sim N(\mu_i, \sigma^2)$ $(i=1,2,\cdots,r)$. 于是,有

$$\bar{\xi}_i \sim N(\mu_i, \frac{\sigma^2}{n_i})(i=1,2,\cdots,r);$$

$$\frac{\bar{\xi}_i - \mu_i}{\sigma/\sqrt{n_i}} \sim N(0,1), \text{ 进而得 } \left(\frac{\bar{\xi}_i - \mu_i}{\sigma/\sqrt{n_i}}\right)^2 \sim \chi^2(1).$$

再由定理 5.1.3 及 F 分布的定义，易推得

$$\frac{\left(\dfrac{\bar{\xi}_i - \mu_i}{\sigma/\sqrt{n_i}}\right)^2}{\dfrac{S_e}{\sigma^2(n-r)}} = \frac{n_i(\bar{\xi}_i - \mu_i)^2}{S_e/(n-r)} \sim F(1, n-r).$$

对于给定的显著性水平 α，有

$$P\left\{\frac{n_i(\bar{\xi}_i - \mu_i)^2}{S_e/(n-r)} < F_\alpha(1, n-r)\right\} = 1 - \alpha.$$

由此易得 μ_i 的 $1-\alpha$ 置信区间为

$$\left(\bar{\xi}_i \pm \sqrt{\frac{S_e}{(n-r)n_i} F_\alpha(1, n-r)}\right).$$

另外，从 $\dfrac{S_e}{\sigma^2} \sim \chi^2(n-r)$ 易得到 σ^2 的 $1-\alpha$ 区间估计为

$$\left(\frac{S_e}{\chi^2_{\alpha/2}(n-r)}, \frac{S_e}{\chi^2_{1-\alpha/2}(n-r)}\right).$$

最后求两个水平所对应的总体 $\xi_k \sim N(\mu_k, \sigma^2), \xi_l \sim N(\mu_l, \sigma^2)$ 的均值差 $\mu_k - \mu_l = \alpha_k - \alpha_l$ 的区间估计，该问题可以用第三章中两总体均值比较方法进行解决，为了更全面利用数据提供的信息，这里采用更多比较方法。

因 $\bar{\xi}_k \sim N(\mu_k, \dfrac{\sigma^2}{n_k}), \bar{\xi}_l \sim N(\mu_l, \dfrac{\sigma^2}{n_l})$，于是

$$\bar{\xi}_k - \bar{\xi}_l \sim N\left(\mu_k - \mu_l, \left(\frac{1}{n_k} + \frac{1}{n_l}\right)\sigma^2\right),$$

进而得

$$\frac{(\bar{\xi}_k - \bar{\xi}_l) - (\mu_k - \mu_l)}{\sigma\sqrt{\dfrac{1}{n_k} + \dfrac{1}{n_l}}} \sim N(0,1).$$

因这个正态随机变量与 $\dfrac{S_e}{\sigma^2}$ 相互独立，进一步可得

$$t = \frac{(\bar{\xi}_k - \bar{\xi}_l) - (\mu_k - \mu_l)}{\sigma\sqrt{\dfrac{1}{n_k} + \dfrac{1}{n_l}}} \Bigg/ \sqrt{\frac{S_e}{\sigma^2(n-r)}} \sim t(n-r),$$

即

$$t = \frac{(\bar{\xi}_k - \bar{\xi}_l) - (\mu_k - \mu_l)}{\sqrt{\dfrac{S_e}{n-r}\left(\dfrac{1}{n_k} + \dfrac{1}{n_l}\right)}} \sim t(n-r).$$

因此，$\mu_k - \mu_l$ 的 $1-\alpha$ 的区间估计为

$$\left((\bar{\xi}_k - \bar{\xi}_l) \pm t_{\alpha/2}(n-r)\sqrt{\frac{S_e}{n-r}\left(\frac{1}{n_k}+\frac{1}{n_l}\right)}\right).$$

使用同样的推导,可得 μ_i 的 $1-\alpha$ 区间估计的另一表达式为

$$\left(\bar{\xi}_i \pm t_{\alpha/2}(n-r)\sqrt{\frac{S_e}{(n-r)n_i}}\right) \quad (i=1,2,\cdots,r),$$

也同样可得 $\mu_k - \mu_l$ 的 $1-\alpha$ 区间估计表达式为

$$\left((\bar{\xi}_k - \bar{\xi}_l) \pm \sqrt{\frac{S_e}{n-r}\left(\frac{1}{n_k}+\frac{1}{n_l}\right)F_\alpha(1,n-r)}\right) \quad (k,l=1,2,\cdots,r; k \neq l).$$

因为 $t_{\alpha/2}^2(m) = F_\alpha(1,m)$,故 $\mu_i, \mu_k - \mu_l$ 的两个各自区间估计公式是等价的.

3. 多重比较

因 H_0 的对立假设 H_1:至少有一对 $\mu_k \neq \mu_l$,所以方差分析中否定了 $H_0: \mu_1 = \mu_2 = \cdots = \mu_r$,并不意味着接受 $\mu_k \neq \mu_l (k,l=1,2,\cdots,r; k \neq l)$. 由于选择最优水平的需要,往往需要知道哪些水平的均值差异显著,哪些不显著,这就是所谓多重比较的问题. 如果因素只取两个水平,这问题在第三章 3.3 节中已讨论,但对多水平的情况,若用过去的方法进行两两检验,往往导致更多错误结论.

多重比较方法很多,以下介绍斯切菲(Scheffé)方法,简称 S 法.

在单因素方差分析模型中,设 $c_1, c_2, \cdots, c_r$ 是任一组 r 个常数,满足关系式 $\sum_{i=1}^{r} c_i = 0$,给定显著性水平 α,检验假设

$$H_0: \left|\sum_{i=1}^{r} c_i \mu_i\right| = 0; \quad H_1: \left|\sum_{i=1}^{r} c_i \mu_i\right| \neq 0.$$

其 S 法:

若 $\left|\sum_{i=1}^{r} c_i \bar{\xi}_i\right| \geqslant \sqrt{\frac{S_e}{n-r}\left(\sum_{i=1}^{r}\frac{c_i^2}{n_i}\right)(r-1)F_\alpha(r-1,n-r)} = \mathrm{d}s$,则拒绝 H_0;

若 $\left|\sum_{i=1}^{r} c_i \bar{\xi}_i\right| < \sqrt{\frac{S_e}{n-r}\left(\sum_{i=1}^{r}\frac{c_i^2}{n_i}\right)(r-1)F_\alpha(r-1,n-r)} = \mathrm{d}s$,则接受 H_0.

特别地,让 $c_k = 1, c_l = -1$,且当 $i \neq l$ 和 $i \neq k$ 时 $c_i = 0$,则有检验假设

$$H_0: \mu_k = \mu_l; \quad H_1: \mu_k \neq \mu_l$$

的 S 方法:

若 $\mathrm{d}_{kl} = |\bar{\xi}_k - \bar{\xi}_l| \geqslant \mathrm{d}s_{kl} = \sqrt{\frac{S_e}{n-r}\left(\frac{1}{n_k}+\frac{1}{n_l}\right)(r-1)F_\alpha(r-1,n-r)}$,

则拒绝 H_0,即认为第 k 个水平与第 l 个水平所对应的总体均值 μ_k 与 μ_l 有显著差异;

若 $\mathrm{d}_{kl} = |\bar{\xi}_k - \bar{\xi}_l| < \mathrm{d}s_{kl} = \sqrt{\frac{S_e}{n-r}\left(\frac{1}{n_k}+\frac{1}{n_l}\right)(r-1)F_\alpha(r-1,n-r)}$,

则接受 H_0,即认为第 k 个水平与第 l 个水平对应的总体均值 μ_k 与 μ_l 没有显著差异.

4. 方差齐性的检验

对一个具体问题进行方差分析,必须要求这个问题满足方差分析模型的如下三个条件:

(1) 被检验的各个总体都服从正态分布;
(2) 各个总体的方差相等(方差齐性);
(3) 各次试验是相互独立的.

多数情况可以满足或近似满足上述三个条件,因而方差分析能够作出有效的推断.试验中的独立性一般容易做到,而总体是否服从正态分布,3.5 节已经讨论过它的检验方法.下面给出一种检验多个正态总体是否具有方差齐性的检验方法.

设总体 $\xi_i \sim N(\mu_i, \sigma_i^2)$,$(\xi_{i1}, \xi_{i2}, \cdots, \xi_{in_i})$ 为 ξ_i 的容量为 n_i 的一个样本,$i=1,2,\cdots,r$,其中 μ_i, σ_i^2 均未知,且 $r \geqslant 3$ ($r=2$ 在 3.3 节中已讨论),给定显著性水平 α,检验假设

$$H_0 : \sigma_1^2 = \sigma_2^2 = \cdots = \sigma_r^2.$$

记

$$S_p^2 = \frac{1}{n-r} \sum_{i=1}^{r} (n_i - 1) S_i^{*2}.$$

这里 $S_i^{*2} = \frac{1}{n_i - 1} \sum_{j=1}^{n_i} (\xi_{ij} - \bar{\xi}_i)^2$,$\bar{\xi}_i = \frac{1}{n_i} \sum_{j=1}^{n_i} \xi_{ij}$.

S_p^2 称为组合样本方差的估计量. 记

$$Q = (n-r) \ln S_p^2 - \sum_{i=1}^{r} (n_i - 1) \ln S_i^{*2};$$

$$h = 1 + \frac{1}{3(r-1)} \left(\sum_{i=1}^{r} \frac{1}{n_i - 1} - \frac{1}{n-r} \right).$$

构造统计量 $B = \dfrac{Q}{h}$.

巴莱特(Bartlett)证明:当 $n_i \geqslant 5 (i=1,2,\cdots,r)$ 时,统计量 B 近似服从 $\chi^2(r-1)$ 分布,于是得到检验多个正态总体是否具有方差齐性的巴莱特检验法,算出统计量 B 的观测值 b.

若 $b \geqslant \chi_\alpha^2(r-1)$,则拒绝 H_0,认为 r 个正态总体的方差不全相等;

若 $b < \chi_\alpha^2(r-1)$,则接受 H_0,认为 r 个正态总体的方差都相等.

若总体 $\xi_i (i=1,2,\cdots,r)$ 不服从正态分布或不具有方差齐性,则方差分析得到的结论可靠性就差. 此时,可采用非参数分析方法,或者将 ξ_i 作适当的变换,化为正态随机变量而且具有方差齐性进行处理,另外,如果增加试验次数,对不同水平进行等重复试验,即取

$$n_1 = n_2 = \cdots = n_r.$$

也可以减少因不服从正态分布或因方差不相等而带来的不良影响.

例 5.1.3 表 5-6 给出了小白鼠接种三种不同菌型的伤寒杆菌后的存活日数,试问

三种菌型对小白鼠的平均存活日数的影响是否有显著差异($\alpha=0.01,0.05$)?

表 5-6 白鼠存活日数

菌型	接种后存活日数/天									
A_1	2	4	3	2	4	7	7	2	5	4
A_2	5	6	8	5	10	7	12	6	6	
A_3	7	11	6	6	7	9	5	10	6	3	10

解 接种三种不同伤寒杆菌后小白鼠的存活日数,即分别为三水平 A_1,A_2,A_3 所对应的三个总体 ξ_1,ξ_2,ξ_3。要求检验接种三种菌型对小白鼠的平均存活日数的影响是否有显著差异,即要检验三个总体是否具有相同的分布。这是方差分析问题,分析步骤如下:

1) 检验 ξ_1,ξ_2,ξ_3 是否服从正态分布

若用第三章 3.5 节中的 χ^2 拟合检验法或柯尔莫哥诺夫的 D_n 检验法,数据太少,但采用正态性检验的 W 检验法,可以证明该数据均服从正态分布.

2) 方差齐性检验

设 $\xi_i \sim N(\mu_i,\sigma_i^2)$ $(i=1,2,3)$

$$H_0: \sigma_1^2 = \sigma_2^2 = \sigma_3^2; \quad H_1: 方差不全相等.$$

$$r=3, \quad n=\sum_{i=1}^{3} n_i = 30.$$

经计算得

$$S_1^{*2}=3.556, S_2^{*2}=5.694, S_3^{*2}=6.018,$$

$$S_p^2 = \frac{1}{n-r}\sum_{i=1}^{r}(n_i-1)S_i^{*2} = 5.1014,$$

$$Q=(n-r)\ln S_p^2 - \sum_{i=1}^{r}(n_i-1)S_i^{*2} = 0.7165,$$

$$h=1+\frac{1}{3(r-1)}\left[\sum_{i=1}^{r}\frac{1}{(n_i-1)}-\frac{1}{n-r}\right]=1.0498,$$

$$b=\frac{Q}{h}=\frac{0.7165}{1.0498}=0.6824,$$

$$\alpha=0.05, \chi_{0.05}^2(2)=5.99.$$

由于 $b=0.6824<5.99=\chi_\alpha^2(r-1)$,故接受 H_0,即认为 $\sigma_1^2=\sigma_2^2=\sigma_3^2$,方差齐性得到检验($\alpha=0.01$ 更应该接受 H_0).

3) 检验假设 $H_0: \mu_1=\mu_2=\mu_3$

通过计算,得

$$S_T=\sum_{i=1}^{3}\sum_{j=1}^{n_i}(\xi_{ij}-\bar{\xi})^2=208.167;$$

$$S_e=\sum_{i=1}^{3}(n_i-1)S_i^{*2}=137.738;$$

$$S_A = S_T - S_e = 70.429.$$

自由度 f 为
$$f_A = r - 1 = 2, \quad f_e = n - r = 27,$$

又
$$F = \frac{S_A/f_A}{S_e/f_e} = \frac{70.429/2}{137.738/27} = 6.903.$$

查 F 分布表,得($\alpha = 0.01, 0.05$)
$$F_\alpha(r-1, n-r) = F_{0.01}(2, 27) = 5.49,$$
$$F_\alpha(r-1, n-r) = F_{0.05}(2, 27) = 3.35.$$

因为 $F = 6.903 > 5.49 = F_{0.01}(2, 27)$,所以拒绝 H_0. 即因素 A 对试验结果的影响是高度显著的,即认为小白鼠在接种不同菌型的伤寒杆菌后的存活日数有高度显著的差异.

把计算结果列成方差分析表,得表 5-7.

表 5-7 例 5.1.3 的方差分析表

方差来源	平方和 S	自由度 f	均方和 $\bar{S}$	F 值	显著性
因素 A	70.429	2	35.215	6.903	* *
误差 e	137.738	27	5.101	—	—
总和	208.167	—	—	—	—

4)多重比较

记
$$\mathrm{d}s' = \sqrt{\frac{S_e}{n-r}\left(\frac{1}{n_{(1)}} + \frac{1}{n_{(2)}}\right)(r-1)F_\alpha(r-1, n-r)},$$

其中
$$n_{(1)} \leqslant n_{(2)} \leqslant \cdots \leqslant n_{(r)},$$

显然有
$$\mathrm{d}s' \geqslant \mathrm{d}s_{kl} = \sqrt{\frac{S_e}{n-r}\left(\frac{1}{n_k} + \frac{1}{n_l}\right)(r-1)F_\alpha(r-1, n-r)}.$$

当 $\alpha = 0.01$ 时,$\mathrm{d}s' = \sqrt{\frac{137.738}{30-3}\left(\frac{1}{9} + \frac{1}{10}\right)(3-1) \times 5.49} = 3.44$,

当 $\alpha = 0.05$ 时,$\mathrm{d}s' = \sqrt{\frac{137.738}{30-3}\left(\frac{1}{9} + \frac{1}{10}\right)(3-1) \times 3.35} = 2.69$,

$$\mathrm{d}_{12} = |\bar{\xi}_1 - \bar{\xi}_2| = |4.00 - 7.22| = 3.22,$$
$$\mathrm{d}_{13} = |\bar{\xi}_1 - \bar{\xi}_3| = |4.00 - 7.27| = 3.27,$$
$$\mathrm{d}_{23} = |\bar{\xi}_2 - \bar{\xi}_3| = |7.22 - 7.27| = 0.05,$$

当 $\alpha = 0.01$ 时,$\mathrm{d}_{12} = 3.22 < 3.44 = \mathrm{d}s'$,$\mathrm{d}_{13} = 3.27 < 3.44 = \mathrm{d}s'$,

当 $\alpha=0.05$ 时,$d_{12}=3.22>2.69=ds'$,$d_{13}=3.27>2.69=ds'$.
所以,菌型 A_1 和 A_2、菌型 A_1 和 A_3 都有显著差异,但都不是高度显著差异.

不论 $\alpha=0.01$ 还是 $\alpha=0.05$ 均易得出
$$d_{23}=0.05<ds',$$
所以,菌型 A_2 和 A_3 无显著差异.

5) 参数估计
$$\hat{\mu}=\frac{1}{n}\sum_{i=1}^{r}\sum_{j=1}^{n_i}\xi_{ij}=6.167;\quad \hat{\sigma}^2=\frac{S_e}{n-r}=\frac{137.738}{30-3}=5.101;$$
$$\hat{\mu}_1=\bar{\xi}_1=\frac{40}{10}=4;\quad \hat{\mu}_2=\bar{\xi}_2=\frac{65}{9}=7.22;\quad \hat{\mu}_3=\bar{\xi}_3=\frac{80}{11}=7.27.$$

根据 $\mu_k-\mu_l$ 的 $1-\alpha$ 区间估计公式
$$\left((\hat{\xi}_k-\hat{\xi}_l)\pm t_{\alpha/2}(n-r)\sqrt{\frac{S_e}{n-r}\left(\frac{1}{n_k}+\frac{1}{n_l}\right)}\right),$$

得 $\mu_1-\mu_2$,$\mu_1-\mu_3$,$\mu_2-\mu_3$ 的 95% 区间估计分别为

$$\left((4-7.22)\pm t_{0.025}(27)\sqrt{5.101\left(\frac{1}{10}+\frac{1}{9}\right)}\right)=(-5.35,-1.09);$$

$$\left((4-7.27)\pm t_{0.025}(27)\sqrt{5.101\left(\frac{1}{10}+\frac{1}{12}\right)}\right)=(-5.30,-1.25);$$

$$\left((7.22-7.27)\pm t_{0.025}(27)\sqrt{5.101\left(\frac{1}{9}+\frac{1}{12}\right)}\right)=(-2.13,-2.03).$$

如果需要,类似可求出置信度为 99% 区间估计.

参考程序如下:

```
a1<-c(2,4,3,2,4,7,7,2,5,4); n1<-length(a1)
a2<-c(5,6,8,5,10,7,12,6,6); n2<-length(a2)
a3<-c(7,11,6,6,7,9,5,10,6,3,10); n3<-length(a3)
n=n1+n2+n3; r=3
a<-c(a1, a2, a3); aL<-c(n1, n2, n3)
A<-factor(rep(1:3,aL))
data.frame(a,A)->data1
aov.data1<-aov(a~A, data1)
sig<-summary(aov.data1)
sig
pairwise.t.test(a, A, pool.sd=TRUE)
mu=c(mean(a[A==1]), mean(a[A==2]), mean(a[A==3]))
alpha=0.05;
q12=qt(1-alpha/2,n-r) * sqrt(deviance(aov(a~A, data1))/(n-r) * (1/n1+1/n2))
```

intr12=c(mu[1]-mu[2]-q12, mu[1]-mu[2]+q12)
cat('interval estimate of mul-mu2:(',intr12[1], intr12[2],)',' n')
q13=qt(1-alpha/2, n-r) * sqrt(deviance(aov(a～A,datal))/(n-r) * (1/nl+1/n3))
intr13=c(mu[1]-mu[3]-q13, mu[1]-mu[3]+q13)
cat('interval estimate ofmul-mu3:(', intr13[1], intr13[2],)',' n')
q23=qt(1-alpha/2,n-r) * sqrt(deviance(aov(a～A, datal))/(n-r) * (1/n2+1/n3))
intr23=c(mu[2]-mu[3]-q23, mu[2]-mu[3]+q23)
cat('interval estimate of mu2-mu3:(',intr23[1], intr23[2],)',' n')

注 1: pairwise. t. test ()为正态总体 t 检验的多重比较程序,一般形式为 pairwise. t. test(x, g,p.adjust.method=p. adjust.methods, pool.sd=! paired, paired=FALSE, alternative=c("two. sided","less", "greater"),…)

注 2: 均值差的区间估计中的误差项用全部样本值计算,而不仅仅用两组样本计算.

有时先对变量(或数据) ξ_{ij} 施行线性变换

$$\xi_{ij}=a+b\eta_{ij}, \quad 即 \quad \frac{\xi_{ij}-a}{b}=\eta_{ij}(j=1,2,\cdots,n_i;i=1,2,\cdots,r),$$

其中 a,b 为适当常数,以使得到新的变量 η_{ij} 的数据化为简单的整数,从而减少计算量. 此时,新旧两组数据的 $\bar{\xi}_i$ 与 $\bar{\eta}_i$,$\bar{\xi}$ 与 $\bar{\eta}$,$(S_A)_\xi$ 与 $(S_A)_\eta$,$(S_e)_\xi$ 与 $(S_e)_\eta$ 之间有下述关系:

$$\bar{\xi}_i=a+b\bar{\eta}_i, \quad \bar{\xi}=a+b\bar{\eta},$$
$$(S_A)_\xi=b^2(S_A)_\eta, \quad (S_e)_\xi=b^2(S_e)_\eta.$$

下面推导第三个等式:

$$(S_A)_\xi=\sum_{i=1}^r n_i(\bar{\xi}_i-\bar{\xi})^2=\sum_{i=1}^r n_i[a+b\bar{\eta}_i-(a+b\bar{\eta})]^2$$
$$=\sum_{i=1}^r n_i b^2(\bar{\eta}_i-\bar{\eta})^2=b^2\sum_{i=1}^r n_i(\bar{\eta}_i-\bar{\eta})^2=b^2(S_A)_\eta.$$

从这些公式易知在施行线性变换后 F 变量的值不变,即有

$$F=\frac{(S_A)_\xi/(r-1)}{(S_e)_\xi/(n-r)}=\frac{b^2(S_A)_\eta/(r-1)}{b^2(S_e)_\eta/(n-r)}=\frac{(S_A)_\eta/(r-1)}{(S_e)_\eta/(n-r)}.$$

因此,只需利用简化了的 η_{ij} 的数据去检验原假设 H_0,所得结论不变.

5.2 两个因素的方差分析

在实际问题中,影响试验结果(试验指标)的因素往往都不止一个,而是两个或者更多.此时,要分析因素的作用就要用到多因素试验的方差分析.这里只讨论两个因素的方差分析.至于更多因素的问题,用正交试验法比较方便.

在两个因素的试验中,不但每一个因素单独对试验起作用,往往两个因素会联合起来起作用.这种作用称为这两个因素的交互作用.例如有些合金,当单独加入元素 A 或元素

B 时,性能变化不大,但当两者同时加入时,合金性能的变化就特别显著. 交互作用在多因素的方差分析中把它当成一个新因素来处理.

5.2.1 数学模型

设在某项试验中,有两个因素在变化,因素 A 有 r 个不同的水平 $A_1, A_2, \cdots, A_r$,因素 B 有 s 个不同水平 $B_1, B_2, \cdots, B_s$,在水平组合 (A_i, B_j) 下的试验结果用 ξ_{ij} 表示. 假定 ξ_{ij} ($i = 1, 2, \cdots, r; j = 1, 2, \cdots, s$) 相互独立且服从 $N(\mu_{ij}, \sigma^2)$ 分布,即是说,共有 rs 个独立正态总体 ξ_{ij}. 此外,还假定在每个水平组合 (A_i, B_j) 下进行了 t 次重复独立试验,试验结果用 ξ_{ijk} ($k = 1, 2, \cdots, t$) 表示,把它看作从总体 ξ_{ij} 中抽取容量为 t 的样本:

$$\xi_{ij1}, \xi_{ij2}, \cdots, \xi_{ijt} \quad (i = 1, 2, \cdots, r; j = 1, 2, \cdots, s).$$

把所有试验结果整理成表 5-8.

表 5-8 两因素等重复试验结果表

A \ B	B_1	B_2	$\cdots$	B_s
A_1	$\xi_{111}, \xi_{112}, \cdots, \xi_{11t}$	$\xi_{121}, \xi_{122}, \cdots, \xi_{12t}$	$\cdots$	$\xi_{1s1}, \xi_{1s2}, \cdots, \xi_{1st}$
A_2	$\xi_{211}, \xi_{212}, \cdots, \xi_{21t}$	$\xi_{221}, \xi_{222}, \cdots, \xi_{22t}$	$\cdots$	$\xi_{2s1}, \xi_{2s2}, \cdots, \xi_{2st}$
$\vdots$	$\vdots$	$\vdots$	$\ddots$	$\vdots$
A_r	$\xi_{r11}, \xi_{r12}, \cdots, \xi_{r1t}$	$\xi_{r21}, \xi_{r22}, \cdots, \xi_{r2t}$	$\cdots$	$\xi_{rs1}, \xi_{rs2}, \cdots, \xi_{rst}$

由样本的定义可知, $\xi_{ijk} \sim N(\mu_{ij}, \sigma^2)$ ($k = 1, 2, \cdots, t$),从而 μ_{ij} 与 ξ_{ijk} 之差可以看成一个随机变量. 令

$$\xi_{ijk} - \mu_{ij} = \varepsilon_{ijk},$$

易知 ε_{ijk} ($i = 1, 2, \cdots, r; j = 1, 2, \cdots, s; k = 1, 2, \cdots, t$) 相互独立,且均服从 $N(0, \sigma^2)$ 分布. 它们均由重复试验中随机误差所产生,是不可观测的随机变量. 于是, ξ_{ijk} 可以表示为

$$\xi_{ijk} = \mu_{ij} + \varepsilon_{ijk} \quad (i = 1, 2, \cdots, r; j = 1, 2, \cdots, s; k = 1, 2, \cdots, t).$$

对这个问题首要的任务是检验假设

$$H_0: \mu_{ij} \text{ 全相等} \quad (i = 1, 2, \cdots, r; j = 1, 2, \cdots, s).$$

与单因素方差分析一样,对 μ_{ij} 作一些形式上的改变,记

$$\mu = \frac{1}{rs} \sum_{i=1}^{r} \sum_{j=1}^{s} \mu_{ij};$$

$$\mu_{i.} = \frac{1}{s} \sum_{j=1}^{s} \mu_{ij}, \quad \alpha_i = \mu_{i.} - \mu \quad (i = 1, 2, \cdots, r);$$

$$\mu_{.j} = \frac{1}{r} \sum_{i=1}^{r} \mu_{ij}, \quad \beta_j = \mu_{.j} - \mu \quad (j = 1, 2, \cdots, s).$$

μ 称为理论总均值,表示所考虑的 rs 个总体的数学期望的总平均; α_i 称为因素 A 的第 i

个水平 A_i 对试验结果的效应;β_j 称为因素 B 的第 j 个水平 B_j 对试验结果的效应. 易验证

$$\sum_{i=1}^{r}\alpha_i=0, \quad \sum_{j=1}^{s}\beta_j=0.$$

记

$$\gamma_{ij}=(\mu_{ij}-\mu)-(\mu_{i.}-\mu)-(\mu_{.j}-\mu).$$

即

$$\gamma_{ij}=(\mu_{ij}-\mu)-\alpha_i-\beta_j.$$

γ_{ij} 称为交互效应,式中 $(\mu_{ij}-\mu)$ 是水平组合 (A_i,B_j) 对试验结果的总效应或称联合效应. 总效应减去 A_i 的效应 α_i 及 B_j 的效应 β_j,所得之差就是水平组合 (A_i,B_j) 对试验结果的交互效应. 在多因素试验中,通常把因素 A 与因素 B 对试验结果的交互效应设想为某一个新因素的效应. 这个新因素记作 A×B,称它为 A 与 B 对试验结果的交互作用.

上式可改写为

$$\mu_{ij}=\mu+\alpha_i+\beta_j+\gamma_{ij}.$$

对于交互效应 γ_{ij},易验证满足

$$\sum_{i=1}^{r}\gamma_{ij}=\sum_{j=1}^{s}\gamma_{ij}=0.$$

综上所述,即得到(等重复试验)有交互作用的两因素方差分析模型:

$$\begin{cases}\xi_{ijk}=\mu+\alpha_i+\beta_j+\gamma_{ij}+\varepsilon_{ijk}\\ \quad (i=1,2,\cdots,r;j=1,2,\cdots,s;k=1,2,\cdots,t),\\ \sum_{i=1}^{r}\alpha_i=0, \sum_{j=1}^{s}\beta_j=0, \sum_{i=1}^{r}\gamma_{ij}=\sum_{j=1}^{s}\gamma_{ij}=0,\\ rst\text{ 个 }\varepsilon_{ijk}\text{ iid}\sim N(0,\sigma^2)(\text{从而 }rst\text{ 个 }\xi_{ijk}\text{ 相互独立}).\end{cases}$$

其中,$\mu;\alpha_1,\alpha_2,\cdots,\alpha_r;\beta_1,\beta_2,\cdots,\beta_s;\gamma_{11},\gamma_{12},\cdots,\gamma_{rs};\sigma^2$ 都是未知参数.

此时,需要检验的假设为

$$H_{01}:\alpha_1=\alpha_2=\cdots=\alpha_r=0,$$

$$H_{02}:\beta_1=\beta_2=\cdots=\beta_s=0,$$

$$H_{03}:\gamma_{ij}=0 \quad (i=1,2,\cdots,r;j=1,2,\cdots,s).$$

(这三个假设组在一起等价于假设 $H_0:\mu_{ij}$ 全相等).

为检验上述假设,类似单因素方差分析,对总偏差平方和进行分解.

5.2.2 统计分析

记

$$\bar{\xi}=\frac{1}{rst}\sum_{i=1}^{r}\sum_{j=1}^{s}\sum_{k=1}^{t}\xi_{ijk}, \quad \bar{\xi}_{ij.}=\frac{1}{t}\sum_{k=1}^{t}\xi_{ijk},$$

$$\bar{\xi}_{i..} = \frac{1}{st}\sum_{j=1}^{s}\sum_{k=1}^{t}\xi_{ijk}, \quad \bar{\xi}_{.j.} = \frac{1}{rt}\sum_{i=1}^{r}\sum_{k=1}^{t}\xi_{ijk}.$$

和

$$S_T = \sum_{i=1}^{r}\sum_{j=1}^{s}\sum_{k=1}^{t}(\xi_{ijk} - \bar{\xi})^2, \quad S_e = \sum_{i=1}^{r}\sum_{j=1}^{s}\sum_{k=1}^{t}(\xi_{ijk} - \bar{\xi}_{ij.})^2,$$

$$S_A = \sum_{i=1}^{r}\sum_{j=1}^{s}\sum_{k=1}^{t}(\bar{\xi}_{i..} - \bar{\xi})^2 = st\sum_{i=1}^{r}(\bar{\xi}_{i..} - \bar{\xi})^2,$$

$$S_B = \sum_{i=1}^{r}\sum_{j=1}^{s}\sum_{k=1}^{t}(\bar{\xi}_{.j.} - \bar{\xi})^2 = rt\sum_{j=1}^{s}(\bar{\xi}_{.j.} - \bar{\xi})^2,$$

$$S_{A\times B} = \sum_{i=1}^{r}\sum_{j=1}^{s}\sum_{k=1}^{t}(\bar{\xi}_{ij.} - \bar{\xi}_{i..} - \bar{\xi}_{.j.} + \bar{\xi})^2$$
$$= t\sum_{i=1}^{r}\sum_{j=1}^{s}(\bar{\xi}_{ij.} - \bar{\xi}_{i..} - \bar{\xi}_{.j.} + \bar{\xi})^2.$$

则有下述结论.

定理 5.2.1(平方和分解定理) 在有交互作用的两因素的方差分析模型中,总平方和有如下等式

$$S_T = S_e + S_A + S_B + S_{A\times B}.$$

证 类似单因素分解方法,读者自行证明.

注:通常 S_T 称为总偏差平方和;S_e 称为误差平方和;S_A, S_B 分别称为因素 A、因素 B 的(主效应)偏差平方和;$S_{A\times B}$ 称为交互作用 A×B 的(交互效应)偏差平方和,S_T 反映了全部数据之间的波动;S_e 反映了由于随机误差的作用而在数据中引起的波动;S_A 主要反映了由于因素 A 的各个水平的不同作用而在数据中引起的波动,其中常数因子 st 表示每个水平 A_i 在各个水平搭配中出现过 st 次;S_B 主要反映了由于因素 B 的各个水平的不同作用而在数据中引起的波动,其中常数因子 rt 表示每个水平 B_j 在各个水平搭配中出现过 rt 次;$S_{A\times B}$ 主要反映了由于因素 A 与 B 的交互作用的存在而在数据中引起的波动.为了更清楚地理解这些平方和的意义,我们计算各自数学期望.

引进记号:

$$\bar{\varepsilon} = \frac{1}{rst}\sum_{i=1}^{r}\sum_{j=1}^{s}\sum_{k=1}^{t}\varepsilon_{ijk}, \quad \bar{\varepsilon}_{ij.} = \frac{1}{t}\sum_{k=1}^{t}\varepsilon_{ijk},$$

$$\bar{\varepsilon}_{i..} = \frac{1}{st}\sum_{j=1}^{s}\sum_{k=1}^{t}\varepsilon_{ijk}, \quad \bar{\varepsilon}_{.j.} = \frac{1}{rt}\sum_{i=1}^{r}\sum_{k=1}^{t}\varepsilon_{ijk}.$$

则有

$$\bar{\xi} = \mu + \bar{\varepsilon}, \quad \bar{\xi}_{ij.} = \mu + \alpha_i + \beta_j + \gamma_{ij} + \bar{\varepsilon}_{ij.},$$
$$\bar{\xi}_{i..} = \mu + \alpha_i + \bar{\varepsilon}_{i..}, \quad \bar{\xi}_{.j.} = \mu + \beta_j + \bar{\varepsilon}_{.j.}.$$

由此可得

$$S_e = \sum_{i=1}^{r}\sum_{j=1}^{s}\sum_{k=1}^{t}(\varepsilon_{ijk} - \bar{\varepsilon}_{ij.})^2, \quad S_A = st\sum_{i=1}^{r}(\alpha_i + \bar{\varepsilon}_{i..} - \bar{\varepsilon})^2,$$

$$S_B = rt \sum_{j=1}^{s} (\beta_j + \bar{\varepsilon}_{\cdot j \cdot} - \bar{\varepsilon})^2,$$

$$S_{A \times B} = t \sum_{i=1}^{r} \sum_{j=1}^{s} (\gamma_{ij} + \bar{\varepsilon}_{ij \cdot} - \bar{\varepsilon}_{i \cdot \cdot} - \bar{\varepsilon}_{\cdot j \cdot} + \bar{\varepsilon})^2.$$

定理 5.2.2 在有交互作用的两因素的方差分析模型中,有

$$E[S_e] = rs(t-1)\sigma^2, \quad E[S_A] = (r-1)\sigma^2 + st \sum_{i=1}^{r} \alpha_i^2,$$

$$E[S_B] = (s-1)\sigma^2 + rt \sum_{j=1}^{s} \beta_j^2,$$

$$E[S_{A \times B}] = (r-1)(s-1)\sigma^2 + t \sum_{i=1}^{r} \sum_{j=1}^{s} \gamma_{ij}^2.$$

证 这个证明较容易,读者自行证明.

设

$$\bar{S}_e = \frac{S_e}{rs(t-1)}, \quad \bar{S}_A = \frac{S_A}{r-1}, \quad \bar{S}_B = \frac{S_B}{s-1}, \quad \bar{S}_{A \times B} = \frac{S_{A \times B}}{(r-1)(s-1)},$$

则称它们为相应项的平方和的均方和.

由定理 5.2.2 可知 $\bar{S}_e$ 是未知参数 σ^2 的无偏估计量,因此又记作

$$\hat{\sigma}^2 = \frac{S_e}{rs(t-1)} = \bar{S}_e.$$

进一步,还可知道:

当 H_{01} 成立时,$E[\bar{S}_A] = E[\bar{S}_e]$,反之 $E[\bar{S}_A] > E[\bar{S}_e]$,

当 H_{02} 成立时,$E[\bar{S}_B] = E[\bar{S}_e]$,反之 $E[\bar{S}_B] > E[\bar{S}_e]$,

当 H_{03} 成立时,$E[\bar{S}_{A \times B}] = E[\bar{S}_e]$,反之 $E[\bar{S}_{A \times B}] > E[\bar{S}_e]$.

通过这些关系式,可以确定检验假设 H_{01}、H_{02}、H_{03} 的拒绝域.

定理 5.2.3 在有交互作用的两因素方差分析模型中,有 $\frac{S_e}{\sigma^2} \sim \chi^2(rs(t-1))$,且 S_e 与 $\bar{\xi}_{ij \cdot}, \bar{\xi}_{i \cdot \cdot}, \bar{\xi}_{\cdot j \cdot}, \bar{\xi}(i=1,2,\cdots,r; j=1,2,\cdots,s)$ 中的每一项均相互独立.

定理 5.2.3 的证明与定理 5.1.3 的证明类似,作为练习由读者完成.

定理 5.2.4 在有交互作用的两因素方差分析模型中

(1) 当假设 H_{01} 成立时,$\frac{S_A}{\sigma^2} \sim \chi^2(r-1)$,且 S_A 与 S_e 相互独立,从而

$$F_A = \frac{S_A/(r-1)}{S_e/[rs(t-1)]} \sim F((r-1), rs(t-1)).$$

(2) 当假设 H_{02} 成立时,$\frac{S_B}{\sigma^2} \sim \chi^2(s-1)$,且 S_B 与 S_e 相互独立,从而

$$F_B = \frac{S_B/(s-1)}{S_e/[rs(t-1)]} \sim F((s-1), rs(t-1)).$$

(3) 当假设 H_{03} 成立时,$\dfrac{S_{A\times B}}{\sigma^2}\sim\chi^2((s-1)(r-1))$,且 $S_{A\times B}$ 与 S_e 相互独立,从而

$$F_{A\times B}=\dfrac{S_{A\times B}/(r-1)(s-1)}{S_e/[rs(t-1)]}\sim F((r-1)(s-1),rs(t-1)).$$

证 由定理 5.2.1 的平方和分解可得

$$\sum_{i=1}^{r}\sum_{j=1}^{s}\sum_{k=1}^{t}(\varepsilon_{ijk}-\bar{\varepsilon})^2=\sum_{i=1}^{r}\sum_{j=1}^{s}\sum_{k=1}^{t}(\varepsilon_{ijk}-\bar{\varepsilon}_{ij.})^2+st\sum_{i=1}^{r}(\bar{\varepsilon}_{i..}-\bar{\varepsilon})^2+$$

$$rt\sum_{j=1}^{s}(\bar{\varepsilon}_{.j.}-\bar{\varepsilon})^2+t\sum_{i=1}^{r}\sum_{j=1}^{s}(\bar{\varepsilon}_{ij.}-\bar{\varepsilon}_{i..}-\bar{\varepsilon}_{.j.}+\bar{\varepsilon})^2$$

$$=S_e+S'_A+S'_B+S'_{A\times B}.$$

其中

$$S'_A=st\sum_{i=1}^{r}(\bar{\varepsilon}_{i..}-\bar{\varepsilon})^2,$$

$$S'_B=rt\sum_{j=1}^{s}(\bar{\varepsilon}_{.j.}-\bar{\varepsilon})^2,$$

$$S'_{A\times B}=t\sum_{i=1}^{r}\sum_{j=1}^{s}(\bar{\varepsilon}_{ij.}-\bar{\varepsilon}_{i..}-\bar{\varepsilon}_{.j.}+\bar{\varepsilon})^2.$$

注意到 $\sum_{i=1}^{r}\sum_{j=1}^{s}\sum_{k=1}^{t}(\varepsilon_{ijk}-\bar{\varepsilon})^2=\sum_{i=1}^{r}\sum_{j=1}^{s}\sum_{k=1}^{t}\varepsilon_{ijk}^2-rst\bar{\varepsilon}^2.$

于是

$$\sum_{i=1}^{r}\sum_{j=1}^{s}\sum_{k=1}^{t}\varepsilon_{ijk}^2=S_e+S'_A+S'_B+S'_{A\times B}+rst\bar{\varepsilon}^2.$$

根据 χ^2 分布的定义,知

$$\dfrac{1}{\sigma^2}\sum_{i=1}^{r}\sum_{j=1}^{s}\sum_{k=1}^{t}\varepsilon_{ijk}^2\sim\chi^2(rst).$$

根据定理 1.4.4,由 χ^2 分布的可加性,得

$$\dfrac{S_e}{\sigma^2}=\dfrac{1}{\sigma^2}\sum_{i=1}^{r}\sum_{j=1}^{s}\sum_{k=1}^{t}(\xi_{ijk}-\bar{\xi}_{ij.})^2\sim\chi^2(rs(t-1)),$$

故随机变量 $\dfrac{S_e}{\sigma^2}$ 的秩为 $rs(t-1)$.

又 $\dfrac{S'_A}{\sigma^2}=\sum_{i=1}^{r}\left[\dfrac{\sqrt{st}}{\sigma}(\bar{\varepsilon}_{i..}-\bar{\varepsilon})\right]^2$ 含有 r 个平方项,且

$$\sum_{i=1}^{r}\left[\dfrac{\sqrt{st}}{\sigma}(\bar{\varepsilon}_{i..}-\bar{\varepsilon})\right]=0.$$

可知 $\dfrac{S'_A}{\sigma^2}$ 至少满足一个独立的线性方程,进而 $\dfrac{S'_A}{\sigma^2}$ 的秩不超过 $(r-1)$.

同样可证 $\dfrac{S'_B}{\sigma^2}$ 的秩不超过 $(s-1)$,$\dfrac{S'_{A\times B}}{\sigma^2}=\sum_{i=1}^{r}\sum_{j=1}^{s}\left[\dfrac{\sqrt{t}}{\sigma}(\bar{\varepsilon}_{ij.}-\bar{\varepsilon}_{i..}-\bar{\varepsilon}_{.j.}+\bar{\varepsilon})\right]^2$ 含有 rs

个平方项,且满足

$$\sum_{j=1}^{s}\left[\frac{\sqrt{t}}{\sigma}(\bar{\varepsilon}_{ij\cdot}-\bar{\varepsilon}_{i\cdot\cdot}+\bar{\varepsilon}_{\cdot j\cdot}+\bar{\varepsilon})\right]=0 \ (i=1,2,\cdots,r),$$

$$\sum_{i=1}^{r}\left[\frac{\sqrt{t}}{\sigma}(\bar{\varepsilon}_{ij\cdot}-\bar{\varepsilon}_{i\cdot\cdot}+\bar{\varepsilon}_{\cdot j\cdot}+\bar{\varepsilon})\right]=0 \ (j=1,2,\cdots,s).$$

注意到 $\sum_{j=1}^{s}\sum_{i=1}^{r}\left[\frac{\sqrt{t}}{\sigma}(\bar{\varepsilon}_{ij\cdot}-\bar{\varepsilon}_{i\cdot\cdot}+\bar{\varepsilon}_{\cdot j\cdot}+\bar{\varepsilon})\right]-\sum_{j=1}^{s-1}\sum_{i=1}^{r}\left[\frac{\sqrt{t}}{\sigma}(\bar{\varepsilon}_{ij\cdot}-\bar{\varepsilon}_{i\cdot\cdot}+\bar{\varepsilon}_{\cdot j\cdot}+\bar{\varepsilon})\right]=0$. 可知 $\frac{S'_{A\times B}}{\sigma^2}$ 至少满足 $(r+s-1)$ 个独立的线性方程,故 $\frac{S'_{A\times B}}{\sigma^2}$ 的秩不超过

$$rs-(r+s-1)=(r-1)(s-1).$$

最后,易知 $\bar{\varepsilon}\sim N(0,\frac{\sigma^2}{rst})$,从而 $\frac{rst\bar{\varepsilon}^2}{\sigma^2}\sim\chi^2(1)$,故 $\frac{rst\bar{\varepsilon}^2}{\sigma^2}$ 的秩为 1. 又

$$rs(t-1)+(r-1)+(s-1)+(r-1)(s-1)+1=rst.$$

于是,根据克赫伦分解定理得 $S_e, S'_A, S'_B, S'_{A\times B}, \bar{\varepsilon}^2$ 相互独立,且有

$$\frac{S_e}{\sigma^2}\sim\chi^2(rs(t-1)), \frac{S'_A}{\sigma^2}\sim\chi^2(r-1),$$

$$\frac{S'_B}{\sigma^2}\sim\chi^2(s-1), \frac{S'_{A\times B}}{\sigma^2}\sim\chi^2((r-1)(s-1)), \frac{rst\bar{\varepsilon}^2}{\sigma^2}\sim\chi^2(1).$$

再注意到,在假设 H_{01}, H_{02}, H_{03} 分别成立下,分别有 $S_A=S'_A, S_B=S'_B, S_{A\times B}=S'_{A\times B}$. 据此立即证得定理 5.2.4 的结论.

基于定理 5.2.4,可用 F 检验法去检验上述诸假设,对给定的显著性水平 α,由样本值(试验数据)算出 $F_A, F_B, F_{A\times B}$ 的观测值,其检验法则为

若 $F_A\geqslant F_\alpha((r-1),rs(t-1))$,则拒绝 H_{01},否则接受 H_{01};

若 $F_B\geqslant F_\alpha((s-1),rs(t-1))$,则拒绝 H_{02},否则接受 H_{02};

若 $F_{A\times B}\geqslant F_\alpha((r-1)(s-1),rs(t-1))$,则拒绝 H_{03},即认为交互作用显著,否则接受 H_{03},即认为交互作用不显著.

上述整个检验过程可由表 5-9 来表示.

其中,为了方便和提高计算精度,引进了新记号:

$$T_{ij\cdot}=t\bar{\xi}_{ij\cdot}=\sum_{k=1}^{t}\xi_{ijk}; T_{i\cdot\cdot}=st\bar{\xi}_{i\cdot\cdot}=\sum_{j=1}^{s}\sum_{k=1}^{t}\xi_{ijk}; T_{\cdot j\cdot}=rt\bar{\xi}_{\cdot j\cdot}=\sum_{i=1}^{r}\sum_{k=1}^{t}\xi_{ijk};$$

$$T=rst\bar{\xi}=\sum_{i=1}^{r}\sum_{j=1}^{s}\sum_{k=1}^{t}\xi_{ijk}=\sum_{i=1}^{r}T_{i\cdot\cdot}=\sum_{j=1}^{s}T_{\cdot j\cdot}.$$

注意:设 $S_{A\times B}$ 的自由度为 $f_{A\times B}$, S_A 的自由度为 f_A, S_B 的自由度为 f_B,即得

$$f_{A\times B}=f_A\times f_B.$$

表 5-9 两因素等重复试验方差分析表

方差来源	平方和	自由度	均方和	F 值
A	$S_A = \dfrac{1}{st}\sum_{i=1}^{r} T_{i..}^2 - \dfrac{T^2}{rst}$	$r-1$	$\dfrac{S_A}{r-1}$	$F_A = \dfrac{S_A/(r-1)}{S_e/[rs(t-1)]}$
B	$S_B = \dfrac{1}{rt}\sum_{j=1}^{s} T_{.j.}^2 - \dfrac{T^2}{rst}$	$s-1$	$\dfrac{S_B}{s-1}$	$F_B = \dfrac{S_B/(s-1)}{S_e/[rs(t-1)]}$
A×B	$S_{A\times B} = \dfrac{1}{t}\sum_{i=1}^{r}\sum_{j=1}^{s} T_{ij.}^2 - \dfrac{T^2}{rst} - S_A - S_B$	$(r-1)(s-1)$	$\dfrac{S_{A\times B}}{(r-1)(s-1)}$	$F_{A\times B} = \dfrac{S_{A\times B}/[(r-1)(s-1)]}{S_e/[rs(t-1)]}$
e	$S_e = S_T - S_A - S_B - S_{A\times B}$	$rs(t-1)$	$\dfrac{S_e}{rs(t-1)}$	—
T	$S_T = \sum_{i=1}^{r}\sum_{j=1}^{s}\sum_{k=1}^{t} \xi_{ijk}^2 - \dfrac{T^2}{rst}$	$rst-1$	—	—

而 S_e 的自由度 f_e 通常可由如下计算得到:

$$f_e = f_T - f_A - f_B - f_{A\times B}$$
$$= (rst-1) - (r-1) - (s-1) - (r-1)(s-1)$$
$$= rs(t-1).$$

特别,当 $t=1$ 时,$f_e=0$,此时不能做上面的假设检验,因此,对两因素的方差分析,若要求考虑交互作用,每一个水平组合 (A_i, B_j) $(i=1,2,\cdots,r; j=1,2,\cdots,s)$ 的重复试验次数 t 必须大于或等于 2.

另外,在计算过程中,如果有

$$\bar{S}_{A\times B} < \bar{S}_e,$$

这表示交互作用 A×B 对试验结果的影响明显地不显著(此时把模型中的 γ_{ij} 都换成 0,模型就成为不考虑交互作用的两因素等重复试验的方差分析模型),此时应把 $S_{A\times B}$ 并入 S_e 中作为误差平方和,记作 S_{e^Δ},即有

$$S_{e^\Delta} = S_e + S_{A\times B}.$$

S_{e^Δ} 的自由度 f_{e^Δ} 相应化为

$$f_{e^\Delta} = f_e + f_{A\times B}.$$

进而,检验因素 A、因素 B 的影响显著性的统计量 F_A、F_B 相应改为

$$F_A = \dfrac{S_A/(r-1)}{S_{e^\Delta}/f_{e^\Delta}} \sim F(r-1, f_{e^\Delta}); \quad F_B = \dfrac{S_B/(s-1)}{S_{e^\Delta}/f_{e^\Delta}} \sim F(s-1, f_{e^\Delta}).$$

当然,如果有 $\bar{S}_A < \bar{S}_e$ 或 $\bar{S}_B < \bar{S}_e$,应类似地处理. 如果有 $\bar{S}_A < \bar{S}_e$ 及 $\bar{S}_{A\times B} < \bar{S}_e$,则应该把 S_A、$S_{A\times B}$ 一起并入 S_e 中作为误差平方和 S_{e^Δ}. 此时,有

$$S_{e^\Delta} = S_e + S_A + S_{A\times B}.$$

而 $S_{e^\triangle}$ 的自由度 $f_{e^\triangle}$ 为
$$f_{e^\triangle} = f_e + f_A + f_{A\times B}.$$
由此,对因素 A 的影响作显著性检验的统计量为
$$F_A = \frac{S_A/(r-1)}{S_{e^\triangle}/f_{e^\triangle}} \sim F(r-1, f_e + f_A + f_{A\times B}).$$

另一方面,如果试验误差 σ^2 很大(表现为 σ^2 的无偏估计量 $\overline{S}_e$ 的观测值很大),那么即使因素 A 对试验结果的影响很大,也有可能出现 $S_A < S_e$ 的情况,从而错误地把因素 A 的影响判为不显著. 因此,一定要尽可能降低试验误差 σ^2. 如果降低 σ^2 很困难,那就应适当地增加重复试验的次数 t,以增大 $\overline{S}_e$ 的自由度 f_e,因为
$$F_A = \frac{S_A/f_A}{S_e/f_e} \sim F(f_A, f_e).$$

在给定显著性水平 α 时,从 F 分布表可以看出,如果 $F_\alpha(f_A, f_e)$ 的第二自由度 f_e 越大,$F_\alpha(f_A, f_e)$ 的值就越小,也就是 F 检验的灵敏度越高,从而能把影响较大的因素正确地判别出来. 因此,在有条件的情况下,通常应保证 f_e 在 5 以上,最好在 10 以上. 如果降低 σ^2 和增加 f_e 都有困难,则在进行 F 检验时可将 α 放宽至 $0.10\sim 0.20$ 以减小 β,并注意在实践中进一步检验方差分析所得到的结论.

做出显著性检验后,有时需要求出未知参数的点估计,以下结论容易获得.

定理 5.2.5 在有交互作用的两因素方差分析模型中,有

$\hat{\mu} = \bar{\xi}$ 是 μ 的无偏估计量,

$\hat{\mu}_{ij} = \bar{\xi}_{ij\cdot}$ 是 μ_{ij} 的无偏估计量,

$\hat{\mu}_{i\cdot} = \bar{\xi}_{i\cdot\cdot}$ 是 $\mu_{i\cdot}$ 的无偏估计量,

$\hat{\alpha}_i = \bar{\xi}_{i\cdot\cdot} - \bar{\xi}$ 是 α_i 的无偏估计量,

$\hat{\mu}_{\cdot j} = \bar{\xi}_{\cdot j\cdot}$ 是 $\mu_{\cdot j}$ 的无偏估计量,

$\hat{\beta}_j = \bar{\xi}_{\cdot j\cdot} - \bar{\xi}$ 是 β_j 的无偏估计量,

$\hat{\gamma}_{ij} = \bar{\xi}_{ij\cdot} - \bar{\xi}_{i\cdot\cdot} - \bar{\xi}_{\cdot j\cdot} + \bar{\xi}$ 是 γ_{ij} 的无偏估计量,

其中,$i = 1, 2, \cdots, r; j = 1, 2, \cdots, s$.

注:σ^2 的无偏估计量为 $\hat{\sigma}^2 = \overline{S}_e = \dfrac{S_e}{rs(t-1)}$,在定理 5.2.2 中已获得.

例 5.2.1 一火箭使用了四种燃料(A),三种推进器(B)作射程试验,每种燃料与每种推进器的组合作二次试验,得火箭射程(单位:海里)如表所示,试检验燃料推进器以及它们之间的交互作用对火箭射程有无显著影响.

解 为了列出方差分析表,必须先计算各和 $T_{ij\cdot}, T_{i\cdot\cdot}, T_{\cdot j\cdot}, T$ 以及它们的平方和 $\sum_{i=1}^r T_{i\cdot\cdot}^2, \sum_{j=1}^s T_{\cdot j\cdot}^2,$ 参见下表 5-10.

表 5-10 例 5.2.1 的计算表

A	B				
	B_1	B_2	B_3	$T_{i..}$	$T_{i..}^2$
A_1	58.2 52.6	56.2 41.2	65.3 60.8	334.3	111 756.49
A_2	49.1 42.8	54.1 50.5	51.6 48.4	296.5	87 912.25
A_3	60.1 58.3	70.9 73.2	39.2 40.7	343.4	117 237.76
A_4	75.8 71.5	58.2 51.0	48.7 41.4	346.6	120 131.56
$T_{.j.}$	468.4	455.3	396.1	$T=1\,319.8$	$\sum T_{i..}^2 = 437\,038.06$
$T_{.j.}^2$	219 398.56	207 298.09	156 895.86	$\sum T_{.j.}^2 = 583\,591.86$	—

本题 $r=4, s=3, t=2$，即

$$\frac{T^2}{rst} = \frac{1\,319.8^2}{24} = 72\,578.00.$$

另算得

$$\sum_{i=1}^{r}\sum_{j=1}^{s}\sum_{k=1}^{t}\xi_{ijk}^2 = 75\,216.30; \quad \sum_{i=1}^{r}\sum_{j=1}^{s}T_{ij.}^2 = 149\,958.64,$$

$$S_T = \sum_{i=1}^{r}\sum_{j=1}^{s}\sum_{k=1}^{t}\xi_{ijk}^2 - \frac{T^2}{rst} = 75\,216.30 - 72\,578.00 = 2\,638.30,$$

$$S_A = \frac{1}{st}\sum_{i=1}^{r}T_{i..}^2 - \frac{T^2}{rst} = \frac{437\,038.06}{6} - 72\,578.00 = 261.68,$$

$$S_B = \frac{1}{rt}\sum_{j=1}^{s}T_{.j.}^2 - \frac{T^2}{rst} = \frac{583\,591.86}{8} - 72\,578.00 = 370.98,$$

$$S_{A\times B} = \frac{1}{t}\sum_{i=1}^{r}\sum_{j=1}^{s}T_{ij.}^2 - \frac{T^2}{rst} - S_A - S_B$$

$$= \frac{149\,958.64}{2} - 72\,578.00 - 261.68 - 370.98 = 1\,768.66,$$

$$S_e = S_T - S_A - S_B - S_{A\times B}$$

$$= 2\,638.30 - 261.68 - 370.98 - 1\,768.66 = 236.98.$$

查 F 分布表得

$$F_{0.05}(3,12)=3.49, F_{0.05}(2,12)=3.89, F_{0.05}(6,12)=3.00,$$
$$F_{0.01}(3,12)=5.95, F_{0.01}(2,12)=6.93, F_{0.01}(6,12)=4.82.$$

故得方差分析见表 5-11.

表 5-11 例 5.2.1 的方差分析表

方差来源	平方和 S	自由度 f	均方和 $\bar{S}$	F 值	显著性
A	261.68	3	87.23	4.42	*
B	370.98	2	185.49	9.39	**
A×B	1 768.66	6	294.78	14.93	**
e	236.98	12	19.75	—	
T	2 638.30	23	—		

因此，在水平 $\alpha=0.05$ 下，我们拒绝 H_{01}，H_{02}，H_{03}；在水平 $\alpha=0.01$ 下，则拒绝 H_{02}，H_{03}，值得注意的是，即使 $\alpha=0.001$，有 $F_{0.001}(6,12)=8.38$，这个数仍然小于 $F_{A\times B}=14.93$，所以交互作用是非常显著的. 由表 5-10 可以看出，A_4 与 B_1 或是 A_3 与 B_2 的搭配，比其他水平的搭配的射程远得多，这也说明交互作用是不能忽略的.

参考程序如下：

data1<-data.frame(
　　x=c(58.2,52.6,56.2,41.2,65.3,60.8,49.1,42.8,54.1,50.5,51.6,48.4,60.1,58.3,70.9,73.2,39.2,40.7,75.8,71.5,58.2,51.0,48.7,41.4),
　　A=gl(4,6),
　　B=gl(3,2,24)
)
data1.aov<-aov(X~A+B+A:B,data=data1)
summary(data1.aov)

注 1：调用 aov 时的模型项 "x~AF*BF" 要求除了对 A 因素和 B 因素的单独影响的显著性作检验，还要对 A 和 B 两因素的交互作用作检验.

注 2：gl(m,r,n)生成一个因子向量，它将 1 到 m 各重复 r 次，共产生 n 个数，比如 gl(3,2,8)就产生因子向量(1 1 2 2 3 3 1 1).

5.2.3 不考虑交互作用的两因素方差分析

根据生产实际经验或有关专业知识，如果知道因素 A 与因素 B 之间不存在交互作用或者它们的交互作用不显著时，可以忽略不计. 对无交互作用情形，为分析因素 A 与因素 B 各自对试验结果的影响是否显著而设计的试验可以是无重复试验，即各种水平组合只进行一次试验，各获得一个试验数据就可以. 这样大大减少试验次数，进而简化了对试验结果的分析过程.

依据前面叙述，定义

$$\gamma_{ij}=(\mu_{ij}-\mu)-\alpha_i-\beta_j,$$

γ_{ij} 表示 A_i 与 B_j 对试验结果的交互效应,若无交互作用,则 $\gamma_{ij}=0$,从而
$$\mu_{ij}=\mu+\alpha_i+\beta_j.$$
于是,无交互作用的两因素无重复试验的方差分析模型为
$$\begin{cases} \xi_{ij}=\mu+\alpha_i+\beta_j+\varepsilon_{ij}(i=1,2,\cdots,r;j=1,2,\cdots,s), \\ \sum_{i=1}^{r}\alpha_i=0, \quad \sum_{j=1}^{s}\beta_j=0, \\ rs\ \uparrow\ \varepsilon_{ij} \quad iid \sim N(0,\sigma^2) \quad (\text{从而 } rs\ \uparrow\ \xi_{ij}\ \text{相互独立}). \end{cases}$$

其中,$\mu;\alpha_1,\alpha_2,\cdots,\alpha_r;\beta_1,\beta_2,\cdots,\beta_s;\sigma^2$ 都是未知参数.其含义类似于有交互作用的两因素方差分析模型中的记号,在此不再解释.

对这个模型,我们要检验的假设为
$$H_{01}:\alpha_1=\alpha_2=\cdots=\alpha_r=0,$$
$$H_{02}:\beta_1=\beta_2=\cdots=\beta_s=0.$$

为了构造检验统计量和寻找检验办法,此情况类似前面的方法,这里只列出有关定理(定理的证明方法都类似于定理 5.2.1 和 5.2.4 的方法,或由这两个定理推出).

定理 5.2.1′(平方和分解定理) 在无交互作用的两因素的方差分析模型中,总平方和有如下等式:
$$S_T=S_e+S_A+S_B.$$
其中,
$$S_T=\sum_{i=1}^{r}\sum_{j=1}^{s}(\xi_{ij}-\bar{\xi})^2;$$
$$S_A=\sum_{i=1}^{r}\sum_{j=1}^{s}(\bar{\xi}_{i.}-\bar{\xi})^2;$$
$$S_B=\sum_{i=1}^{r}\sum_{j=1}^{s}(\bar{\xi}_{.j}-\bar{\xi})^2;$$
$$S_e=\sum_{i=1}^{r}\sum_{j=1}^{s}(\xi_{ij}-\bar{\xi}_{i.}-\bar{\xi}_{.j}+\bar{\xi})^2.$$
其中,
$$\bar{\xi}_{i.}=\frac{1}{s}\sum_{j=1}^{s}\xi_{ij};\quad \bar{\xi}_{.j}=\frac{1}{r}\sum_{i=1}^{r}\xi_{ij};\quad \bar{\xi}=\frac{1}{rs}\sum_{i=1}^{r}\sum_{j=1}^{s}\xi_{ij}.$$

在无交作用的两因素的方差分析模型中,我们有以下定理 5.2.2′至定理 5.2.5′.

定理 5.2.2′ $E[S_e]=(r-1)(s-1)\sigma^2;E[S_A]=(r-1)\sigma^2+s\sum_{i=1}^{r}\alpha_i^2;$
$$E[S_B]=(s-1)\sigma^2+r\sum_{j=1}^{s}\beta_j^2.$$

定理 5.2.3′ $\dfrac{S_e}{\sigma^2}\sim\chi^2((r-1)(s-1))$,且 S_e 与 $\bar{\xi}_{i.},\bar{\xi}_{.j},\bar{\xi}\ (i=1,2,\cdots,r;j=1,2,\cdots,s)$ 中的每一项均相互独立.

定理 5.2.4′ (1) 当假设 H_{01} 成立时,$\dfrac{S_A}{\sigma^2}\sim\chi^2(r-1)$,且 S_A 与 S_e 相互独立,从而

$$F_A = \dfrac{S_A/(r-1)}{S_e/[(r-1)(s-1)]}\sim F((r-1),(r-1)(s-1));$$

(2) 当假设 H_{02} 成立时,$\dfrac{S_B}{\sigma^2}\sim\chi^2(s-1)$,且 S_B 与 S_e 相互独立,从而

$$F_B = \dfrac{S_B/(s-1)}{S_e/[(r-1)(s-1)]}\sim F((s-1),(r-1)(s-1)).$$

根据定理 5.2.4′可用 F 检验法检验 H_{01},H_{02},由样本值(试验数据)算出 F_A,F_B 的观测值.

对于给定显著性水平 α,检验法则:

若 $F_A \geq F_\alpha((r-1),(r-1)(s-1))$,则拒绝 H_{01},否则接受 H_{01};

若 $F_B \geq F_\alpha((s-1),(r-1)(s-1))$,则拒绝 H_{02},否则接受 H_{02}.

整个检验过程可用方差分析见表 5-12 所示.

表 5-12 无交互作用两因素方差分析表

方差来源	平方和	自由度	均方和	F 值
A	$S_A = \dfrac{1}{s}\sum\limits_{i=1}^{r} T_{i.}^2 - \dfrac{T^2}{rs}$	$r-1$	$\dfrac{\overline{S}_A}{r-1}$	$F_A = \dfrac{\overline{S}_A}{\overline{S}_e}$
B	$S_B = \dfrac{1}{r}\sum\limits_{j=1}^{s} T_{.j}^2 - \dfrac{T^2}{rs}$	$s-1$	$\dfrac{\overline{S}_B}{s-1}$	$F_B = \dfrac{\overline{S}_B}{\overline{S}_e}$
e	$S_e = S_T - S_A - S_B$	$(r-1)(s-1)$	$\dfrac{S_e}{(r-1)(s-1)}$	—
T	$S_T = \sum\limits_{i=1}^{r}\sum\limits_{j=1}^{s}\xi_{ij}^2 - \dfrac{T^2}{rs}$	$rs-1$	—	—

表 5-12 中涉及的记号:

$$T_{i.} = s\bar{\xi}_{i.} = \sum_{j=1}^{s}\xi_{ij},\ T_{.j} = r\bar{\xi}_{.j} = \sum_{i=1}^{r}\xi_{ij},\ T = rs\bar{\xi} = \sum_{i=1}^{r}\sum_{j=1}^{s}\xi_{ij}.$$

显著性检验完成之后,有时需要求出未知参数的点估计,不难证得如下定理.

定理 5.2.5′ $\hat{\mu} = \bar{\xi}$ 是 μ 的无偏估计量,

$\hat{\mu}_{i.} = \bar{\xi}_{i.}$ 是 $\mu_{i.}$ 的无偏估计量,

$\hat{\mu}_{.j} = \bar{\xi}_{.j}$ 是 $\mu_{.j}$ 的无偏估计量,

$\hat{\alpha}_i = \bar{\xi}_{i.} - \bar{\xi}$ 是 α_i 的无偏估计量,

$\hat{\beta}_j = \bar{\xi}_{.j} - \bar{\xi}$ 是 β_j 的无偏估计量,

$\hat{\sigma}^2 = \dfrac{S_e}{(r-1)(s-1)}$ 是 σ^2 的无偏估计量.

其中，$i=1,2,\cdots,r; j=1,2,\cdots,s$.

例 5.2.2 为了考察蒸馏水中的 pH 值和硫酸铜溶液浓度对化验血清中白蛋白与球蛋白的影响，取 4 个不同水平的蒸馏水中的 pH 值（A）和 3 个不同水平的硫酸铜的浓度（B），在不同水平组合(A_i, B_j)下各测一次白蛋白与球蛋白之比，其结果列于表 5-13 中，试检验两个因素对化验结果有无显著影响.

解 按表 5-13 进行计算

表 5-13 例 5.2.2 的计算表

A \ B	B_1	B_2	B_3	$T_{i.}$	$T_{i.}^2$
A_1	3.5	2.3	2.0	7.8	60.48
A_2	2.6	2.0	1.9	6.5	42.25
A_3	2.0	1.5	1.2	4.7	22.09
A_4	1.4	0.8	0.3	2.5	6.25
$T_{.j}$	9.5	6.6	5.4	$T=21.5$	$\sum_{i=1}^{4} T_{i.}^2 = 131.43$
$T_{.j}^2$	90.25	43.56	29.16	$\sum_{j=1}^{3} T_{.j}^2 = 162.97$	—

由本题 $r=4, s=3$，可知

$$\frac{T^2}{rs} = \frac{1}{12} \times 21.5^2 = 38.52, \quad \sum_{i=1}^{4}\sum_{j=1}^{3} \xi_{ij}^2 = 46.29,$$

$$\sum_{i=1}^{4} T_{i.}^2 = 131.43, \quad \sum_{j=1}^{3} T_{.j}^2 = 162.97.$$

$$S_T = \sum_{i=1}^{4}\sum_{j=1}^{3} \xi_{ij}^2 - \frac{T^2}{rs} = 46.29 - 38.52 = 7.77,$$

$$S_A = \frac{1}{3}\sum_{i=1}^{4} T_{i.}^2 - \frac{T^2}{rs} = \frac{1}{3} \times 131.43 - 38.52 = 5.29,$$

$$S_B = \frac{1}{4}\sum_{j=1}^{3} T_{.j}^2 - \frac{T^2}{rs} = \frac{1}{4} \times 162.97 - 38.52 = 2.22,$$

$$S_e = S_T - S_A - S_B = 7.77 - 5.29 - 2.22 = 0.26.$$

查 F 分布表得

$$F_{0.01}(3,6) = 9.78, \quad F_{0.01}(2,6) = 10.9.$$

故有方差分析表 5-14.

表 5-14　例 5.2.2 的方差分析表

方差来源	平方和	自由度	均方和	F 值	显著性
A	5.29	3	1.76	40.9	＊＊
B	2.22	2	1.11	25.8	＊＊
e	0.26	6	0.043	—	—
T	7.77	11	—	—	—

因此,因素 A 与因素 B 对试验结果的影响都是高度显著的,即是说,蒸馏水的 pH 值与硫酸铜溶液的浓度对化验结果都有高度显著的影响,为了获得正确的化验结果,两者均需严格控制.

参考程序如下:

data2<-data.frame(
　　X=c(3.5,2.3,2.0,2.6,2.0,1.9,2.0,1.5,1.2,1.4,0.8,0.3),
　　A=gl(4,3),
　　B=gl(3,1,12)
)
data2.aov<-aov(X~A+B,data=data2)
summary(data2.aov)

注 1: 调用 aov 时的模型项"x~AF+ BF",要求只对 A 因素和 B 因素的单独影响的显著性作检验,不对 A 和 B 两因素的交互作用作检验.

5.3　正交试验设计的直观分析

试验设计是数理统计中的一个较大的分支,它的内容十分丰富. 正交试验设计是利用"正交表"进行科学的安排与分析多因素试验的方法. 它的主要优点是,能在很多试验方案(也称试验条件)中挑选出代表性强的少数试验方案,并通过对少数试验方案的试验结果的分析,推断出最优方案,同时还可以作进一步的分析,得到比试验结果本身给出的还要多的有关各因素(也称因子)的信息.

对于两个因素的方差分析的计算比较复杂,当因素及水平数较多时,试验次数较多,例如,考虑 5 个因素 4 个水平的试验,若每个因素的水平进行搭配(水平组合),仅做 2 次重复试验,就要做 $2\times 4^5=2048$ 次试验,对这么多试验数据进行统计分析和计算,是非常繁重的任务,如果用正交设计来安排试验,则试验次数大大减少,而统计分析的计算也将变得简单,按"正交表"来安排回归试验,也会使多元线性回归分析的计算变得十分容易.

5.3.1 正交表

正交表是一种特殊的表格,这里只介绍它的记号、特点及使用方法,不涉及表的构造原理及构造方法.常用的正交表如表5-15、表5-16所示.

表 5-15 正交表 $L_8(2^7)$

列号	1	2	3	4	5	6	7
试验	水平						
1	1	1	1	1	1	1	1
2	1	1	1	2	2	2	2
3	1	2	2	1	1	2	2
4	1	2	2	2	2	1	1
5	2	1	2	1	2	1	2
6	2	1	2	2	1	2	1
7	2	2	1	1	2	2	1
8	2	2	1	2	1	1	2

表 5-16 正交表 $L_9(3^4)$

列号	1	2	3	4
试验	水平			
1	1	1	1	1
2	1	2	2	2
3	1	3	3	3
4	2	1	2	3
5	2	2	3	1
6	2	3	1	2
7	3	1	3	2
8	3	2	1	3
9	3	3	2	1

上面两表中的 $L_8(2^7)$、$L_9(3^4)$ 是正交表的记号,其具体含义如图5-1所示[以 $L_8(2^7)$ 为例]:

正交表 $L_8(2^7)$ 及 $L_9(3^4)$ 都有以下两个性质:

(1) 表中间部分的任一列,不同的数字出现的次数相同,表 $L_8(2^7)$ 中不同数字只有

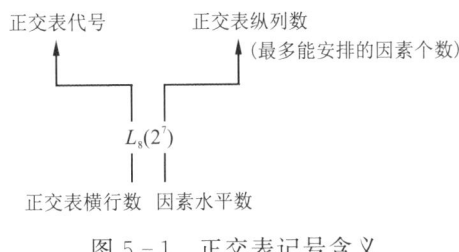

图 5-1 正交表记号含义

"1""2"两个,在每列中它们各出现 4 次;表 $L_9(3^4)$ 中不同数字只有"1""2""3",在每列中各出现 3 次.

(2) 表中间部分的任意两列,把同一行的两个数字看成有序数字对时,所有可能的数字对出现的次数相同.

表 $L_8(2^7)$ 中的任两列,同一行的所有可能有序数字对为 (1,1),(1,2),(2,1),(2,2) 共 4 种,它们各出现 2 次;表 $L_9(3^4)$ 中的任两列,同一行的所有可能有序数字对为 (1,1),(1,2),(1,3),(2,1),(2,2),(2,3),(3,1),(3,2),(3,3) 共有 9 种,它们各出现一次.

凡满足上述两性质的表都称为正交表,常用的正交表可以参阅相关书籍.

5.3.2 单指标的正交试验及其结果的直观分析

根据试验指标(即表示试验结果特征的值),可把正交试验设计分为单指标试验设计与多指标试验设计.以下通过例子说明如何用正交表进行单指标正交设计,以及对试验结果进行直观分析.

例 5.3.1 合成氨最佳工艺条件试验

根据以往生产积累的经验,决定选取的试验因素与水平如表 5-17 所示,假定各因素之间无交互作用,试验目的是提高氨产量,即要找到最高产量的最优水平组合方案.

表 5-17 例 5.3.1 的因素与水平表

水平	因素		
	反应温度(A)	反应压力(B)	催化剂种类(C)
1	460	250	甲
2	490	270	乙
3	520	300	丙

解 第一步:选表.

本例是一个 3 水平的试验,因此要选用 $L_n(3^t)$ 型正交表.本例共有 3 个因素可不考虑因素间的交互作用,所以要选一张 $t \geqslant 3$ 的表,而 $L_9(3^4)$ 是满足条件 $t \geqslant 3$ 的最小的 $L_n(3^t)$ 型表,故选用正交表 $L_9(3^4)$ 安排试验.

第二步:表头设计.

本例不考虑因素之间的交互作用,只需将各因素分别填写在所选用的正交表的上方与列号对应的位置上,一个因素占有一列,不同因素占有不同的列,就得到所谓的表头设计(表 5-18).

未放置因素或交互作用的列称为空白列(空列).空白列在正交设计的方差分析中也称为误差列,它有着重要作用,一般要求至少有一个空白列.

表 5-18 例 5.3.1 的表头设计

因素	A	B	C	空列
列号	1	2	3	4

第三步:明确试验方案.

完成了表头设计以后,只要把表中各列的数字"1""2""3"分别看成是该列所填因素在各个试验中的水平数,而正交表的每一行就是一个试验方案,于是,本例得到 9 个试验方案.

例如,第六号试验方案是 $A_2B_3C_1$.意思是用温度 490℃、压力 300 个大气压、甲种催化剂三种水平组合进行试验.

第四步:按规定的方案做试验.

按正交表各试验号中规定的水平组合进行试验.本例共要进行 9 个试验,将试验结果(数据)$y_1, y_2, \cdots, y_9$ 分别填写在表的最后一列中.例 5.3.1 的试验方案及试验结果见表 5-19.

表 5-19 例 5.3.1 的试验方案及试验结果分析

因素	A	B	C	空白	产量指标
列号	1	2	3	4	$y_i(t)$
试验号	1	2	3	4	
1	1(460)	1(250)	1(甲)	1	$y_1=1.72$
2	1	2(270)	2(乙)	2	$y_2=1.82$
3	1	3(300)	3(丙)	3	$y_3=1.80$
4	2(490)	1	2	3	$y_4=1.92$
5	2	2	3	1	$y_5=1.83$
6	2	3	1	2	$y_6=1.98$
7	3(520)	1	3	2	$y_7=1.59$
8	3	2	1	3	$y_8=1.60$
9	3	3	2	1	$y_9=1.81$

续表 5-19

因素	A	B	C	空白	产量指标 $y_i(t)$
列号	1	2	3	4	
试验号	1	2	3	4	
K_{1j}	5.34	5.23	5.30	5.36	
K_{2j}	5.73	5.25	5.55	5.39	
K_{3j}	5.00	5.59	5.22	5.32	
$\overline{K}_{1j}$	1.780	1.743	1.767	1.787	$T = \sum_{i=1}^{9} y_i = 16.07$
$\overline{K}_{2j}$	1.910	1.750	1.850	1.797	
$\overline{K}_{3j}$	1.667	1.863	1.740	1.773	$\overline{y} = \dfrac{T}{9} = 1.786$
R_j	0.73	0.36	0.33	0.07	
因素主→次	ABC				
优方案	$A_2 B_3 C_2$				

第五步：计算极差、确定因素的主次顺序．

表 5-19 中记号含义：

K_{ij} 为第 j 列因素上水平号为 i 的各试验结果之和；

$\overline{K}_{ij}$ 为 $\dfrac{1}{s} K_{ij}$，其中 s 为第 j 列因素上水平号 i 出现的次数；

$\overline{K}_{ij}$ 表示第 j 列因素上取水平 i 时，试验所得结果的平均值；

$R_j = \max_i \{K_{ij}\} - \min_i \{K_{ij}\}$，$R_j$ 为第 j 列的极差或其所在因素的极差，R_j 也可定义为 $R_j = \max_i \{\overline{K}_{ij}\} - \min_i \{\overline{K}_{ij}\}$．但对于水平数不等的试验，只能采用后者．

对于例 5.3.1，有

$$\overline{K}_{11} = \frac{1}{3} K_{11} = \frac{1}{3}(y_1 + y_2 + y_3)$$

$$= \frac{1}{3}(1.72 + 1.82 + 1.83) = \frac{5.34}{3} = 1.780;$$

$$\overline{K}_{21} = \frac{1}{3} K_{21} = \frac{1}{3}(y_4 + y_5 + y_6)$$

$$= \frac{1}{3}(1.92 + 1.83 + 1.98) = \frac{5.73}{3} = 1.910;$$

$$\overline{K}_{31} = \frac{1}{3} K_{31} = \frac{1}{3}(y_7 + y_8 + y_9)$$

$$= \frac{1}{3}(1.59 + 1.60 + 1.80) = \frac{5.00}{3} = 1.667;$$

$$R_1 = \max\{K_{11}, K_{21}, K_{31}\} - \min\{K_{11}, K_{21}, K_{31}\}$$

$$= 5.73 - 5.00 = 0.73.$$

其他的 $K_{ij}, \overline{K}_{ij}, R_j$ 的计算过程在此省略,计算结果见表 5-19.

注意,如果第 j 列放置的是因素 A,为了方便,有时也分别把 $K_{ij}, \overline{K}_{ij}$ 写成 $K_{iA}, \overline{K}_{iA}$,其他记号如 $K_{iB}, \overline{K}_{iB}, K_{iC}, \overline{K}_{iC}$ 作类似的理解.

一般地说,各列的极差是不相等的,这说明各因素的水平改变时对试验结果的影响是不相同的. 极差越大说明这个因素的水平改变对试验结果的影响越大,极差最大的那一列的因素就是因素的水平改变对试验结果影响最大的因素,也就是最主要的因素. 对于例 5.3.1 有

$$R_1 > R_2 > R_3 > R_4,$$

因此,它的各因素对结果影响的主次顺序为 A>B>C.

有时空白列的极差 R_j 比所有因素的极差还要大,则说明因素之间可能存在有不可忽略的交互作用,或者忽略了对试验结果有重要影响的其他因素,或者试验误差太大,需要具体分析.

第六步:最优方案的确定.

挑选因素的优水平与所要求指标有关,若指标越大越好,则应该选取使指标大的那个水平,即各列 K_{1j}, K_{2j}, K_{3j}(或 $\overline{K}_{1j}, \overline{K}_{2j}, \overline{K}_{3j}$)中最大的那个水平;反之,若指标越小越好,则应取使指标最小的那个水平. 例 5.3.1 的试验目标是提高合成氨的产量,指标越大越好,所以应该挑选每个因素的 K_{1j}, K_{2j}, K_{3j} 中最大的那个水平. 由于

$$K_{2A} > K_{1A} > K_{3A}, K_{3B} > K_{2B} > K_{1B}, K_{2C} > K_{1C} > K_{3C},$$

故得最优方案为 $A_2B_3C_2$. 即反应温度 490℃,反应压力 300 个大气压,乙种催化剂.

通过分析计算得到的最优方案 $A_2B_3C_2$ 并不包含在正交表中的已做过的 9 个试验方案之中,这正体现了正交设计的优越性. 但是,实际上它是不是真正的最优方案呢,这可以通过进一步的试验来验证,我们也可以作进一步的理论计算来证实.

第七步:最优方案的工程平均.

因任何试验结果总会带有误差,对某一试验方案重复做一次试验,所得试验结果通常与原先得到的试验结果会有一些差异. 于是对某一试验方案来说,我们关心的是这个方案的试验结果的平均值,特别关心对最优方案的试验结果的均值做出估计,这就是求最优工程平均问题. 为此,先讨论"效应"的概念.

在单因素的方差分析模型中,μ_i 表示第 i 水平所对应的总体均值,μ 为理论总均值,设 $a_i = \mu_i - \mu$,称 a_i 为因素的第 i 水平效应,以此来解决现有问题,由于指定因素的第 i 水平的总体均值 μ_i 及理论总均值 μ 未知,我们用样本均值来估计,因而设

$$a_i = \overline{K}_{iA} - \overline{y},$$

称 a_i 为因素 A 的第 i 水平效应(实际是它的估计量或估计值),其中 $\overline{y}$ 为正交表中所有试验指标的总平均. 类似可分别定义因素 B、因素 C 所对应的第 i 水平效应 b_i, c_i. 可以验证

等式：
$$\sum a_i = \sum (\overline{K}_{iA} - \overline{y}) = 0.$$

即是说，同一个因素（或同一列）的各水平效应的总和为 0.

在例 5.3.1 中，因素 A 的各水平效应如下：

A_1 的效应：$a_1 = \overline{K}_{1A} - \overline{y} = 1.780 - 1.786 = -0.006$；

A_2 的效应：$a_2 = \overline{K}_{2A} - \overline{y} = 1.910 - 1.786 = 0.124$；

A_3 的效应：$a_3 = \overline{K}_{3A} - \overline{y} = 1.667 - 1.786 = -0.119$.

它们的含义：A 取 A_1 的水平会使产量平均降低 $0.006t$；A 取 A_2 的水平会使产量平均增加 $0.124t$；A 取 A_3 的水平会使产量平均降低 $0.119t$.

同样可算得：

B_1 的效应：$b_1 = \overline{K}_{1B} - \overline{y} = -0.043$；

B_2 的效应：$b_2 = \overline{K}_{2B} - \overline{y} = -0.036$；

B_3 的效应：$b_3 = \overline{K}_{3B} - \overline{y} = 0.077$.

这表示因素 B 取水平 B_3 会使产量平均增加 $0.077t$.

C_1 的效应：$c_1 = -0.019$；

C_2 的效应：$c_2 = 0.064$；

C_3 的效应：$c_3 = -0.046$.

这表示因素 C 取水平 C_2 会使产量平均增加 $0.064t$

综合起来，在不考虑交互作用的情形下，可用叠加的办法求得某一试验方案（感兴趣的是最优方案）的试验结果的平均值——称为该试验方案的工程平均，它等于总平均 $\overline{y}$ 加上该试验方案的各因素所取水平的效应，例 5.3.1 中的最优方案 $A_2B_3C_2$ 的工程平均为

$$\begin{aligned}\mu_{优} &= \mu_{A_2B_3C_2} \\ &= \overline{y} + a_2 + b_3 + c_2 \\ &= 1.786 + 0.124 + 0.077 + 0.064 \\ &= 2.051\end{aligned}$$

它比已做过的 9 个试验中最高产量的第 6 号试验的试验结果 $1.98t$ 还要高，这从另一个角度说明确定方案 $A_2B_3C_2$ 为最优方案是正确的.

根据以上案例 5.3.1，我们对正交试验法的基本步骤和方法归纳如下：

(1) 明确试验目的确定考查的指标；

(2) 挑选因素，选水平，制定因素水平表；

(3) 选择合适的正交表，进行表头设计；

(4) 明确试验方案，进行试验，测定试验结果；

(5) 对试验结果进行统计分析，得出因素的主次顺序，确定最优方案或较优方案；

(6) 进行验证试验，作进一步分析.

对案例 5.3.1 数据作方差分析,其参考程序如下:

```
rate<-data.frame(
    A=gl(3,3),
    B=gl(3,1,9),
    C=factor(c(1,2,3,2,3,1,3,1,2)),
    Y=c(1.72,1.82,1.80,1.92,1.83,1.98,1.59,1.60,1.81)
)
K<-matrix(0,nrow=3,ncol=3,dimnames=list(1:3,c("A","B","C")))
for (i in 1:3) {
    for (j in 1:3) {
        K[j:i]<-mean(rate$ Y[rate[i]==j])
    }
}
K
plot(as.vector(K),axes=F,xlab="level",ylab="rate")
xmark<-c(NA,"A1","A2","A3","B1","B2","B3","C1","C2","C3",NA)
axis(1,0:10,labels=xmark)
axis(2,4*10:16)
axis(3,0:10,labels=xmark)
axis(4,4*10:16)
lines(K[,"A"]);lines(4:6,K[,"B"]),lines(7:9,K[,"C"])
```

5.3.3 正交试验设计原理

例 5.3.1 若做全面试验,需做 $3^3=27$ 次,但用正交表安排试验,只做 9 次就能取得满意的效果,其主要原因是考虑到"综合可比性"或"整齐可比性"特点,正交表安排试验正好具有"均衡分散性"与"整齐可比性"这两个特点,很多情况下大大地减少试验次数,获得信息有时比全面试验获得信息也更多.

例 5.3.2 某厂家对精矿粉进行造球配方试验.

为了提高球团质量,对生产球团的原料进行配方试验,需要考察三项指标:抗压强度、落下强度(指产品从高处落下时出现破裂现象的最小高度)、裂纹度,前两个指标越大越好第三个指标越小越好.根据以往经验,决定选取进行试验的因素与水平如表 5-20 所示,不考虑因素之间的交互作用来进行试验,分析试验结果,以便找出最好的配方方案.

这是一个 4 因素 3 水平的试验,由于不考虑交互作用,故可选用正交表 $L_9(3^4)$ 安排试验.

表头设计、试验方案以及试验结果如表 5-21 所示.

表 5-20 例 5.3.2 的因素与水平表

因素 水平	A 水分/%	B 粒度/%	C 碱度/%	D 膨润土/%
1	9	30	1.2	1.0
2	10	60	1.4	1.5
3	8	80	1.6	2.0

表 5-21 例 5.3.2 的试验结果与计算分析

	因素	A	B	C	D	试验指标		
	列号	1	2	3	4	抗压强度 （公斤/个）	落下强度 （0.5米/次）	裂纹度
	试验号	1	2	3	4			
	1	1(9)	1(30)	1(1.2)	1(1.0)	11.3	1.0	2
	2	1	2(60)	2(1.4)	2(1.5)	4.4	3.5	3
	3	1	3(80)	3(1.6)	3(2.0)	10.8	4.5	3
	4	2(10)	1	2	3	7.0	1.0	2
	5	2	2	3	1	7.8	1.5	1
	6	2	3	1	2	23.6	15.0	0
	7	3(8)	1	3	2	9.0	1.0	2
	8	3	2	1	3	8.0	4.5	1
	9	3	3	2	1	13.2	20.0	0
抗压强度	K_{1j}	26.5	27.3	42.9	32.3			
	K_{2j}	38.4	20.2	24.6	37.0			
	K_{3j}	30.2	47.6	27.6	25.8			
	$\overline{K}_{1j}$	8.83	9.10	14.3	10.77			
	$\overline{K}_{2j}$	12.80	6.73	8.20	12.33			
	$\overline{K}_{3j}$	10.07	15.87	9.20	8.60			
	R_j	11.9	27.4	18.3	11.2			
落下强度	K_{1j}	9.0	3.0	20.5	22.5			
	K_{2j}	17.5	9.5	24.5	19.5			
	K_{3j}	25.5	39.5	7.0	10.0			
	$\overline{K}_{1j}$	3.00	1.00	6.83	7.50			
	$\overline{K}_{2j}$	5.83	3.17	8.17	6.50			
	$\overline{K}_{3j}$	8.50	13.17	2.33	3.33			
	R_j	16.5	36.5	17.5	12.5			

续表 5-21

因素		A	B	C	D	试验指标		
列号		1	2	3	4	抗压强度 (公斤/个)	落下强度 (0.5米/次)	裂纹度
试验号		1	2	3	4			
裂纹度	K_{1j}	8	6	3	3			
	K_{2j}	3	5	5	5			
	K_{3j}	3	3	6	6			
	$\overline{K}_{1j}$	2.67	2.00	1.00	1.00			
	$\overline{K}_{2j}$	1.00	1.67	1.67	1.67			
	$\overline{K}_{3j}$	1.00	1.00	2.00	2.00			
	R_j	5	3	3	3			

同单指标试验一样,对各指标分别计算出各因素水平的数据 K_{1j}, K_{2j}, K_{3j} 与相应的平均值 $\overline{K}_{1j}, \overline{K}_{2j}, \overline{K}_{3j}$ 以及每列的极差 R_j,填入表中,结合因素与指标之间关系,根据极差大小排出的 4 个因素分别对 3 个指标影响的重要性的主次顺序如下:

落下强度:B>C>A>D

裂纹度:A>B>C>D

抗压强度:B>C>A>D

显然,要把 4 个因素分别对 3 个指标影响的重要性的主次顺序统一起来,是办不到的.根据 K_{1j}, K_{2j}, K_{3j}(或 $\overline{K}_{1j}, \overline{K}_{2j}, \overline{K}_{2j}$)或根据因素与指标关系图,确定各因素水平的最佳组合:

对抗压强度来说:$A_2 B_3 C_1 D_2$

对落下强度来说:$A_3 B_3 C_2 D_1$

对裂纹度来说:$A_2 B_3 C_1 D_1$ 或 $A_3 B_3 C_1 D_1$

下面进行综合平衡以确定最优方案.

因素 A:对裂纹度来说它是最主要的因素,取 A_2, A_3 一样好.因素 A 对于抗压强度取 A_2 好,对于落下强度取 A_3 好,但因素 A 对这两个指标都是处于第三位的次要因素,故取 A_2, A_3 关系不大.综合起来,因素 A 可取 A_2 或 A_3.

因素 B:对三个指标来说,均以 B_3 为最佳水平,故取 B_3.

因素 C:对抗压强度与裂纹度都是取 C_1 好;对落下强度虽然是取 C_2 好,但取 C_1 与取 C_2 相差不大,故可按多数倾向选取 C_1.

因素 D:对于落下强度与裂纹度都取 D_1 好,对于抗压强度虽然取 D_2 好,但由于 D 是最次要的因素,取 D_1 或取 D_2,相差不大,故也可按多数倾向决定取 D_1.

依上述综合平衡的分析结果,得到的最优方案为 $A_2 B_3 C_1 D_1$ 或 $A_3 B_3 C_1 D_1$,可以把这两个方案进行验证试验.

由上述可见,多指标的分析方法是:先把各指标按单指标进行计算分析,然后再把对各指标的分析结果进行综合比较,从而得出最佳方案,这种方法就称为综合平衡法.

对案例 5.3.2 的数据作方差分析,其参考程序如下:

data1<-data.frame(
  x<-c(11.3,4.4,10.8,7.0,7.8,23.6,9.0,8.0,13.2),
  A=gl(3,3,9),
  B=gl(3,1,9),
  C=factor(c(1,2,3,2,3,1,3,1,2))
)
data1.aov<-aov(x~A+B+C,data=data1)
summary(data1.aov)

data2<-data.frame(
  y<-c(1.0,3.5,4.5,1.0,15.0,1.5,1.0,4.5,20.0),
  A=gl(3,3,9),
  B=gl(3,1,9),
  C=factor(c(1,2,3,2,3,1,3,1,2))
)
data2.aov<-aov(y~A+B+C,data=data2)
summary(data2.aov)

data3<-data.frame(
  z<-c(2,3,3,2,1,0,2,1,0),
  A=gl(3,3,9),
  B=gl(3,1,9),
  C=factor(c(1,2,3,2,3,1,3,1,2))
)
data3.aov<-aov(z~A+B+C,data=data3)
summary(data3.aov)

1. 现有某种型号的电池 3 批,分别为甲、乙、丙 3 个厂生产的,为评价其质量,各随机抽取 5 只电池为样品,经试验得其寿命(h)如下表所示:

工厂	寿命				
甲	40	48	38	42	45
乙	26	34	30	28	32
丙	39	40	43	50	50

试在显著性水平 0.05 下,检验电池的平均寿命有无显著差异,若差异是显著的,检验哪些工厂之间有显著差异,并求 $\mu_1-\mu_2,\mu_1-\mu_3$ 及 $\mu_2-\mu_3$ 的 95% 置信区间.

2. 设有 3 台同样规格的机器,用来生产厚度为 $\frac{1}{4}$ cm 的铝板,先要了解各台机器生产的产品的平均厚度是否相同,取样测至 10^{-3} cm,得结果如下表所示:

A_1	0.236	0.238	0.248	0.245	0.243
A_2	0.257	0.253	0.255	0.254	0.261
A_3	0.258	0.264	0.259	0.267	0.262

问:这些测量结果之间的差异是由随机误差产生的,还是由机器之间的差异产生的?

3. 对用 5 种不同操作方法生产某种产品做节约原料试验,在其他条件尽可能相同的情况下,各就 4 批试样测得原料节约额资料如下表所示:

操作法	I	II	III	IV	V
节约额	4.3	6.1	6.5	9.3	9.5
	7.8	7.3	8.3	8.7	8.8
	3.2	4.2	8.6	7.2	11.4
	6.5	4.1	8.2	10.1	7.8

问:操作法对原料节约额的影响的差异是否显著?哪些水平间的差异是显著的?

4. 在化工生产中为了提高得率,选了 3 种不同浓度、4 种不同温度情况做试验.为了考虑浓度与温度的交互作用,在浓度与温度的每一种水平组合下各做两次试验,其得率数据如下表所示(数据均已减去 75):

浓度＼温度	B_1	B_2	B_3	B_4
A_1	14, 10	11, 11	13, 9	10, 12
A_2	9, 7	10, 8	7, 11	6, 10
A_3	5, 11	13, 14	12, 13	14, 10

试在显著水平 $\alpha=0.05$ 下检验不同浓度不同温度以及它们之间的交互作用对得率有无显著影响.

5. 考察合成纤维弹性,对其影响的因素为:收缩率 A 和总的拉伸倍数 B. 试验结果如下表所示:

B \ A	$A_1=0$	$A_2=4$	$A_3=8$	$A_4=12$
$B_1=460$	71，73	73，75	76，73	75，73
$B_1=520$	72，73	76，74	79，77	73，72
$B_3=580$	75，73	78，77	74，75	70，71
$B_4=640$	77，75	74，74	74，73	69，69

试检验：因素 A，因素 B 及它们的交互作用对试验结果影响的显著性.

6. 在某种橡胶的配方中考虑试用 3 种不同的促进剂和 4 种不同的氧化锌同样的配方各试验了两次，测得它们的拉力如下表所示：

促进剂 \ 氧化锌	B_1	B_2	B_3	B_4
A_1	31，33	34，36	35，36	39，38
A_2	33，34	36，37	37，39	38，41
A_3	35，37	37，38	39，40	42，44

试问：促进剂、氧化锌以及它们的交互作用对拉伸力的影响是否显著（$\alpha=0.01$）？

7. 某厂对生产的高速钢铣刀进行火工艺试验，考察等温温度、淬火温度两个因素对硬度的影响现等温温度、淬火温度各取三个水平：

等温温度：A：$A_1=280℃$，$A_2=300℃$，$A_3=320℃$；

淬火温度：B：$B_1=1210℃$，$B_2=1235℃$，$B_3=1250℃$.

试验后测得的平均硬度值如下表所示（数据均已减去 66）：

试问：(1) 不同的等温温度对铣刀的平均硬度的影响是否显著？

(2) 不同的淬火温度对铣刀的平均硬度的影响是否显著？

B \ A	B_1	B_2	B_3
A_1	-2	0	2
A_2	0	2	1
A_3	-1	1	2

8. 要试验 8 台同类机器的性能是否相同，4 名工人的技术是否有显著差异，使每位工人在每台机器上操作一个工作日，得到日产量表如下：

工人	机器							
	A_1	A_2	A_3	A_4	A_5	A_6	A_7	A_8
B_1	95	95	106	98	102	112	105	95
B_2	95	94	105	97	98	112	103	92
B_3	89	88	87	95	97	101	97	90
B_4	83	84	90	90	88	94	88	80

试问:不同机器的性能是否有显著差异?不同工人的技术水平是否有显著差异?

9. 试验某种钢不同的含铜量在各种温度下的冲击值(kgm/cm^2),其实测数据如下表所示:

含铜量/%	温度			
	20℃	0℃	−20℃	−40℃
0.2	10.6	7.0	4.2	4.2
0.4	11.6	11.1	6.8	6.3
0.8	14.5	13.3	11.5	8.7

试检验其差异性是否显著.

10. 某厂用车床粗车轴杆,为提高工效,对转速、走刀量和吃刀深度进行正交试验,各因素及其水平如下表所示:

水平	因素 A	因素 B	因素 C
	转速/(r·min^{-1})	走刀量/(mm·r^{-1})	吃到深度/mm
1	480	0.33	2.5
2	600	0.20	1.7
3	765	0.15	2.0

试验指标为工时,越短越好,用正交表 $L_9(3^4)$ 安排试验,将各因素依次放在正交表的 1,2,3 列上. 9 次试验所得工时依次为 1′28″,2′25″,3′14″,1′10″,1′57″,2′35″,57″,1′33″,2′03″. 试对试验结果进行分析,找出最佳工艺.

习题答案(部分)

第 1 章练习题答案

1. 略.   **2.** 略.

3. (1) p 与 $p(1-p)/n$；   (2) $p(1-p)$；   (3) 略.

4. (1) $p(x_1,x_2,\cdots,x_n)=\dfrac{\lambda^{\sum_{i=1}^{n}x_i}e^{-n\lambda}}{\prod_{i=1}^{n}(x_i!)}$；   (2) $E[\bar{\xi}]=\lambda, D[\bar{\xi}]=\dfrac{\lambda}{n}$ 和 $E[S^{*2}]=\lambda$.

5. $F_5(x)=\begin{cases} 0 & \text{当 } x\leqslant -2.8 \\ \dfrac{1}{5} & \text{当 } -2.8<x\leqslant -1.0 \\ \dfrac{2}{5} & \text{当 } -1.0<x\leqslant 1.5 \\ \dfrac{3}{5} & \text{当 } 1.5<x\leqslant 2.1 \\ \dfrac{4}{5} & \text{当 } 2.1<x\leqslant 3.4 \\ 1 & \text{当 } 3.4<x \end{cases}$.   **6.** $c=\dfrac{1}{3}$.

7. $p(x)=\begin{cases} 0 & \text{当 } x\leqslant 0 \\ \dfrac{1}{2^{n/2}\sigma^n\Gamma\left(\dfrac{n}{2}\right)}x^{n/2-1}\exp\left(-\dfrac{x}{2\sigma^2}\right) & \text{当 } x>0 \end{cases}$.

8. (1) $p_{s^2}(x)=\begin{cases} 0 & \text{当 } x\leqslant 0 \\ \dfrac{n^{\frac{n-1}{2}}}{2^{\frac{n-1}{2}}\Gamma\left(\dfrac{n-1}{2}\right)}x^{\frac{n-1}{2}-1}e^{-\frac{n}{2}x} & \text{当 } x>0 \end{cases}$

(2) $p_s(x)=\begin{cases} 0 & \text{当 } x\leqslant 0 \\ \dfrac{n^{\frac{n-1}{2}}}{2^{\frac{n-3}{2}}\Gamma\left(\dfrac{n-1}{2}\right)}x^{n-2}e^{-\frac{n}{2}x^2} & \text{当 } x>0 \end{cases}$

9. $\eta\sim t(n-1)$.   **10.** 略.   **11.** 0.1336.   **12.** 略.

13. (1) $p_3(x) = \begin{cases} 24x^5(1-x^2), & \text{当 } 0 < x < 1 \\ 0, & \text{当 } x > 0 \end{cases}$; (2) $F_3(x) = \begin{cases} 0, & x \leq 0 \\ x^6(4-3x^2), & 0 < x \leq 1 \\ 1, & 1 < x \end{cases}$;

(3) $\dfrac{243}{256}$.

第 2 章练习题答案

1. $\hat{\alpha}_m = \dfrac{1-2\bar{\xi}}{\bar{\xi}-1}$, $\hat{\alpha}_L = -\left(1 + \dfrac{n}{\sum_{i=1}^{n} \ln \xi_i}\right)$; 估计值 $\hat{\alpha}_m \approx 0.3$, $\hat{\alpha}_L \approx 0.2$.

2. (1) $\hat{\theta}_m = 2\bar{\xi}$, $\hat{\theta}_L = \xi_{(n)} = \max_{1 \leq i \leq n} \xi_i$.

(2) 矩法: $\widehat{E[\xi]} = \bar{x} = 1.2$, $\widehat{D[\xi]} = s^2 = 0.407$;

最大似然法: $\widehat{E[\xi]} = \dfrac{1}{2}\hat{\theta}_L = \dfrac{2.2}{2} = 1.1$, $\widehat{D[\xi]} = \dfrac{1}{12}\hat{\theta}_L^2 = \dfrac{1}{12} \times (2.2)^2 \approx 0.4$.

3. (1) $\hat{\lambda}_m = \hat{\lambda}_L = \dfrac{1}{\bar{\xi}}$.

(2) $\hat{\alpha}_m = \dfrac{\sqrt{\pi}}{2}\bar{\xi}$; $\hat{\alpha}_L = \sqrt{\dfrac{2}{3n}\sum_{i=1}^{n}\xi_i^2}$.

(3) $\hat{\beta}_m = \hat{\beta}_L = \bar{\xi} - \alpha$.

(4) $\hat{\alpha}_m = \bar{\xi} - S$, $\hat{\beta}_m = S$; $\hat{\alpha}_L = \xi_{(1)} = \min_{1 \leq i \leq n} \xi_i$; $\hat{\beta}_L = \bar{\xi} - \xi_{(1)}$.

(5) $\hat{\theta}_m = \bar{\xi}$; 区间 $[\xi_{(n)} - \dfrac{1}{2}, \xi_{(1)} + \dfrac{1}{2}]$ 中任一值为 $\hat{\theta}_L$.

4. $\hat{p}_L = \dfrac{1}{N}\bar{\xi}$.

5. 平均每升水中大肠杆菌个数为 1 时, 出现上述情况的概率最大.

6. 0.008.   **7.** (1) $\hat{A} = \hat{\mu} + 1.65 = \bar{\xi} + 1.65$; (2) $\hat{A} = \hat{\mu} + 1.65\hat{\sigma} = \bar{\xi} + 1.65S$.

8. $c = 1/[2(n-1)]$.   **9.** S_1^2 是 σ^2 无偏估计量; S_3^2 对 σ^2 的均方误差最小.

10. $\dfrac{4}{3}\max_{1 \leq i \leq 3} \xi_i$ 较有效.   **11.** 答案不是唯一的. 例如: $\hat{p}^2 = \dfrac{n}{n-1}\left(\bar{\xi}^2 - \dfrac{1}{n}\bar{\xi}\right)$.

12. (1) 略; (2) 答案不是唯一的. 例如 $\hat{\lambda}^2 = \bar{\xi}^2 - \dfrac{1}{n}\bar{\xi}$; (3) $\dfrac{4\lambda^3}{n}$.   **13.** 略.   **14.** 略.

15. (1) $(2.121, 2.129)$; (2) $(2.117, 2.133)$.

16. $\left(\dfrac{\sum_{i=1}^{n}(\xi_i - \mu)^2}{\chi_{\alpha/2}^2(n)}, \dfrac{\sum_{i=1}^{n}(\xi_i - \mu)^2}{\chi_{1-\alpha/2}^2(n)}\right)$ (答案不是唯一的).

17. (1) $(1593.4, 2070.6)$; (2) $(163886.01, 488304.83)$.

18. $(-0.002, 0.006)$.   **19.** $(0.3159, 12.9006)$.

20. (1) $\left(\dfrac{\chi_{1-\alpha/2}^2(2n)}{2n\bar{\xi}}, \dfrac{\chi_{\alpha/2}^2(2n)}{2n\bar{\xi}}\right)$; (2) $\dfrac{\chi_{1-\alpha}^2(2n)}{2n\bar{\xi}}$.

第3章练习题答案

1. 结论成立. **2.** 这批元件不合格. **3.** 468.

4. 将数据配对进行分析, 质量无显著差异. **5.** 没有明显提高. **6.** 合格.

7. 没有达到所要求的精度, 机床需要调整. **8.** 两批烟叶的尼古丁含量没有明显差异.

9. 无显著差异(双侧); 单侧检验认为有显著差异. **10.** 试验数据配对分析, 有显著差异.

11. 乙机床的加工精度比甲机床的高. **12.** 可认为第二种安眠药较第一种效果更稳定.

13. $\hat{\lambda}=4.2$, $\sum_i \dfrac{(v_i-n\hat{p}_i)^2}{n\hat{p}_i}=6.257$; 由理论导出的结论是符合实际的.

14. $\chi^2=1.35<7.815=\chi^2_{0.05}(2)$, 分布为 $N(221,(\sqrt{152})^2)$. 4.40 可信.

15. 接受假设 H_0. **16.** 拒绝假设 H_0.

第4章练习题答案

1. (1) $\hat{y}=0.1342+0.8625x$; (2) 回归效果是显著的; (3) $\hat{y}_0=5.3092$, $(4.46, 6.16)$.

2. (1) $\hat{y}=10.28+0.3040x$, 约 $0.304(\text{kg}/\text{cm}^2)$; (2) 回归效果是显著的;

(3) $\left(\hat{b}\pm t_{1-\alpha/2}(n-2)\dfrac{\hat{\sigma}^*}{\sqrt{l_{xx}}}\right)=(0.2949, 0.3131)$; (4) 78.68, $(77.47, 79.89)$.

3. (1) $\hat{y}=3.0332-2.0698x$; 0.0019;

(2) a: $(2.9671, 3.1117)$, b: $(-2.1771, -1.9625)$, σ^2: $(0.0010, 0.0043)$;

(3) 线性回归效果是显著的;

(4) $(\hat{y}-\delta(x), \hat{y}+\delta(x))$, 其中 $\delta(x)=0.1073\sqrt{0.7506+(x-0.7029)^2}$;

(5) 需要把 x 的值限制在区间 $(0.7, 0.9)$ 内.

4. $\hat{y}=65.92+0.2090x_1+0.2239x_2$. **5.** $\hat{y}=111.6892+0.0143x_1-71882x_2$.

6. $\hat{y}=3.451+0.496x_1+0.0092x_2$.

预测: 若每户收入固定, 当人口增加 1000 人时, 平均销售量增加 0.496 罗; 当人口总数保持固定时, 如果每户收入增加 1 元, 平均销售量增加 0.0092 罗.

7. (1) $\hat{y}=-0.09598+0.001505x_1-0.00023x_2+0.00006x_3$;

(2) 回归方程是高度显著的($\alpha=0.01$);

(3) 每一个自变量都是高度显著的;

(4) $\hat{y}_0=0.02837(\text{mm}/\text{min})$ 及 $(0.02543, 0.03131)$.

8. $\hat{y}=-64.37+8.19x-0.18183x^2$; $\hat{\sigma}=\sqrt{\dfrac{S_e}{n-m-1}}=2.33$.

9. (1) $\hat{y}=106.302+1.195\sqrt{x}$, $R=0.886$; (2) $\hat{y}=106.315+1.714\ln x$, $R=0.937$;

(3) $\hat{y}=111.49-\dfrac{9.841}{x}$, $R=0.987$.

10. (1) $\hat{y}=-9.88+2.81\sqrt{x}$, $R=0.9896$; (2) $\hat{y}=-75.3+15.9\ln x$, $R=0.9908$;

（3）$\hat{y} = 0.818x^{0.678}$，$R = 0.9886$.

11. $\hat{a} = 1.73$，$\hat{b} = -0.146$，即回归方程为 $\hat{y} = 1.73e^{-0.146/x}$；$S_e = 0.006$.

第 5 章练习题答案

1. 各总体均值之间显著性差异：$(6.75, 18.45)$，$(-7.65, 4.05)$，$(-20.25, -8.55)$.

2. 机器不同对产品的厚度影响是高度显著的.

3. 操作法对原料节约额的影响之差异是高度显著的，Ⅰ和Ⅳ，Ⅰ和Ⅴ，Ⅱ和Ⅳ，Ⅱ和Ⅴ的差异显著.

4. 浓度不同对得率产生显著影响，温度及交互作用的影响不显著.

5. 因素 A 的影响是高度显著的，因素 B 的影响不显著，交互作用的影响是高度显著的.

6. 促进剂和氧化剂的影响是高度显著的，而他们交互作用则可忽略.

7. 等温度的不同水平对硬度无显著影响，淬火温度的不同水平对硬度影响显著.

8. 机器性能的差异是高度显著的，工人技术水平的差异也是高度显著的.

9. 不同含铜量与不同试验温度，对冲击值的影响分别都是高度显著的.

10. 优方案为 $A_3B_1C_1$.

主要参考文献

[1] 李贤平. 概率论基础[M]. 3版. 北京:高等教育出版社,2010.
[2] 陈希孺. 数理统计引论[M]. 北京:科学出版社,1981.
[3] 陈希孺,倪国熙. 数理统计学教程[M]. 上海:上海科学出版社,1988.
[4] 魏宗舒,等. 概率论与数理统计教程[M]. 北京:高等教育出版社,1983.
[5] 周概容. 概率论与数理统计[M]. 北京:高等教育出版社,1984.
[6] 何迎晖,闵华玲. 数理统计[M]. 北京:高等教育出版社,1989.
[7] Rao C R. 线性统计推断及其应用[M]. 张燮,译. 北京:科学出版社,1987.
[8] 范金城. 概率论与数理统计[M]. 沈阳:辽宁大学出版社,2000.
[9] 庄楚强,何春雄. 应用数理统计基础[M]. 广州:华南理工大学出版社,2013.
[10] 韦来生. 数理统计[M]. 北京:科学出版社,2008.
[11] 薛毅,陈立萍. 统计建模与R软件[M]. 2版. 北京:清华大学出版社,2021.
[12] Mann H B. 试验的分析与设计[M]. 张里千,等译. 北京:科学出版社,1963.